大学数学科学丛书　41

数学物理方程

李风泉　编著

科学出版社

北　京

内 容 简 介

数学物理方程是来源于物理、力学等自然科学及工程技术领域的偏微分方程. 本书首先介绍了典型的数学物理模型的建立及二阶线性偏微分方程的分类与化简, 然后重点介绍了分离变量法、特殊函数(贝塞尔函数)法、行波法、积分变换法和格林函数法等应用广泛的数学物理方程经典的求解方法, 最后简要介绍了某些求解非线性数学物理方程的方法, 如 Adomian 分解法、Cole-Hopf 变换法、反散射方法等. 书中内容由易到难, 叙述做到浅显易懂, 并尽量做好与读者已学过的数学课程的衔接. 为了方便读者练习, 本书还配备了相当数量的例题和习题, 并在附录中给出了简答.

本书可作为理工科院校非数学专业高年级本科生和研究生的教材, 也可作为高等院校数学专业本科生的教材或教学参考书, 也可供自然科学工作者或者相关工程技术人员参考.

图书在版编目(CIP)数据

数学物理方程/李风泉编著. —北京：科学出版社，2022.10
(大学数学科学丛书; 41)
ISBN 978-7-03-073343-6

Ⅰ. ①数… Ⅱ. ①李… Ⅲ. ①数学物理方程-高等学校-教材
Ⅳ. ①O175.24

中国版本图书馆 CIP 数据核字(2022) 第 182338 号

责任编辑: 胡庆家　孙翠勤 / 责任校对: 杨聪敏
责任印制: 吴兆东 / 封面设计: 陈　敬

科学出版社出版
北京东黄城根北街 16 号
邮政编码：100717
http://www.sciencep.com
北京中石油彩色印刷有限责任公司印刷
科学出版社发行　各地新华书店经销
*
2022 年 10 月第　一　版　开本: 720 × 1000　1/16
2024 年 4 月第三次印刷　印张: 15 1/2
字数: 312 000
定价: 88.00 元
(如有印装质量问题, 我社负责调换)

“大学数学科学丛书”序

按照恩格斯的说法，数学是研究现实世界中数量关系和空间形式的科学．从恩格斯那时到现在，尽管数学的内涵已经大大拓展了，人们对现实世界中的数量关系和空间形式的认识和理解已今非昔比，数学科学已构成包括纯粹数学及应用数学内含的众多分支学科和许多新兴交叉学科的庞大的科学体系，但恩格斯的这一说法仍然是对数学的一个中肯而又相对来说易于为公众了解和接受的概括，科学地反映了数学这一学科的内涵．正由于忽略了物质的具体形态和属性、纯粹从数量关系和空间形式的角度来研究现实世界，数学表现出高度抽象性和应用广泛性的特点，具有特殊的公共基础地位，其重要性得到普遍的认同．

整个数学的发展史是和人类物质文明和精神文明的发展史交融在一起的．作为一种先进的文化，数学不仅在人类文明的进程中一直起着积极的推动作用，而且是人类文明的一个重要的支柱．数学教育对于启迪心智、增进素质、提高全人类文明程度的必要性和重要性已得到空前普遍的重视．数学教育本质是一种素质教育；学习数学，不仅要学到许多重要的数学概念、方法和结论，更要着重领会到数学的精神实质和思想方法．在大学学习高等数学的阶段，更应该自觉地去意识并努力体现这一点．

作为面向大学本科生和研究生以及有关教师的教材，教学参考书或课外读物的系列，本丛书将努力贯彻加强基础、面向前沿、突出思想、关注应用和方便阅读的原则，力求为各专业的大学本科生或研究生（包括硕士生及博士生）走近数学科学、理解数学科学以及应用数学科学提供必要的指引和有力的帮助，并欢迎其中相当一些能被广大学校选用为教材，相信并希望在各方面的支持及帮助下，本丛书将会愈出愈好．

李大潜

2003 年 12 月 27 日

前　言

在很多实际问题中, 如弹性体的平衡和振动、电磁波的传播、波浪的运动、热的传导、气体的扩散、液体的渗透、静电场中电势的分布、地球物理勘探、传染病的传播、生物种群的竞争、化学反应过程等等, 都可以用偏微分方程模型来描述和解释. 由于这些方程主要来源于物理、力学及其他自然科学和工程技术等领域, 因此又称为数学物理方程.

随着科学技术的飞速发展, 数学物理方程不仅是高等院校数学专业本科生的基础课, 也是理工科非数学专业高年级本科生和研究生的数学必修课. 尽管都是同一门课程, 但是二者的侧重点有所不同, 前者更注重数学模型的建立和三类典型方程的基本概念、理论及方法, 后者侧重于定解问题的提出和求解方法及计算技巧. 本书主要内容是作者多年来给理工科高年级本科生和研究生讲授数学物理方程课程的讲义, 同时也参考了国内外出版的一些经典教材, 并结合作者给数学专业本科生讲授该课程的教学经验的基础上编写而成的. 在本书的编写中, 主要遵循以下几点:

(1) 书中内容由易到难, 叙述做到浅显易懂, 并尽量做好与读者已学过的数学课程的衔接.

作者在授课过程中了解到, 大部分学生只学过高等数学、线性代数和概率论与数理统计等基本课程, 只有少数部分学生学过复变函数和积分变换等内容. 因此本书除了第 1 章讲述模型的建立、方程的基本概念及分类化简外, 从简单的分离变量法讲起, 直到第 5 章的积分变换法, 遵循循序渐进的原则, 而且不需要太多的数学基础, 只需要已有微积分和常微分方程基础就可以, 个别需要的复变函数基础知识放到本书的附录部分. 另外在叙述时除了注重数学逻辑的严谨性和条理性, 还尽量做到浅显易懂, 对于求解方法和求解公式给出较为详细的推导过程, 力图使读者学起来不感到太困难.

(2) 书中既重点讲述线性数学物理方程的经典求解方法, 又给出处理某些非线性数学物理方程的一些新方法.

本书突出了三类典型线性数学物理方程 (波动方程、热传导方程和拉普拉斯方程) 及定解问题的求解内容, 因为这三类方程反映了三类不同的自然现象, 最具典型意义, 求解方法也最具代表性, 如第 2 章到第 6 章的分离变量法、特殊函数 (贝塞尔函数) 法、行波法、积分变换法和格林函数法等应用广泛的经典求解方法. 另外很多意义重大的自然科学和工程技术问题往往都归结为非线性方程, 由于方程的形式变化大, 研究起来难度也大, 很难用一个统一的方法来处理. 第 7 章简要介绍了 Burgers 方程、Korteweg-de Vries 方程、Schrödinger 方程等几类典型的非线性数学物理方程的行波解的一些新的求解方法, 例如 Adomian 分解法、Cole-Hopf 变换法、反散射方法等.

(3) 在广义函数的意义下严格地给出了波动方程、热传导方程和拉普拉斯方程及定解问题的格林函数的定义及解法.

以往的大部分教材在介绍格林函数法这部分内容时, 避开广义函数或者简单引进 δ 函数, 只讲述拉普拉斯方程 Dirichlet 边值问题的格林函数和波动方程、热传导方程柯西问题的格林函数. 本书除了介绍广义函数的定义、性质与运算及三类典型方程的广义解外, 还重点介绍了这三类方程及定解问题在广义函数意义下的格林函数的定义及解法, 而且常见的第一、二、三类边界条件也有涉及.

此外, 每章还配备了相当数量的例题和习题, 并在附录中给出了简答, 以便读者练习.

在本书编写的过程中, 王文栋、王妍、王振三位老师分别提供了第 1、3 章, 第 4 章, 第 5 章的部分习题及答案, 数理方程教学团队的另外两位老师丛洪滋和王磊提出许多宝贵的意见, 借此机会对他们的帮助与支持表示衷心的感谢. 感谢张勇、徐斐、王莲虹和李晓鹤四位博士生以娴熟的技巧打印并仔细校对了大部分书稿, 也感谢博士生李晓鹤在绘制图形等方面给予的帮助. 本书得到大连理工大学人才培养专项研究生精品教材出版经费的资助, 在此表示感谢.

由于作者水平有限, 书中难免存在疏漏之处, 恳请读者批评指正.

作 者

2021 年 12 月于大连

目　录

第 1 章　数学模型及二阶线性偏微分方程的分类与化简

数学物理方程是来源于物理、力学等自然科学及工程技术领域的偏微分方程. 典型的数学物理方程包括波动方程、热传导方程、拉普拉斯 (Laplace) 方程等, 它们分别描述了三类不同的物理现象: 如波动 (声波和电磁波)、输运过程 (热传导和扩散) 以及状态平衡 (静电场分布、平衡温度场分布和速度势等), 从方程本身来看, 又代表经典的三类方程, 即双曲型、抛物型和椭圆型方程. 本课程的主要任务是如何求解这些方程及其定解问题, 通常的方法是将一个数学物理方程的求解设法转化为一个常微分方程的求解. 常用的求解方法有分离变量法、行波法、积分变换法和格林 (Green) 函数法等等.

本章首先从几个具体的实际问题出发, 利用物理、力学中的守恒律和最小势能原理等基本定律建立相应的数学模型, 从而导出三类典型的数学物理方程、理想流体力学方程组及欧拉-拉格朗日方程, 并确定相应的定解条件, 而这些模型统称为守恒律模型和变分模型. 最后介绍二阶线性偏微分方程的分类与化简.

1.1　守恒律模型

1.1.1　弦振动问题

模型　有一根长度为 l 拉紧的均匀柔软弦, 在外力作用下在平衡位置附近作微小的横振动, 求弦上各点的运动规律.

建模　在考察该模型时需要做一些基本假设:

(1) 弦是均匀的, 弦的截面直径与弦的长度相比可以忽略不计, 因此弦可以视为一根曲线, 它的 (线) 密度 ρ 是常数.

(2) 弦在某一平面内作微小横振动, 即弦的位置始终在一直线段附近, 而弦上各点垂直于平衡方向 (即水平方向) 运动, 而所谓微小是指振动的幅度及弦在任意位置处切线的倾角都很小.

(3) 弦是柔软的, 它在形变时不抵抗弯曲, 弦上各点间的张力方向与弦的切线方向一致, 而弦的伸长形变与张力的关系服从胡克 (Hooke) 定律.

(i) 不受外力作用时弦振动的情形.

应用动量守恒来导出弦的振动规律. 根据牛顿第二定律知, 作用在物体上的力等于该物体的质量乘以该物体的加速度, 于是在每一个时间段内作用在物体上的冲量等于该物体的动量的变化. 由于弦上各点的运动规律不同, 必须对弦的各个片断分别进行考察. 为此如图 1.1, 建立坐标系, 将弦的两端固定在 x 的两点上, 其距离为 l, 由基本假设, 用 $u(x,t)$ 表示弦上各点在时刻 t 沿垂直于 x 方向的位移, 在弦上任取一弦段 MM', 它的弧长为

$$ds=\int_x^{x+dx}\sqrt{1+u_\xi^2}d\xi,$$

由假设 (2) 可知 $u_\xi(\xi,t)$ 很小, 于是 u_ξ^2 与 1 相比可以忽略不计, 从而

$$ds\approx\int_x^{x+dx}d\xi=dx, \tag{1.1.1}$$

这样可认为该段弦在振动过程中并没有伸长, 所以由胡克定律可知, $T(x,t+dt)-T(x,t)=k\times$ 弦长的伸长量 ≈ 0, 这说明弦上每一点所受张力在运动过程中保持不变, 即张力 T 与 t 无关. 我们把在 M 处的张力记为 $T(x)$, 对应在 M' 处的张力记为 $T(x+dx)$, 由基本假设 (3) 可知, 张力 $T(x)$ 的方向总是沿着弦在 M 点处的切线方向.

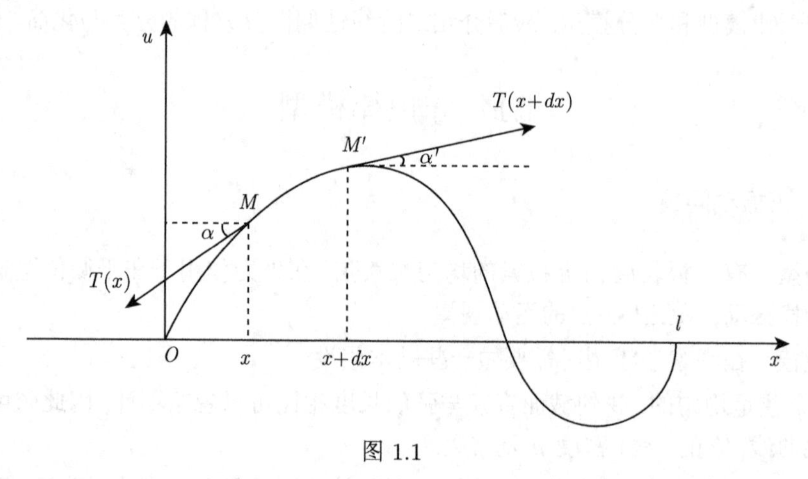

图 1.1

如图 1.1 所示, 在 M 点处作用于弧段 MM' 的张力在 x 轴, u 轴两个方向上的分力分别为

$$-T(x)\cos\alpha,\quad -T(x)\sin\alpha,$$

其中 α 是张力 $T(x)$ 的方向与水平线的夹角, 负号表示力的方向与 x 轴正方向相

反. 在弦段的另一端 M' 作用于弦段 MM' 的张力的分力分别为

$$T(x+dx)\cos\alpha', \quad T(x+dx)\sin\alpha',$$

其中 α' 是张力 $T(x+dx)$ 的方向与水平线的夹角.

由于弦只在 x 轴的垂直方向作横振动, 所以弦段 MM' 在水平方向上受的合力为零, 即

$$T(x+dx)\cos\alpha' - T(x)\cos\alpha = 0. \tag{1.1.2}$$

由于假设弦仅在平衡位置附近作微小振动, 所以

$$\cos\alpha = \frac{1}{\sqrt{1+u_x^2}} \approx 1, \tag{1.1.3}$$

$$\cos\ \alpha' = \frac{1}{\sqrt{1+\left[\dfrac{\partial u(x+dx,t)}{\partial x}\right]^2}} \approx 1, \tag{1.1.4}$$

于是 (1.1.2) 变为

$$T(x+dx) - T(x) = 0, \tag{1.1.5}$$

故 T 是一个与 x 无关的常数.

由基本假设 (2) 可知

$$\sin\alpha \approx \tan\alpha = \frac{\partial u(x,t)}{\partial x}, \tag{1.1.6}$$

$$\sin\alpha' \approx \tan\alpha' = \frac{\partial u(x+dx,t)}{\partial x}. \tag{1.1.7}$$

所以张力在 x 轴的垂直方向的合力为

$$T\sin\alpha' - T\sin\alpha = T\left[\frac{\partial u(x+dx,t)}{\partial x} - \frac{\partial u(x,t)}{\partial x}\right],$$

从而在时间段 $[\tau, \tau+d\tau]$ 内, 该合力产生的冲量为

$$\int_{\tau}^{\tau+d\tau} T\left[\frac{\partial u(x+dx,t)}{\partial x} - \frac{\partial u(x,t)}{\partial x}\right]dt. \tag{1.1.8}$$

另一方面, 在时刻 τ 弦段 $[x, x+dx]$ 的动量为

$$\int_{x}^{x+dx} \rho\frac{\partial u(\xi,\tau)}{\partial \tau}d\xi,$$

在时刻 $\tau+d\tau$, 该弦段的动量为

$$\int_x^{x+dx} \rho\frac{\partial u(\xi,\tau+d\tau)}{\partial\tau}d\xi.$$

所以从时刻 τ 到时刻 $\tau+d\tau$, 弦段 $[x,x+dx]$ 的动量增加量为

$$\int_x^{x+dx} \rho\Big[\frac{\partial u(\xi,\tau+d\tau)}{\partial\tau}-\frac{\partial u(\xi,\tau)}{\partial\tau}\Big]d\xi. \tag{1.1.9}$$

由于在 $[\tau,\tau+d\tau]$ 内的冲量应等于动量的增加, 故

$$\begin{aligned}&\int_\tau^{\tau+d\tau} T\Big[\frac{\partial u(x+dx,t)}{\partial x}-\frac{\partial u(x,t)}{\partial x}\Big]dt\\ =&\int_x^{x+dx} \rho\Big[\frac{\partial u(\xi,\tau+d\tau)}{\partial\tau}-\frac{\partial u(\xi,\tau)}{\partial\tau}\Big]d\xi,\end{aligned}$$

从而

$$\int_\tau^{\tau+d\tau}\int_x^{x+dx}\Big[T\frac{\partial^2 u(\xi,t)}{\partial\xi^2}-\rho\frac{\partial^2 u(\xi,t)}{\partial t^2}\Big]dtd\xi=0. \tag{1.1.10}$$

由 $d\tau, dx$ 的任意性可知

$$T\frac{\partial^2 u(\xi,t)}{\partial\xi^2}-\rho\frac{\partial^2 u(\xi,t)}{\partial t^2}=0,$$

用 x 代替 ξ, 记 $a^2=\dfrac{T}{\rho}$, 则上式可写为

$$\frac{\partial^2 u}{\partial t^2}-a^2\frac{\partial^2 u}{\partial x^2}=0. \tag{1.1.11}$$

该式就是不受外力作用时弦振动所满足的方程, 称为**弦的自由振动方程**, 由于它描述弦的振动或波动现象, 因而又称为**一维波动方程**.

(ii) 受外力作用时弦振动的情形.

若在 t 时刻, 点 x 处外力 (线) 密度为 $F(x,t)$, 其方向垂直于 x 轴, 则小弦段 $[x,x+dx]$ 上所受外力为

$$\int_x^{x+dx} F(\xi,t)d\xi,$$

它在时间段 $[\tau,\tau+d\tau]$ 中产生的冲量为

$$\int_{\tau}^{\tau+d\tau}\int_{x}^{x+dx} F(\xi,t)dtd\xi.$$

于是在 (1.1.10) 的左端添上这一项, 得到

$$\int_{\tau}^{\tau+d\tau}\int_{x}^{x+dx}\left[T\frac{\partial^2 u(\xi,t)}{\partial\xi^2}+F(\xi,t)-\rho\frac{\partial^2 u(\xi,t)}{\partial t^2}\right]dtd\xi=0,$$

由此可得

$$\frac{\partial^2 u}{\partial t^2}-a^2\frac{\partial^2 u}{\partial x^2}=f(x,t), \tag{1.1.12}$$

其中 $f(x,t)=\dfrac{F(x,t)}{\rho}$.

类似可以推导出**二维波动方程** (例如薄膜振动)

$$\frac{\partial^2 u}{\partial t^2}-a^2\left(\frac{\partial^2 u}{\partial x^2}+\frac{\partial^2 u}{\partial y^2}\right)=f(x,y,t) \tag{1.1.13}$$

和**三维波动方程** (如声波的传播和电磁场的传播)

$$\frac{\partial^2 u}{\partial t^2}-a^2\left(\frac{\partial^2 u}{\partial x^2}+\frac{\partial^2 u}{\partial y^2}+\frac{\partial^2 u}{\partial z^2}\right)=f(x,y,z,t). \tag{1.1.14}$$

1.1.2 热传导问题

模型 考察一导热体, 当此导热体内各处的温度不一样时, 热量就要从高温处向低温处传热, 试确定它的内部各点在任意时刻的温度所满足的规律.

要建立该模型, 首先要了解与这个问题有关的物理规律.

(1) **傅里叶定律** 物体在无穷小时段 dt 内沿法线方向 $\mathbf{n}$ 流过一个无穷小面积 dS 的热量 dQ 与物体温度 u 沿曲面 dS 法线方向的方向导数 $\dfrac{\partial u}{\partial \mathbf{n}}$ 成正比, 即

$$dQ=-k\frac{\partial u}{\partial \mathbf{n}}dSdt, \tag{1.1.15}$$

其中 $k=k(x,y,z)$ 为热传导系数. 如果物体为均匀的且各向同性, 则 k 为常数. 上式中的负号出现是由于热量总是从温度高的一侧流向低的一侧, 因此 dQ 应和 $\dfrac{\partial u}{\partial \mathbf{n}}$ 异号.

(2) **能量守恒律** 物体内部的热量的增加等于通过物体的边界流入的热量与由物体内部的热源所生成的热量的总和.

在物体中任取一闭曲面 Γ, Ω 是由 Γ 所包围的区域, 则从时刻 t_1 到 t_2 通过 Γ 流入区域 Ω 的全部热量为

$$Q=\int_{t_1}^{t_2}\iint_{\Gamma}k\frac{\partial u}{\partial \mathbf{n}}dSdt. \tag{1.1.16}$$

流入的热量使 Ω 内温度发生变化. 在时间段 $[t_1,t_2]$ 内, 区域 Ω 内各点温度从 $u(x,y,z,t_1)$ 变化到 $u(x,y,z,t_2)$, 它应吸收的热量为

$$\iiint_{\Omega}c(x,y,z)\rho(x,y,z)[u(x,y,z,t_2)-u(x,y,z,t_1)]dxdydz, \tag{1.1.17}$$

其中 c 为比热, ρ 为密度. 若物体是均匀的且各向同性的, 则 c,ρ 为常数. 因此

$$\int_{t_1}^{t_2}\iint_{\Gamma}k\frac{\partial u}{\partial \mathbf{n}}dSdt=\iiint_{\Omega}c\rho[u(x,y,z,t_2)-u(x,y,z,t_1)]dxdydz. \tag{1.1.18}$$

若 u 关于 x,y,z 具有二阶连续偏导数, 关于 t 具有一阶连续偏导数, 对上式左端项应用格林公式, 右端项应用牛顿-莱布尼茨公式, 则成立

$$\begin{aligned}&\int_{t_1}^{t_2}\iiint_{\Omega}\Big[\frac{\partial}{\partial x}\Big(k\frac{\partial u}{\partial x}\Big)+\frac{\partial}{\partial y}\Big(k\frac{\partial u}{\partial y}\Big)+\frac{\partial}{\partial z}\Big(k\frac{\partial u}{\partial z}\Big)\Big]dxdydzdt\\&=\iiint_{\Omega}c\rho\Big(\int_{t_1}^{t_2}\frac{\partial u}{\partial t}dt\Big)dxdydz.\end{aligned}$$

交换积分次序, 就得到

$$\int_{t_1}^{t_2}\iiint_{\Omega}\Big[c\rho\frac{\partial u}{\partial t}-\frac{\partial}{\partial x}\Big(k\frac{\partial u}{\partial x}\Big)-\frac{\partial}{\partial y}\Big(k\frac{\partial u}{\partial y}\Big)-\frac{\partial}{\partial z}\Big(k\frac{\partial u}{\partial z}\Big)\Big]dxdydzdt=0. \tag{1.1.19}$$

由于 t_1,t_2 与 Ω 是任意的, 故

$$c\rho\frac{\partial u}{\partial t}-\frac{\partial}{\partial x}\Big(k\frac{\partial u}{\partial x}\Big)-\frac{\partial}{\partial y}\Big(k\frac{\partial u}{\partial y}\Big)-\frac{\partial}{\partial z}\Big(k\frac{\partial u}{\partial z}\Big)=0, \tag{1.1.20}$$

此方程称为非均匀的各向异性的**热传导方程**.

如果物体是均匀的, 此时 c,k 及 ρ 均为常数, 记 $a^2=\dfrac{k}{c\rho}$, 则 (1.1.20) 变为

$$\frac{\partial u}{\partial t}=a^2\Big(\frac{\partial^2 u}{\partial x^2}+\frac{\partial^2 u}{\partial y^2}+\frac{\partial^2 u}{\partial z^2}\Big)=a^2\Delta u. \tag{1.1.21}$$

该方程称为**三维齐次热传导方程**.

若物体内部有热源, 则在热传导过程中还应考虑热源的影响. 设单位时间内单位体积产生的热量为 $F(x,y,z,t)$, 则 (1.1.18) 左边应再加上一项

$$\int_{t_1}^{t_2}\iiint_\Omega F(x,y,z,t)dxdydzdt,$$

于是, 相应于 (1.1.21) 的方程应改为

$$\frac{\partial u}{\partial t}=a^2\Big(\frac{\partial^2 u}{\partial x^2}+\frac{\partial^2 u}{\partial y^2}+\frac{\partial^2 u}{\partial z^2}\Big)+f(x,y,z,t), \tag{1.1.22}$$

其中

$$f(x,y,z,t)=\frac{F(x,y,z,t)}{c\rho}.$$

称 (1.1.22) 为**三维非齐次热传导方程**.

类似推导出**一维热传导方程** (如物体是一根均匀细杆的热传导)

$$\frac{\partial u}{\partial t}=a^2\frac{\partial^2 u}{\partial x^2}+f(x,t) \tag{1.1.23}$$

和**二维热传导方程** (如薄片的热传导)

$$\frac{\partial u}{\partial t}=a^2\Big(\frac{\partial^2 u}{\partial x^2}+\frac{\partial^2 u}{\partial y^2}\Big)+f(x,y,t). \tag{1.1.24}$$

1.1.3 理想流体力学方程组

本部分将对理想流体导出动力学方程组. 所谓理想流体, 是指忽略黏性及热传导的流体. 用 $u=(u_1,u_2,u_3)$ 及 p,ρ 等来描述流体的运动状态. 在不定常运动的情形, 它们都是时间 t 及位置坐标 (x,y,z) 的函数, 其中 u 为速度向量, ρ 为质量密度, p 为压强.

1. 质量守恒定律

在所考察的区域中任取一光滑的闭曲面 Γ, 其所围成的区域为 Ω. 根据质量守恒定律, 在时间段 $[t_1,t_2]$ 内, 区域 Ω 中流体质量的增加量

$$\iiint_\Omega \rho(t_2,x,y,z)dxdydz-\iiint_\Omega \rho(t_1,x,y,z)dxdydz \tag{1.1.25}$$

应等于在此段时间内经过边界 Γ 流入 Ω 中的流体的质量, 而后者根据质量流向量的定义应为

$$-\int_{t_1}^{t_2}\iint_\Gamma \rho u\cdot \mathbf{n}dSdt. \tag{1.1.26}$$

于是, 质量守恒律可写为如下的积分形式

$$\iiint_{\Omega}[\rho(t_2,x,y,z)-\rho(t_1,x,y,z)]dxdydz=-\int_{t_1}^{t_2}\iint_{\Gamma}\rho u\cdot\mathbf{n}dSdt. \tag{1.1.27}$$

如果 ρ, u 连续可微, 则由格林公式得

$$\int_{t_1}^{t_2}\iiint_{\Omega}\left[\frac{\partial\rho}{\partial t}+\operatorname{div}(\rho u)\right]dxdydzdt=0. \tag{1.1.28}$$

于是, 由 Ω 及 t_1,t_2 的任意性, 可得

$$\frac{\partial\rho}{\partial t}+\operatorname{div}(\rho u)=0. \tag{1.1.29}$$

方程 (1.1.29) 称为**连续性方程**.

2. *动量守恒定律*

除了作用在 Ω 上的体积力外, 还有周围流体给它的表面力, 由于假定流体无黏性, 因此作用在 Γ 上任意一点的应力, 不管微元 dS 的方向如何, 切应力总等于零, 而法向应力总彼此相等 (即与作用面无关), 即 $p_n=-pn$. 根据动量守恒律, 在时段 $[t_1,t_2]$ 内区域 Ω 中流体动量的增量

$$\iiint_{\Omega}\rho u(t_2,x,y,z)dxdydz-\iiint_{\Omega}\rho u(t_1,x,y,z)dxdydz \tag{1.1.30}$$

应等于在此段时间内经过边界 Γ 流入 Ω 中的流体的动量 (记为 I) 加上此段时间内作用在 Ω 上的力的冲量 (记为 II). 根据动量流张量的定义, 则有

$$I=-\int_{t_1}^{t_2}\iint_{\Gamma}\rho u(u\cdot\mathbf{n})dSdt=-\int_{t_1}^{t_2}\iint_{\Gamma}\rho(u\otimes u)\mathbf{n}dSdt, \tag{1.1.31}$$

其中 $u\otimes u$ 为速度向量的张量积, $\rho u\otimes u$ 为动量流张量. 而冲量 II 由作用在 Ω 上的体积力所构成的冲量 II_1 及作用在 Ω 的边界 Γ 上的表面力所构成的冲量 II_2 这两部分组成. 设体积力密度, 即单位质量流体所受的外力, 为 $F(t,x,y,z)$, 故

$$II_1=\int_{t_1}^{t_2}\iiint_{\Omega}\rho F dxdydzdt. \tag{1.1.32}$$

而作用在 Γ 上的表面力只有 Ω 外的流体对它的压力, 故

$$II_2=-\int_{t_1}^{t_2}\iint_{\Gamma}p\mathbf{n}dSdt. \tag{1.1.33}$$

于是, 动量守恒律可写为如下的积分形式

$$
\begin{aligned}
&\iiint_\Omega [\rho u(t_2,x,y,z)-\rho u(t_1,x,y,z)]dxdydz\\
=&-\int_{t_1}^{t_2}\iint_\Gamma \rho u(u\cdot\mathbf{n})dSdt\\
&+\int_{t_1}^{t_2}\iiint_\Omega \rho F dxdydzdt\\
&-\int_{t_1}^{t_2}\iint_\Gamma p\mathbf{n}dSdt.
\end{aligned}
\tag{1.1.34}
$$

若 ρ,u 还是连续可微的函数, 利用格林公式, 上式可以写为

$$
\begin{aligned}
&\int_{t_1}^{t_2}\iiint_\Omega \frac{\partial(\rho u)}{\partial t}dxdydzdt\\
=&-\int_{t_1}^{t_2}\iiint_\Omega \mathrm{div}(\rho u\otimes u)dxdydzdt\\
&+\int_{t_1}^{t_2}\iiint_\Omega \rho F dxdydzdt\\
&-\int_{t_1}^{t_2}\iiint_\Omega \nabla p dxdydzdt,
\end{aligned}
\tag{1.1.35}
$$

而

$$
\begin{aligned}
&-\int_{t_1}^{t_2}\iiint_\Omega \mathrm{div}(\rho u\otimes u)dxdydzdt\\
=&-\int_{t_1}^{t_2}\iiint_\Omega \rho(u\cdot\nabla)udxdydzdt\\
&-\int_{t_1}^{t_2}\iiint_\Omega u\mathrm{div}(\rho u)dxdydzdt.
\end{aligned}
\tag{1.1.36}
$$

于是, 由 Ω 及 $[t_1,t_2]$ 的任意性, 可得动量守恒律的微分形式如下

$$
\frac{\partial}{\partial t}(\rho u)+\mathrm{div}(\rho u\otimes u)+\nabla p=\rho F. \tag{1.1.37}
$$

利用连续性方程 (1.1.29) 可将上述方程组化简为

$$\rho\frac{\partial u}{\partial t}+\rho(u\cdot\nabla)u+\nabla p=\rho F. \tag{1.1.38}$$

(1.1.38) 称为**理想流体的运动方程组**, 也称为**欧拉 (Euler) 方程组**.

3. 能量守恒定律

设 e 是单位质量所具有的内能, $\frac{1}{2}|u|^2$ 表示单位质量所具有的动能, 根据能量守恒定律, 在时段 $[t_1,t_2]$ 内区域 Ω 中流体能量的增加量

$$\iiint_\Omega\left[\left(\rho e+\frac{1}{2}\rho|u|^2\right)(t_2,x,y,z)-\left(\rho e+\frac{1}{2}\rho|u|^2\right)(t_1,x,y,z)\right]dxdydz \tag{1.1.39}$$

应等于在此时段内经过边界 Γ 流入 Ω 中的流体的能量加上此时段内作用在 Ω 上的力所做的功. 前者应为

$$-\int_{t_1}^{t_2}\iint_\Gamma\left(\rho e+\frac{1}{2}\rho|u|^2\right)u\cdot\mathbf{n}dSdt, \tag{1.1.40}$$

其中 $\left(\rho e+\frac{1}{2}\rho|u|^2\right)u$ 为能量流向量. 而后者则应由两个部分组成: 第一部分为作用在 Ω 上的体积力所做的功

$$\int_{t_1}^{t_2}\iiint_\Omega\rho F\cdot udxdydzdt, \tag{1.1.41}$$

而第二部分为作用在 Γ 上的表面力 (此时为 Ω 外的流体对它的压力) 所做的功

$$-\int_{t_1}^{t_2}\iint_\Gamma pu\cdot\mathbf{n}dSdt. \tag{1.1.42}$$

于是能量守恒定律可写为如下的积分形式

$$\begin{aligned}&\iiint_\Omega\left(\rho e+\frac{1}{2}\rho|u|^2\right)\Bigg|_{(t_1,x,y,z)}^{(t_2,x,y,z)}dxdydz\\=&-\int_{t_1}^{t_2}\iint_\Gamma\left(\rho e+\frac{1}{2}\rho|u|^2\right)u\cdot\mathbf{n}dSdt\\&-\int_{t_1}^{t_2}\iint_\Gamma pu\cdot\mathbf{n}dSdt\\&+\int_{t_1}^{t_2}\iiint_\Omega\rho F\cdot udxdydzdt.\end{aligned} \tag{1.1.43}$$

在有关函数连续可微的假设下, 利用格林公式, 上式可写为

$$
\begin{aligned}
&\int_{t_1}^{t_2}\iiint_{\Omega}\frac{\partial}{\partial t}\left(\rho e+\frac{1}{2}\rho|u|^2\right)dxdydzdt\\
=&-\int_{t_1}^{t_2}\iiint_{\Omega}\operatorname{div}\left[\left(\rho e+\frac{1}{2}\rho|u|^2+p\right)u\right]dxdydzdt\\
&+\int_{t_1}^{t_2}\iiint_{\Omega}\rho F\cdot udxdydzdt.
\end{aligned}
\tag{1.1.44}
$$

于是利用 Ω 及 $[t_1,t_2]$ 的任意性及被积函数的连续性, 由上式可得能量守恒定律的微分形式

$$
\frac{\partial}{\partial t}\left(\rho e+\frac{1}{2}\rho|u|^2\right)+\operatorname{div}\left[\left(\rho e+\frac{1}{2}\rho|u|^2+p\right)u\right]=\rho F\cdot u. \tag{1.1.45}
$$

利用连续性方程 (1.1.29), 上式可简化为如下形式

$$
\frac{\partial}{\partial t}\left(e+\frac{|u|^2}{2}\right)+u\cdot\nabla\left(e+\frac{|u|^2}{2}\right)+\frac{1}{\rho}\operatorname{div}(pu)=F\cdot u,
$$

又注意到

$$
\operatorname{div}(pu)=p\operatorname{div}u+u\cdot\nabla p.
$$

利用欧拉方程 (1.1.38) 可得

$$
\rho\frac{\partial e}{\partial t}+\rho u\cdot\nabla e+p\operatorname{div}u=0. \tag{1.1.46}
$$

方程 (1.1.46) 称为**能量方程**.

方程 (组)(1.1.29)、(1.1.38) 和 (1.1.46) 中出现六个未知函数 u_1,u_2,u_3,ρ,p,e, 但是只有五个方程, 因此方程组不封闭, 还需要补充一个状态方程

$$
e=e(p,\rho). \tag{1.1.47}
$$

特别, 对于理想气体,

$$
e=\frac{1}{\gamma-1}\frac{p}{\rho}, \tag{1.1.48}
$$

其中 $\gamma>1$ 为一常数, 称为**绝热常数**. 对于空气而言, $\gamma=1.4$.

(1.1.29)、(1.1.38)、(1.1.46) 和 (1.1.48) 被称为**理想流体力学方程组**.

对于理想流体力学方程组还可以考虑它的一些特殊情况.

(1) **流体不可压的情形** 此情况下, 密度 ρ 等于常数, 从而 (1.1.29) 和 (1.1.38) 可以简化为

$$\mathrm{div} u = 0, \tag{1.1.49}$$

$$\frac{\partial u}{\partial t} + (u \cdot \nabla) u + \frac{\nabla p}{\rho} = F. \tag{1.1.50}$$

(2) **流体不可压且作无旋的情形** 由于流体的运动是无旋的, 即

$$\mathrm{rot} u = 0. \tag{1.1.51}$$

由 (1.1.51) 确定的流场是有势的, 所以存在速度势 φ, 使得

$$u = \nabla \varphi. \tag{1.1.52}$$

如果流体不可压, 那么由 (1.1.49) 推出

$$\mathrm{div}\ \nabla \varphi = 0,$$

即

$$\Delta \varphi = 0. \tag{1.1.53}$$

其中 $\Delta = \frac{\partial^2}{\partial x^2} + \frac{\partial^2}{\partial y^2} + \frac{\partial^2}{\partial z^2}$. 方程 (1.1.53) 称为**三维拉普拉斯 (Laplace) 方程**或**调和方程**.

1.1.4 带电导体外的静电场

模型 考察一带电导体外空间中的静电场.

要刻画该模型, 需要下面的两个物理规律.

(1) **库仑定律** 设在真空中有两个带电量分别为 q 与 q_1 的静止点电荷. 记 $\mathbf{r}_1$ 为由点电荷 q_1 所在的位置到点电荷 q 所在的位置的向量 (矢径), 其距离 $r_1 = |\mathbf{r}_1|$, 则点电荷 q 所受的力为

$$\mathbf{F} = k \frac{q q_1 \mathbf{r}_1}{r_1^3}, \tag{1.1.54}$$

其中 $k = \frac{1}{4\pi\varepsilon_0}$, $\varepsilon_0 = 8.85419 \times 10^{-2} \mathrm{C}^2/(\mathrm{N} \cdot \mathrm{m}^2)$ 为真空中的常数.

(2) **高斯定理** 在静电场中, 通过任一封闭曲面 Γ 向外的电通量, 等于此曲面内部所包含的电荷的代数和除以 ε_0.

在电场中不同地点, 电荷所受的力是不同的. 为了描述电荷在电场中各点的受力情况, 用一个静止的单位正点电荷 (试验电荷) 在该点所受的力来衡量电场在

该点的强度, 称为**电场强度**, 记为 $\mathbf{E}$. 由库仑定律, 静止的点电荷 q 在强度为 $\mathbf{E}$ 的电场中所受的力为

$$\mathbf{F}=q\mathbf{E}. \tag{1.1.55}$$

在实际测定电场强度时, 要注意试验电荷的引进不能对原来的电场造成大的改变. 一般试验电荷也可用一个小的点电荷 q 代替. 由 (1.1.54)-(1.1.55) 知, 点电荷 q_1 产生的电场强度为

$$\mathbf{E}=k\frac{q_1\mathbf{r}_1}{r_1^3}.$$

电场线是向量场 $\mathbf{E}$ 的积分曲线. 对一般的曲面微元 dS, 设其单位法向量为 $\mathbf{n}$, 则其上沿 $\mathbf{n}$ 方向通过的电场线数目为 $\mathbf{E}\cdot\mathbf{n}dS$, 这称为沿 $\mathbf{n}$ 方向通过 dS 的**电通量**. 从而, 沿法线 $\mathbf{n}$ 方向通过任意给定曲面 S 的电通量应为

$$\int_S \mathbf{E}\cdot\mathbf{n}dS.$$

设空间中有一电荷密度为 $\rho(x,y,z)$ 的静电场, 在此电场内任取一由闭曲面 Γ 包围的区域 Ω, 由高斯定理可知, 通过 Γ 向外的电通量等于 Ω 中总电量除以 ε_0.

$$\iint_\Gamma \mathbf{E}\cdot\mathbf{n}ds=\frac{1}{\varepsilon_0}\iiint_\Omega \rho dxdydz. \tag{1.1.56}$$

上式左端应用 Green 公式得到

$$\iint_\Gamma \mathbf{E}\cdot\mathbf{n}ds=\iiint_\Omega \mathrm{div}\mathbf{E}dxdydz. \tag{1.1.57}$$

由库仑定律知静电场是无旋场, 因此存在静电势 $u=u(x,y,z)$ 使得

$$\mathbf{E}=-\nabla u. \tag{1.1.58}$$

上式的右端取负号是为使电场强度指向电势降低的方向. 这样就有

$$\Delta u=\mathrm{div}\nabla u=-\frac{\rho}{\varepsilon_0}, \tag{1.1.59}$$

该方程称为**泊松 (Possion) 方程**.

若在区域中无电荷存在 (即静电场是无源的), 则上式变为

$$\Delta u=0. \tag{1.1.60}$$

该方程称为**拉普拉斯方程**.

现在具体考察带电导体外空间中的静电场. 设此带电导体的边界曲面为 Γ. 在此带电导体以外的空间区域 Ω' 中, 由于没有电荷分布, 所以静电势在 Ω' 中应满足拉普拉斯方程 (1.1.60).

1.2 变分模型

很多实际问题可表述为变分问题的形式, 即求某一个泛函的极值. 作为泛函极值的必要条件, 将导出相应的偏微分方程. 另外有些偏微分方程问题可转化为一个变分问题. 下面以膜的平衡问题为例来讲述.

模型 考虑一处于紧张状态的均匀薄膜, 它的部分边界固定在一框架上, 在另一部分边界上受到外力的作用. 若整个薄膜在垂直于平衡位置的外力作用下处于平衡状态, 需要描述薄膜的形状.

为了建立数学模型, 在这里我们应用力学中的最小势能原理. 为此, 首先回顾一下该原理、总势能和应变能及外力做功之间的关系.

(1) **最小势能原理** 受外力作用的弹性体, 在一切可能的位移中, 达到平衡状态的位移使之总势能最小.

(2) **总势能和应变能** 总势能 = 应变能 − 外力做功; 应变能 = 张力与膜由于变形所产生面积的增量的乘积.

取薄膜的水平位置为 xOy 平面上的区域 Ω, 其边界为 $\partial\Omega = \Gamma_1 \bigcup \Gamma_2$, 令 $u(x,y)$ 表示薄膜在 (x,y) 处的位移, 在 Γ_1 上薄膜的位移为 $\varphi(x,y)$, 在 Γ_2 上薄膜受到外力的作用, 设它垂直于膜的分量为 $p(x,y)$.

从弹性力学的理论知道: 当 $|u_x|, |u_y| \ll 1$ 时,

$$\begin{aligned}\text{应变能} &= \iint_\Omega T\left(\sqrt{1+u_x^2+u_y^2}-1\right)dxdy \\ &\approx \frac{1}{2}\iint_\Omega T(u_x^2+u_y^2)dxdy,\end{aligned}$$

其中 T 为薄膜的张力并且是一正常数.

如果薄膜所受的垂直方向的外力有二个, 一个为作用在膜内的 $F(x,y)$, 另一个是作用在膜的边界 Γ_2 上的 $p(x,y)$, 在它们的作用下, 薄膜上各点的位移为 $u(x,y)$, 则

$$\text{外力做功} = \iint_\Omega Fudxdy + \int_{\Gamma_2} puds.$$

因此对变形 (位移)$u(x,y)$ 的总势能为

$$J(u) = \frac{T}{2}\iint_\Omega (u_x^2+u_y^2)dxdy - \iint_\Omega Fudxdy - \int_{\Gamma_2} puds. \tag{1.2.1}$$

取函数类

$$M_\varphi = \{v \in C^2(\Omega) \cap C^1(\bar{\Omega}) \ \mid \ v|_{\Gamma_1} = \varphi\}. \tag{1.2.2}$$

这样最小势能原理可以表述: 若 $u \in M_\varphi$ 是膜达到平衡状态的位移, 则

$$J(u) = \min_{v \in M_\varphi} J(v). \tag{1.2.3}$$

因此膜达到平衡状态的位移 u 是变分问题 (1.2.3) 的解.

我们导出 u 使 $J(v)$ 取极值的必要条件. 首先令

$$M_0 = \{v \in C^2(\Omega) \cap C^1(\bar{\Omega}) \mid v|_{\Gamma_1} = 0\}. \tag{1.2.4}$$

如果 u 是变分问题 (1.2.3) 的解, 任取 $w \in M_0$, 令 $v = u + \lambda w$, 其中 λ 为任一实数, 显然 $v \in M_\varphi$ 并且

$$\begin{aligned}
J(v) &= J(u+\lambda w) \\
&= \frac{T}{2}\iint_\Omega \left((u+\lambda w)_x^2 + (u+\lambda w)_y^2\right) dxdy \\
&\quad - \iint_\Omega F(u+\lambda w)dxdy - \int_{\Gamma_2} p(u+\lambda w)ds \\
&= J(u) + \lambda \iint_\Omega [T(u_x w_x + u_y w_y) - Fw]dxdy \\
&\quad - \lambda \int_{\Gamma_2} pwds + \frac{T\lambda^2}{2}\iint_\Omega (w_x^2 + w_y^2)dxdy.
\end{aligned}$$

由 (1.2.3), $J(u+\lambda w)$ 在 $\lambda = 0$ 取到极小值, 应有

$$\frac{d}{d\lambda} J(u+\lambda w)|_{\lambda=0} = 0,$$

即

$$\iint_\Omega [T(u_x w_x + u_y w_y) - Fw]dxdy - \int_{\Gamma_2} pwds = 0. \tag{1.2.5}$$

但由格林公式,

$$\begin{aligned}
&\iint_\Omega T(u_x w_x + u_y w_y)dxdy \\
&= T\iint_\Omega [(u_x w)_x + (u_y w)_y - w\Delta u]dxdy \\
&= T\int_{\partial\Omega} w\frac{\partial u}{\partial \mathbf{n}}ds - T\iint_\Omega w\Delta u dxdy.
\end{aligned}$$

由于 $w \in M_0, w|_{\Gamma_1} = 0$, 上式右端

$$T\int_{\partial\Omega} w\frac{\partial u}{\partial \mathbf{n}}ds = T\int_{\Gamma_2} w\frac{\partial u}{\partial \mathbf{n}}ds.$$

从而由 (1.2.5) 得到, 对任何给定的 $w \in M_0$, 成立

$$\iint_\Omega (-T\Delta u - F) w dxdy + \int_{\Gamma_2} \left(T\frac{\partial u}{\partial n} - p \right) w ds = 0. \tag{1.2.6}$$

在上式中先取 $w \in C_0^\infty(\Omega)$, 则得

$$\iint_\Omega (-T\Delta u - F) w dxdy = 0. \tag{1.2.7}$$

由于此式对任意 $w \in C_0^\infty(\Omega)$ 都成立, 如果 $T\Delta u + F$ 在 Ω 内连续, 从而导出

$$\Delta u = -\frac{F(x,y)}{T}. \tag{1.2.8}$$

此式为变分问题 (1.2.3) 的**欧拉-拉格朗日方程** (**Euler-Lagrange equation**).

通过 (1.2.6) 和 (1.2.8), 我们还得到

$$\left.\frac{\partial u}{\partial \mathbf{n}}\right|_{\Gamma_2} = \frac{p(x,y)}{T}. \tag{1.2.9}$$

因为 $u \in M_\varphi$, 所以

$$u|_{\Gamma_1} = \varphi(x,y). \tag{1.2.10}$$

反之, 若 $u \in C^2(\Omega) \cap C^1(\bar{\Omega})$ 满足问题 (1.2.8)—(1.2.10), 易证它也必是变分问题 (1.2.3) 的解.

1.3 偏微分方程的基本概念

1.3.1 定义

定义 1.3.1 含有具有两个或两个以上自变量的未知函数及其偏导数 (或仅含有高阶偏导数) 的方程称为**偏微分方程**. 由两个或两个以上的偏微分方程构成的系统称为**偏微分方程组**.

定义 1.3.2 在偏微分方程 (组) 中出现的未知函数最高阶偏导数的阶数称为该偏微分方程 (组) 的**阶数**.

m 阶偏微分方程的一般形式为

$$F[x, u(x), Du(x), \cdots, D^m u(x)] = 0, \tag{1.3.1}$$

其中 $F: \mathbb{R}^n \times \mathbb{R} \times \mathbb{R}^n \times \cdots \times \mathbb{R}^{n^m} \to \mathbb{R}$ 上的多元函数, $x \in \mathbb{R}^n (n \geqslant 2), D^k u(x) = \dfrac{\partial^k u}{\partial x_1^{k_1} \cdots \partial x_n^{k_n}}, 1 \leqslant k \leqslant m, k_1 + k_2 + \cdots + k_n = k$.

定义 1.3.3 如果一个偏微分方程 (组) 各项都能表示成未知函数及其各阶偏导数的一次函数形式, 则称方程 (组) 是**线性偏微分方程** (组), 否则称为**非线性的**.

如理想流体力学方程组是非线性的, 而弦振动方程、热传导方程和拉普拉斯方程都是线性方程. 若方程 (1.3.1) 是线性偏微分方程, 则可写为

$$\Sigma_{|\alpha|\leqslant m}a_{\alpha}(x)D^{|\alpha|}u=f(x), \tag{1.3.2}$$

其中 $\alpha=(\alpha_1,\alpha_2,\cdots,\alpha_n),\alpha_1+\alpha_2+\cdots+\alpha_n=|\alpha|$, 且 α_i 为非负整数. 若 $|\alpha|=2$, 则 (1.3.2) 又可以写为

$$Lu=\sum_{i,j=1}^{n}a_{ij}(x)\frac{\partial^2 u}{\partial x_i\partial x_j}+\sum_{i,j=1}^{n}b_i(x)\frac{\partial u}{\partial x_i}+c(x)u=f(x). \tag{1.3.3}$$

若 $f(x)\equiv 0$, 称方程 (1.3.2) 为**齐次线性偏微分方程**, 否则称为**非齐次线性偏微分方程**.

定义 1.3.4 如果一函数 $\varphi(x)$ 有直到 m 阶的连续偏导数, 将它及其各阶偏导数代替方程 (1.3.1) 中的 $u(x)$ 及其对应的各阶偏导数后成为一个恒等式, 则称 $\varphi(x)$ 是方程 (1.3.1) 的一个**经典解**.

1.3.2 定解条件和定解问题

一个偏微分方程的解通常有无穷多个, 而每个解都表示一个特定的运动过程, 为了从无穷个解中找出一个所研究的实际问题要求的解, 必须考虑研究对象所处的周围环境和初始时刻的状态等其他因素对解产生的影响, 从而通过在这些方面的考虑得到一些已知条件, 这样就可能确定出一个特定解, 这个解既满足方程本身又满足所建立起来的条件, 把这样的已知条件称为**定解条件**. 定解条件联立方程称为**定解问题**. 定解条件可分为初始条件和边界条件.

1. 初始条件

描述初始时刻物理状态的定解条件.

例如一维弦振动方程, 需要考虑初始状态的情况, 即弦在初始时刻 (不妨设 $t=0$) 的位移及速度,

$$\begin{cases} u(x,0)=\varphi(x), \\ u_t(x,0)=\psi(x). \end{cases} \tag{1.3.4}$$

对于热传导方程来说, 其初始条件是指在初始时刻物体温度的分布情况, 即

$$u(x,y,z,0)=\varphi(x,y,z). \tag{1.3.5}$$

拉普拉斯方程是描述稳恒状态的, 与初始状态无关, 因此不需要提初始条件.

2. 边界条件

描述边界上的物理状态的定解条件.

若所考虑的区域为 Ω, 其边界为 Γ, 边界条件通常分为以下几类.

(1) **第一类边界条件 (Dirichlet 边界条件)**

$$u|_{\Gamma} = f_1, \tag{1.3.6}$$

其中 f_1 是已知函数.

譬如在弦振动问题中, 如果弦在 $x=0$ 及 $x=l$ 两端固定, 则有

$$u(0,t)=0, \quad u(l,t)=0.$$

在热传导问题中, 若物体表面的温度是已知的, 则有

$$u(x,y,z,t)|_{\Gamma} = f_1(x,y,z,t).$$

(2) **第二类边界条件 (Neumann 边界条件)**

$$\left.\frac{\partial u}{\partial \mathbf{n}}\right|_{\Gamma} = f_2, \tag{1.3.7}$$

其中 $\mathbf{n}$ 为 Γ 的单位外法向量, f_2 为已知函数.

如弦的一端 $(x=0)$ 处于自由状态, 即可以在垂直于 x 轴的直线上自由滑动, 没有受到垂直方向外力, 从而在边界左端点的张力的垂直方向分量应为零, 即

$$-Tu_x(0,t)=0,$$

由于 T 是常数, 所以

$$u_x(0,t)=0.$$

若受到垂直方向的外力, 则

$$u_x(0,t)=\mu(t),$$

其中 $\mu(t)$ 是已知函数.

在热传导问题中, 在物体 Ω 的表面 Γ 知道的不是它的表面温度而是热量在表面 Γ 上各点的流速, 也就是说在表面 Γ 各点的单位面积上单位时间内流过的热量 Q 是已知的. 根据傅里叶定律 $\dfrac{dQ}{dSdt} = -k\dfrac{\partial u}{\partial \mathbf{n}}$, 可推出在 Γ 上温度 u 的法向导数是已知的, 即

$$\left.\frac{\partial u}{\partial \mathbf{n}}\right|_{\Gamma} = f_2.$$

若 Γ 上流速为零或 Ω 与周围介质处于绝热状态, 则 $f_2 = 0$.

(3) **第三类边界条件**

$$\left(\frac{\partial u}{\partial \mathbf{n}} + \sigma u\right)\Big|_{\Gamma} = f_3, \tag{1.3.8}$$

其中 σ 为非负常数, f_3 为已知函数.

在弦振动问题中, 将弦的一端固定在弹性支承上, 例如在 $x = 0$ 处, 此支承的伸缩符合胡克定律. 假如弹性支承原来的位置为 $u = 0$, 则 $u(0,t)$ 表示支承在该点的伸长 (或应变), 由胡克定律知支承对弦端点 $x = 0$ 处的拉力的垂直方向分力为 $-ku(0,t)$, 而弦在该端点对支承的拉力的垂直方向分力为 $Tu_x(0,t)$, 因此有

$$Tu_x(0,t) - ku(0,t) = 0,$$

其中 k 为弹性系数, 记 $\sigma_1 = -\dfrac{k}{T}$, 则

$$u_x(0,t) + \sigma_1 u(0,t) = 0.$$

在热传导过程中, 若物体放在介质中能测量到的只是与物体接触处的介质温度 u_1, 它与物体表面上的温度 u 往往不同, 在 u_1 已知时研究边界条件的提法, 必须利用物理中另一个热传导实验定律 (牛顿定律).

牛顿定律 从物体流到介质中的热量和两者的温度差成正比, 即

$$dQ = k_1(u - u_1)dSdt,$$

k_1 表示热传导系数.

考察流过物体 Ω 表面 Γ 的热量, 从物体内部来看, 它由傅里叶定律确定, 而从介质方面来看, 应由牛顿定律所确定, 因此有

$$-k\frac{\partial u}{\partial \mathbf{n}}dSdt = k_1(u - u_1)dSdt,$$

所以

$$\left(\frac{\partial u}{\partial \mathbf{n}} + \frac{k_1}{k}u\right)\Big|_{\Gamma} = \frac{k_1}{k}u_1.$$

对拉普拉斯方程也可以提出上述的三类边界条件. 此外还有

(4) **无穷远处的边界条件**

例如考察带电导体外空间中的静电场, 通常还需要考虑无穷远处的边界条件, 如在无穷远处的电势为零, 即

$$\lim_{r\to\infty} u = 0, \quad r = \sqrt{x^2 + y^2 + z^2}. \tag{1.3.9}$$

(5) **非局部边界条件**

上述的几类边界条件都是局部边界条件, 有些实际模型中还提出了很多非局部边界条件. 例如, 前面的带电导体表面 Γ 上也可满足一类非局部边界条件. 事实上, 导体上电荷自由移动, 一直到导体内部处处电场强度为零, 从而整个导体上的静电势为一常数时才达到平衡, 即整个导体是一个等势体. 于是在 Γ 上满足

$$\begin{cases} u = C(\text{待定常数}), \quad \text{在}\Gamma\text{上}, \\ \displaystyle\int_\Gamma \frac{\partial u}{\partial \mathbf{n}} ds = \frac{Q_0}{\varepsilon_0}(\text{已知常数}), \end{cases} \tag{1.3.10}$$

其中 Q_0 是导体上所带的电荷总量. 上述边界条件称为**等值面边界条件** (也称**总流量边界条件**), 这是一类非局部边界条件.

如果只有初始条件无边界条件的定解问题称为**初始值问题** (也称为**柯西 (Cauchy) 问题**), 例如无界弦的振动问题和无界区域的热传导问题就只有初始条件. 反之没有初始条件, 只有边界条件的定解问题, 称为**边值问题**, 如静电场的电势模型和膜的平衡问题就只能提边界条件. 既有初始条件又有边界条件的定解问题称为**混合问题**, 如有界弦的振动问题和有界区域的热传导问题. 另外一封闭曲面的外部区域上拉普拉斯方程的边值问题也称为**拉普拉斯方程的外问题**, 例如带电导体外空间中的静电势满足的定解问题.

1.3.3 定解问题的适定性

定解问题的**存在性** (是否有解)、**唯一性** (是否只有一个解) 和解的**稳定性** (指解连续依赖定解条件中出现的已知函数或方程右端的自由项, 即当定解条件中出现的已知函数或方程右端的自由项作很小的变化时, 问题的解是否也作很小的变化) 统称为定解问题的**适定性**. 一个定解问题, 如果存在唯一而又稳定的解, 就称这一个定解问题是适定的, 否则就应该修改定解问题的提法, 使其适定.

在数学物理方程中除了研究定解问题的适定性外, 还经常研究解的正则性 (光滑性)、解的渐近性 (包括衰减性)、求解方法 (包括精确解、渐近解与数值解的求解方法) 等.

1.3.4 叠加原理

例如在物理学中, 几个外力作用在一个物体上所产生的加速度, 可以用这些单个外力各自单独作用在该物体上所产生的加速度相加而得出, 这个原理就是所谓的叠加原理. 对于线性偏微分方程的定解问题, 也有叠加原理.

叠加原理 设 u_i 满足定解问题

$$Lu_i = f_i, \quad Bu_i = g_i, \quad i = 1, 2, \cdots,$$

其中 L, B 分别是线性偏微分算子和线性定解条件算子. 若级数 $\sum_{i=1}^{\infty} c_i u_i$ 收敛且可以逐项微分, 同时级数 $\sum_{i=1}^{\infty} c_i f_i$ 和 $\sum_{i=1}^{\infty} c_i g_i$ 都收敛, 则

$$u = \sum_{i=1}^{\infty} c_i u_i$$

是定解问题

$$Lu = \sum_{i=1}^{\infty} c_i f_i, \quad Bu = \sum_{i=1}^{\infty} c_i g_i$$

的解.

注 1.3.1 例如弦振动问题, 可取 $L = \partial_{tt} - a^2\partial_{xx}$, B 可以表示初始条件算子, 也可表示边界条件算子; 对三维热传导问题, $L = \partial_t - a^2(\partial_{xx} + \partial_{yy} + \partial_{zz})$, B 也可表示初始条件算子或边界条件算子; 对三维拉普拉斯方程定解问题, $L = \partial_{xx} + \partial_{yy} + \partial_{zz}$, B 是边界条件算子.

1.4 二阶线性偏微分方程的分类与化简

在 1.1 节中, 我们从不同的物理模型导出了弦振动方程、热传导方程与拉普拉斯方程. 这三类方程虽然形式特殊, 但在二阶线性偏微分方程中, 它们却是三个典型的代表. 一般二阶线性偏微分方程的共性与差异, 往往可以从对这三类方程的研究得到, 本节我们将对二阶线性偏微分方程进行分类与化简.

1.4.1 两个自变量的二阶线性偏微分方程的分类

这里我们重点讨论两个自变量的二阶线性偏微分方程的分类与化简.

两个自变量的二阶线性偏微分方程的一般形式为

$$a_{11}u_{xx} + 2a_{12}u_{xy} + a_{22}u_{yy} + b_1 u_x + b_2 u_y + cu = f, \tag{1.4.1}$$

其中 $a_{11}, a_{12}, a_{22}, b_1, b_2, c, f$ 等都是自变量 x, y 在平面上某一区域 Ω 上的连续可微函数, 且 $a_{11}^2 + a_{12}^2 + a_{22}^2 \neq 0$.

定义 1.4.1 若在区域 Ω 上一点 (x_0, y_0),

(i) $\Delta = a_{12}^2 - a_{11}a_{22} > 0$, 则称方程 (1.4.1) 在点 (x_0, y_0) 为**双曲型的**;

(ii) $\Delta = a_{12}^2 - a_{11}a_{22} = 0$, 则称方程 (1.4.1) 在点 (x_0, y_0) 为**抛物型的**;

(iii) $\Delta = a_{12}^2 - a_{11}a_{22} < 0$, 则称方程 (1.4.1) 在点 (x_0, y_0) 为**椭圆型的**.

定义 1.4.2 (i) 若在区域 Ω 内每点都是双曲型的, 则称 (1.4.1) 在 Ω 上为**双曲型方程**;

(ii) 若在区域 Ω 内每点都是抛物型的, 则称 (1.4.1) 在 Ω 上为**抛物型方程**;

(iii) 若在区域 Ω 内每点都是椭圆型的, 则称 (1.4.1) 在 Ω 上为**椭圆型方程**.

例 1.4.1 弦振动方程 $u_{tt} - a^2 u_{xx} = 0$, 此时 $\Delta = a^2 > 0$, 所以它处处为双曲型方程; 二维拉普拉斯方程 $u_{xx} + u_{yy} = 0$, 由于 $\Delta = -1 < 0$, 因而它是椭圆型方程; 热传导方程 $u_t - a^2 u_{xx} = 0$, 由于 $\Delta = a^2 \times 0 = 0$, 故它是抛物型方程.

例 1.4.2 特里科米 (Tricomi) 方程 $yu_{xx} + u_{yy} = 0$, 此时 $\Delta = -y$, 当 $y > 0$ 时, $\Delta < 0$, 因而在上半平面为椭圆型方程; 当 $y = 0$ 时, $\Delta = 0$, 因而在 x 轴上为抛物型方程; 当 $y < 0$ 时, $\Delta > 0$, 因而在下半平面为双曲型方程.

1.4.2 两个自变量的二阶线性偏微分方程的化简

下面对方程 (1.4.1) 在 (x_0, y_0) 的附近进行化简, 为此, 作自变量的变换

$$\xi = \xi(x, y), \quad \eta = \eta(x, y). \tag{1.4.2}$$

假设变换 (1.4.2) 是二阶连续可微的, 且使函数行列式

$$\frac{D(\xi, \eta)}{D(x, y)} = \left| \begin{matrix} \xi_x & \xi_y \\ \eta_x & \eta_y \end{matrix} \right|_{(x_0, y_0)} \neq 0. \tag{1.4.3}$$

根据隐函数存在定理, 在点 (x_0, y_0) 附近, 变换 (1.4.2) 是可逆的, 则 (1.4.1) 通过变换 (1.4.2) 可以化成关于自变量 ξ, η 的偏微分方程

$$\overline{a}_{11} u_{\xi\xi} + 2\overline{a}_{12} u_{\xi\eta} + \overline{a}_{22} u_{\eta\eta} + \overline{b}_1 u_\xi + \overline{b}_2 u_\eta + \overline{c} u = \overline{f}, \tag{1.4.4}$$

其中

$$\begin{cases} \overline{a}_{11} = a_{11}\xi_x^2 + 2a_{12}\xi_x\xi_y + a_{22}\xi_y^2, \\ \overline{a}_{12} = a_{11}\xi_x\eta_x + a_{12}(\xi_x\eta_y + \xi_y\eta_x) + a_{22}\xi_y\eta_y, \\ \overline{a}_{22} = a_{11}\eta_x^2 + 2a_{12}\eta_x\eta_y + a_{22}\eta_y^2, \end{cases} \tag{1.4.5}$$

$\overline{b}_1, \overline{b}_2, \overline{c}, \overline{f}$ 也可以相应地确定出来.

如果能找到方程

$$a_{11}\varphi_x^2 + 2a_{12}\varphi_x\varphi_y + a_{22}\varphi_y^2 = 0 \tag{1.4.6}$$

的两个线性无关的解 $\varphi = \varphi_1(x, y)$ 和 $\varphi = \varphi_2(x, y)$, 取

$$\xi = \varphi_1(x, y), \quad \eta = \varphi_2(x, y), \tag{1.4.7}$$

则 $\overline{a}_{11} = \overline{a}_{22} = 0$, 这样 (1.4.5) 就比 (1.4.1) 大为简化了.

现在讨论这种选取的可能性. 关于 φ 的一阶偏微分方程 (1.4.6) 的求解可转化为求解常微分方程在 xOy 平面上的积分曲线问题.

定义 1.4.3 称常微分方程

$$a_{11}dy^2 - 2a_{12}dydx + a_{22}dx^2 = 0 \tag{1.4.8}$$

为方程 (1.4.1) 的**特征方程**, 称方程 (1.4.8) 的积分曲线为方程 (1.4.1) 的**特征线**.

为了求得特征方程 (1.4.8) 的积分曲线, 将方程 (1.4.8) 分解成

$$\frac{dy}{dx} = \frac{a_{12} + \sqrt{a_{12}^2 - a_{11}a_{22}}}{a_{11}}, \tag{1.4.9}$$

$$\frac{dy}{dx} = \frac{a_{12} - \sqrt{a_{12}^2 - a_{11}a_{22}}}{a_{11}}. \tag{1.4.10}$$

此时有下面三种情形:

(1) 在 (x_0, y_0) 附近, 若 $\Delta = a_{12}^2 - a_{11}a_{22} > 0$, 此时 (1.4.9) 和 (1.4.10) 右端取不同的实数值, 所以特征方程 (1.4.8) 有两族不同的积分曲线, 分别表示为 $\varphi_1(x,y) = C_1$ 和 $\varphi_2(x,y) = C_2$, 其中 C_1 和 C_2 是任意常数. 若 φ_{1x} 及 φ_{1y}, φ_{2x} 及 φ_{2y} 均不同时为零, 则变换

$$\xi = \varphi_1(x,y), \quad \eta = \varphi_2(x,y) \tag{1.4.11}$$

为可逆变换, 这时因为

$$\frac{\varphi_{1x}}{\varphi_{1y}} = -\frac{dy_1}{dx} = -\frac{a_{12} + \sqrt{a_{12}^2 - a_{11}a_{22}}}{a_{11}},$$

$$\frac{\varphi_{2x}}{\varphi_{2y}} = -\frac{dy_2}{dx} = -\frac{a_{12} - \sqrt{a_{12}^2 - a_{11}a_{22}}}{a_{11}},$$

而 $\Delta = a_{12}^2 - a_{11}a_{22} > 0$, 因此 $\dfrac{\varphi_{1x}}{\varphi_{1y}} \neq \dfrac{\varphi_{2x}}{\varphi_{2y}}$, 即变换 (1.4.11) 导出的函数行列式 $\dfrac{D(\varphi_1, \varphi_2)}{D(x,y)} \neq 0$. 因此选取这样的变换后可以得到 $\overline{a}_{11} = \overline{a}_{22} = 0, \overline{a}_{12} \neq 0$. 故 (1.4.4) 化为

$$u_{\xi\eta} = -\frac{1}{2\overline{a}_{12}}(\overline{b}_1 u_\xi + \overline{b}_2 u_\eta + \overline{c}u - \overline{f}) \tag{1.4.12}$$

的形式, 这是两个自变量的**双曲型方程的第一标准形式**.

如果在 (1.4.12) 中再作自变量变换

$$\xi = \frac{1}{2}(s+t), \quad \eta = \frac{1}{2}(s-t), \tag{1.4.13}$$

则方程 (1.4.12) 进一步化为

$$u_{ss}-u_{tt}=Au_s+Bu_t+Cu+D, \tag{1.4.14}$$

其中 A,B,C 和 D 为 s,t 的已知函数, 此为**双曲型方程的第二标准形式**.

(2) 在 (x_0,y_0) 附近, 若 $\Delta=0$, 则 (1.4.9) 与 (1.4.10) 右端相同, 故特征方程 (1.4.8) 只有一族特征曲线 $\varphi_1(x,y)=C$. 选取 $\xi=\varphi_1(x,y)$, 由于 $\Delta=0$, 所以

$$\overline{a}_{12}=(\sqrt{a_{11}}\xi_x+\sqrt{a_{22}}\xi_y)(\sqrt{a_{11}}\eta_x+\sqrt{a_{22}}\eta_y)=0,$$

故 $\overline{a}_{11}$ 与 $\overline{a}_{12}$ 同时为零. 任取一函数 $\eta=\varphi_2(x,y)$, 只要 φ_1 与 φ_2 线性无关, 因此方程 (1.4.4) 化为

$$u_{\eta\eta}=-\frac{1}{\overline{a}_{22}}(\overline{b}_1u_\xi+\overline{b}_2u_\eta+\overline{c}u-\overline{f}) \tag{1.4.15}$$

的形式, 此式称为**抛物型方程的标准形式**.

(3) 在 (x_0,y_0) 附近, 若 $\Delta<0$, 此时 (1.4.8) 不存在实的特征线, 它的通解为复值解. 假设 $\Phi(x,y)=\varphi_1(x,y)+i\varphi_2(x,y)=C$ 是 (1.4.8) 的一族积分曲线, 其中 φ_1,φ_2 为实值函数. 做变换

$$\xi=\varphi_1(x,y)=\mathrm{Re}\Phi(x,y),\quad \eta=\varphi_2(x,y)=\mathrm{Im}\Phi(x,y). \tag{1.4.16}$$

可以证明, $\varphi_1(x,y)$ 和 $\varphi_2(x,y)$ 是函数无关的. 事实上, 因为 $\Phi(x,y)=C$ 满足 (1.4.9), 所以把实部和虚部分开, 得到

$$a_{11}\xi_x=-a_{12}\xi_y+\sqrt{a_{11}a_{22}-a_{12}^2}\eta_y,$$

$$a_{11}\eta_x=-a_{12}\eta_y-\sqrt{a_{11}a_{22}-a_{12}^2}\xi_y.$$

上面第一式左右两端同乘以 η_y 减去第二式左右两端同乘以 ξ_y, 由于 $a_{11}\neq 0$(否则 Δ 不会小于零), 成立

$$\begin{vmatrix}\xi_x & \xi_y\\ \eta_x & \eta_y\end{vmatrix}=\frac{\sqrt{a_{11}a_{22}-a_{12}^2}}{a_{11}}(\xi_y^2+\eta_y^2).$$

此行列式的值不等于零, 否则就有 $\xi_y=\eta_y=0$, 这样也就能推出 $\xi_x=\eta_x=0$, 从而 $\Phi_x=\Phi_y=0$, 但这与 Φ 的假设不符合, 因此 (1.4.16) 中的 $\varphi_1(x,y)$ 和 $\varphi_2(x,y)$ 是函数无关的.

由于 $\xi+i\eta$ 满足 (1.4.6), 代入后将实部及虚部分开, 得到

$$a_{11}\xi_x^2+2a_{12}\xi_x\xi_y+a_{22}\xi_y^2=a_{11}\eta_x^2+2a_{12}\eta_x\eta_y+a_{22}\eta_y^2,$$

$$a_{11}\xi_x\eta_x + a_{12}(\xi_x\eta_y + \xi_y\eta_x) + a_{22}\xi_y\eta_y = 0,$$

即 $\overline{a}_{11} = \overline{a}_{22}, \overline{a}_{12} = 0$, 则方程 (1.4.4) 可化为

$$u_{\xi\xi} + u_{\eta\eta} = -\frac{1}{\overline{a}_{11}}(\overline{b}_1 u_\xi + \overline{b}_2 u_\eta + \overline{c}u - \overline{f}) \tag{1.4.17}$$

的形式, 故称其为**椭圆型方程的标准形式**.

例 1.4.3 试将 $u_{xx} - 2\cos x u_{xy} - (3 + \sin^2 x)u_{yy} - yu_y = 0$ 化为标准形式.

解 因为 $\Delta = \cos^2 x + 3 + \sin^2 x = 4 > 0$, 所以方程是双曲型方程, 其特征方程为

$$dy^2 + 2\cos x dxdy - (3 + \sin^2 x)dx^2 = 0,$$

把它分解成为两个常微分方程

$$\frac{dy}{dx} = -2 - \cos x, \quad \frac{dy}{dx} = 2 - \cos x.$$

解得两族积分曲线

$$y + 2x + \sin x = C_1, \quad y - 2x + \sin x = C_2,$$

其中 C_1 和 C_2 是任意常数. 作变换

$$\xi = y + 2x + \sin x, \quad \eta = y - 2x + \sin x.$$

则原方程化简为

$$u_{\xi\eta} + \frac{\xi + \eta}{32}(u_\xi + u_\eta) = 0.$$

例 1.4.4 判断方程 $x^2 u_{xx} + 2xyu_{xy} + y^2 u_{yy} = 0$ 的类型并化为标准形式.

解 由于 $\Delta = x^2y^2 - x^2y^2 = 0$, 所以原方程为抛物型方程, 其特征方程为

$$x^2dy^2 - 2xydxdy + y^2dx^2 = 0,$$

即

$$\frac{dy}{dx} = \frac{y}{x}.$$

解得

$$\frac{y}{x} = C,$$

其中 C 是任意常数. 作变换

$$\xi = \frac{y}{x}, \quad \eta = x.$$

则原方程化简得标准形式

$$u_{\eta\eta}=0.$$

例 1.4.5　将 $yu_{xx}+u_{yy}=0\ (y>0)$ 化为标准形式.

解　由例 1.4.2 知, 当 $y>0$ 时, 该方程为椭圆型方程, 其特征方程为

$$ydy^2+dx^2=0.$$

当 $y>0$ 时, 它化为

$$dx\pm i\sqrt{y}dy=0,$$

解得其积分曲线分别为

$$x+\frac{2}{3}iy^{\frac{3}{2}}=C_1,\quad x-\frac{2}{3}iy^{\frac{3}{2}}=C_2.$$

作变换

$$\xi=x,\quad \eta=\frac{2}{3}y^{\frac{3}{2}}.$$

原方程化简为

$$u_{\xi\xi}+u_{\eta\eta}=-\frac{1}{3\eta}u_\eta.$$

1.4.3　多个自变量的二阶线性偏微分方程的分类

多个自变量的二阶线性偏微分方程的一般形式为

$$\sum_{i,j=1}^{n}a_{ij}(x)\frac{\partial^2 u}{\partial x_i\partial x_j}+\sum_{i,j=1}^{n}b_i(x)\frac{\partial u}{\partial x_i}+c(x)u=f(x),\tag{1.4.18}$$

其中 $a_{ij}(x),b_i(x),c(x),f(x)$ 是已知函数, 且 $a_{ij}(x)=a_{ji}(x),1\leqslant i,j\leqslant n$, 记 $A(x)=(a_{ij}(x))_{n\times n}$, 在这里 $x=(x_1,x_2,\cdots,x_n)\in\Omega\subseteq\mathbb{R}^n\ (n\geqslant 2)$.

定义 1.4.4　设 $x_0=(x_{01},x_{02},\cdots,x_{0n})\in\Omega$,

(i) 若 $A(x_0)$ 的特征值都同号, 则称 (1.4.18) 在 x_0 为**椭圆型的**;

(ii) 若 $A(x_0)$ 至少有一特征值为零, 非零特征值都同号, 则称 (1.4.18) 在 x_0 为**抛物型的**;

(iii) 若 $A(x_0)$ 的 $n-1$ 个特征值同号, 另一个与它们异号, 则称 (1.4.18) 在 x_0 为**双曲型的**.

定义 1.4.5　(i) 若方程 (1.4.18) 在 Ω 每点是椭圆型的, 则称其在 Ω 上是**椭圆型方程**;

(ii) 若方程 (1.4.18) 在 Ω 每点是抛物型的, 则称其在 Ω 上是**抛物型方程**;

(iii) 若方程 (1.4.18) 在 Ω 每点是双曲型的, 则称其在 Ω 上是**双曲型方程**.

习　题　1

1.1　一根均匀柔软的细弦在有阻尼的介质中作微小横振动, 假设介质的阻力的大小与速度的大小成正比, 试导出弦的横振动方程.

1.2　有一均匀杆受某种外界原因而纵向振动, 以 $u(x,t)$ 表示杆上 x 点在时刻 t 的位移, ρ 表示杆的密度, E 为杨氏模量. 假设振动过程中所发生的张力服从胡克定律, 并且还假设① 两端点固定; ② 两端点自由; ③ 两端点固定在弹性支承上. 试推导杆的纵振动方程, 并写出这三种情况下对应的边界条件.

1.3　设一种液体在多孔介质中扩散, 其扩散浓度为 $u(x,y,z,t)$, 满足能斯特 (Nernst) 扩散定律, 即分子运动速度与浓度的梯度大小成正比, 方向相反: $v=-D\nabla u$, 其中 $D(x,y,z)$ 为扩散系数, 设介质的孔隙系数为 $c(x,y,z)$, 试导出 u 所满足的方程.

1.4　设一长为 l 的均匀杆, 侧面绝缘, 一端温度为零, 另一端有恒定热流 q 进入 (即单位时间内通过单位截面积流入的热量为 q), 杆的初始温度分布是 $\dfrac{x^2(l-x)}{3}$, 试写出相应的定解问题.

1.5　试确定下列各偏微分方程是线性的, 还是非线性的? 是齐次的, 还是非齐次的? 并确定它的阶.

(1) $u_{xx}+xu_y=y$;

(2) $uu_x-2xyu_y=0$;

(3) $u_x^2+uu_y=1$;

(4) $u_{xxxx}+2u_{xxyy}+u_{yyyy}=0$;

(5) $u_{xx}^2+u_x^2+\sin u=e^y$.

1.6　验证 $u=f(xy)$ 满足方程

$$xu_x-yu_y=0,$$

其中 f 是任意的可微函数, 并由此验证函数 $\sin xy$, $\cos xy$, e^{xy}, x^3y^3 都是解.

1.7　用两种方法验证

$$u=\frac{1}{r},\quad r=\sqrt{x^2+y^2+z^2},\quad r\neq 0$$

满足三维拉普拉斯方程 $\Delta u=0$.

(i) 用直角坐标方程;

(ii) 用球坐标方程

$$\Delta u=\frac{1}{r^2}\frac{\partial}{\partial r}\left(r^2\frac{\partial u}{\partial r}\right)+\frac{1}{r^2\sin\theta}\frac{\partial}{\partial\theta}\left(\sin\theta\frac{\partial u}{\partial\theta}\right)+\frac{1}{r^2\sin^2\theta}\frac{\partial^2 u}{\partial\phi^2}=0.$$

1.8　验证

$$u=\frac{1}{\sqrt{t}}\exp\left\{-\frac{(x-\xi)^2}{4a^2t}\right\},\quad t>0,$$

满足方程 (当 $x\neq\xi$ 时)

$$u_t=a^2u_{xx},\quad \lim_{t\to 0}u(t,x)=0.$$

1.9　试判断下列各偏微分方程的类型并化为标准形式.

(1) $u_{xx}+2u_{xy}+3u_{yy}+4u_x+5u_y+u=e^x$;

(2) $2u_{xx} - 4u_{xy} + 2u_{yy} + 3u = 0$;

(3) $6u_{xx} - u_{xy} + u = y^2$;

(4) $x^2u_{xx} - 2xyu_{xy} + y^2u_{yy} = e^x$;

(5) $e^x u_{xx} + e^y u_{yy} = u$;

(6) $u_{xy} + 2u_{yy} + 9u_x + u_y = 2$.

第 2 章　分离变量法

分离变量是求解各种数学物理方程定解问题的常用方法之一, 此方法的特点在于把偏微分方程化为常微分方程, 具体地说, 把原问题的解表示为相应常微分方程边值问题特征函数系的广义傅里叶 (Fourier) 级数, 从而求得原问题的解.

2.1　有界弦的自由振动问题

考虑有界弦的自由振动问题

$$\begin{cases} u_{tt}-a^2u_{xx}=0, & 0<x<l,\ t>0, \\ u(0,t)=u(l,t)=0, & \\ u(x,0)=\varphi(x), & 0\leqslant x\leqslant l, \\ u_t(x,0)=\psi(x), & 0\leqslant x\leqslant l, \end{cases} \tag{2.1.1}$$

其中 a,l 是固定正常数, $\varphi(x)$ 和 $\psi(x)$ 是定义在 $[0,l]$ 上的已知函数.

上述定解问题的特点是方程是线性齐次方程, 边界条件也是齐次的, 因此该问题中的方程和边界条件满足叠加原理.

为了求解定解问题 (2.1.1), 首先对物理模型进行考察. 从物理上知道, 乐器发出的声音可分解成各种不同频率的单音, 每种单音振动时形成正弦曲线, 其振幅依赖于时间 t, 也就是说每个单音可表示成

$$u(x,t)=A(t)\sin wx$$

的形式, 这种形式的特点: $u(x,t)$ 是仅含变量 x 的函数与仅含变量 t 的函数的乘积, 因此它具有分离变量的形式.

假设问题 (2.1.1) 的解 $u(x,t)$ 分成

$$u(x,t)=X(x)T(t), \tag{2.1.2}$$

其中 $X(x)$, $T(t)$ 分别是 x 和 t 的非零函数.

把 (2.1.2) 代入问题 (2.1.1) 的方程中, 得到

$$T''(t)X(x)=a^2X''(x)T(t).$$

将上式分离变量可得

$$\frac{T''(t)}{a^2T(t)} = \frac{X''(x)}{X(x)}.$$

由于上式左端仅是 t 的函数, 右端仅是 x 的函数, 因此上式只有等于同一常数时才能相等. 记此常数为 $-\lambda$, 则有

$$T''(t) + \lambda a^2 T(t) = 0, \tag{2.1.3}$$

$$X''(x) + \lambda X(x) = 0. \tag{2.1.4}$$

为了让此解是满足问题 (2.1.1) 的齐次边界条件的非平凡解 (即非零解), 则函数 $X(x)$ 必满足

$$X(0) = X(l) = 0. \tag{2.1.5}$$

因此我们需要求解下列常微分方程的边值问题

$$\begin{cases} X''(x) + \lambda X(x) = 0, \\ X(0) = X(l) = 0. \end{cases} \tag{2.1.6}$$

若对于某些 λ 值, 问题 (2.1.6) 的非平凡解存在, 则称这种 λ 值为**特征值**, 同时称相应的非平凡解 $X(x)$ 为**特征函数**.

下面对 λ 分三种情况加以讨论:

(i) 当 $\lambda < 0$ 时, 问题 (2.1.6) 没有非平凡解.

事实上, 由常微分方程理论知, 此时方程的通解为

$$X(x) = Ae^{\sqrt{-\lambda}x} + Be^{-\sqrt{-\lambda}x},$$

其中 A, B 为任意常数.

由边界条件得

$$A + B = 0,$$

$$Ae^{\sqrt{-\lambda}l} + Be^{-\sqrt{-\lambda}l} = 0.$$

由此可得 $A = B = 0$, 所以 $X(x) \equiv 0$.

(ii) 当 $\lambda = 0$ 时, 问题 (2.1.6) 也没有非平凡解. 事实上, 这种情形下方程的通解为

$$X(x) = Ax + B.$$

由边界条件可得 $A = B = 0$, 因而只有恒等于零的解.

(iii) 当 $\lambda > 0$ 时, 方程的通解为

$$X(x) = A\cos\sqrt{\lambda}x + B\sin\sqrt{\lambda}x.$$

由边界条件得

$$X(0) = A = 0,$$

$$X(l) = B\sin\sqrt{\lambda}l = 0.$$

若 $X(x)$ 不恒等于零, 则 $B \neq 0$, 因此 $\sin\sqrt{\lambda}l = 0$, 于是得

$$\lambda = \lambda_n = \left(\frac{n\pi}{l}\right)^2, \quad n = 1, 2, \cdots. \tag{2.1.7}$$

这样就找到了一族非零解

$$X_n(x) = B_n \sin\frac{n\pi}{l}x, \quad n = 1, 2, \cdots. \tag{2.1.8}$$

称 (2.1.8) 为问题 (2.1.6) 的特征函数, 而 $\lambda_n = \left(\frac{n\pi}{l}\right)^2$ 为问题 (2.1.6) 的特征值.

将 $\lambda = \lambda_n$ 代入 (2.1.3) 中, 可得其通解为

$$T_n(t) = C_n \cos\frac{n\pi a}{l}t + D_n \sin\frac{n\pi a}{l}t, \quad n = 1, 2, \cdots. \tag{2.1.9}$$

这样, 就得到问题 (2.1.1) 满足方程及齐次边界条件的分离变量形式的特解为

$$u_n(x,t) = \left(a_n \cos\frac{n\pi a}{l}t + b_n \sin\frac{n\pi a}{l}t\right)\sin\frac{n\pi}{l}x, \quad \forall n \geqslant 1, \tag{2.1.10}$$

其中 $a_n = B_nC_n$, $b_n = B_nD_n$ 是任意常数.

因为问题 (2.1.1) 中的方程和边界条件是齐次线性的, 所以由叠加原理知

$$u(x,t) = \sum_{n=1}^{\infty}\left(a_n \cos\frac{n\pi a}{l}t + b_n \sin\frac{n\pi a}{l}t\right)\sin\frac{n\pi}{l}x \tag{2.1.11}$$

满足问题 (2.1.1) 中的方程和边界条件.

为了使 (2.1.11) 还满足问题 (2.1.1) 中的初始条件, 则成立

$$\varphi(x) = \sum_{n=1}^{\infty} a_n \sin\frac{n\pi}{l}x, \tag{2.1.12}$$

$$\psi(x) = \sum_{n=1}^{\infty} b_n \frac{n\pi a}{l}\sin\frac{n\pi}{l}x. \tag{2.1.13}$$

上两式说明 $\varphi(x), \psi(x)$ 如果能在 $[0,1]$ 上按正弦函数系 $\left\{\sin\frac{n\pi}{l}x\right\}$ 展开, 则有

$$a_n = \frac{2}{l}\int_0^l \varphi(x)\sin\frac{n\pi}{l}xdx, \tag{2.1.14}$$

$$b_n \frac{n\pi a}{l} = \frac{2}{l}\int_0^l \psi(x)\sin\frac{n\pi}{l}xdx. \tag{2.1.15}$$

由 (2.1.15) 得到

$$b_n = \frac{2}{n\pi a}\int_0^l \psi(x)\sin\frac{n\pi}{l}xdx. \tag{2.1.16}$$

把 (2.1.14) 和 (2.1.16) 所确定的系数 a_n 和 b_n 代入 (2.1.11) 得到问题 (2.1.1) 的解. 这种求解方法称为**分离变量法**.

注 2.1.1　从严格意义上还要证明 (2.1.11) 右端表示的函数是问题 (2.1.1) 的经典解, 这需要对 (2.1.11) 右端的函数项级数关于 x 和 t 逐项求导两次, 同时要确保逐项求导两次的函数项级数是绝对一致收敛的. 为此必须对 $\varphi(x)$ 和 $\psi(x)$ 加上适当的光滑性条件, 例如, 如果 $\varphi(x) \in C^3[0,l]$, $\psi(x) \in C^2[0,l]$, 并且 $\varphi(0) = \varphi(l) = 0$, $\varphi''(0) = \varphi''(l) = 0$, $\psi(0) = \psi(l) = 0$.

例 2.1.1　求解下列问题

$$\begin{cases} u_{tt} = a^2 u_{xx}, \quad 0 < x < l,\ t > 0, \\ u(0,t) = u_x(l,t) = 0, \\ u(x,0) = x^2 - 2lx, \\ u_t(x,0) = 3\sin\dfrac{3\pi x}{2l}. \end{cases} \tag{2.1.17}$$

解　由于此问题的边界条件与问题 (2.1.1) 的不同, 因此不能直接应用公式 (2.1.11), 对于此问题我们同样应用分离变量法来求解, 令

$$u(x,t) = X(x)T(t),$$

将其代入方程分离变量得到两个常微分方程

$$T''(t) + \lambda a^2 T(t) = 0,$$

$$X''(x) + \lambda X(x) = 0.$$

由原问题的边界条件推出 $X(0) = 0$, $X'(l) = 0$, 这样就需要求解如下的特征值问题

$$\begin{cases} X''(x) + \lambda X(x) = 0, \\ X(0) = X'(l) = 0. \end{cases}$$

重复求解问题 (2.1.1) 的讨论, 得到上述问题的特征值为

$$\lambda_n = \frac{(2n+1)^2\pi^2}{4l^2}, \quad n = 0, 1, 2, \cdots,$$

而相应的特征函数

$$X_n(x) = \sin\frac{(2n+1)\pi x}{2l}, \quad n = 0, 1, 2, \cdots.$$

将 $\lambda = \lambda_n$ 代入关于 $T(t)$ 的常微分方程, 求出其通解为

$$T_n(t) = a_n \cos\frac{(2n+1)a\pi t}{2l} + b_n \sin\frac{(2n+1)a\pi t}{2l}.$$

于是原问题的解为

$$u(x,t) = \sum_{n=0}^{\infty}\left[a_n \cos\frac{(2n+1)a\pi t}{2l} + b_n \sin\frac{(2n+1)a\pi t}{2l}\right]\sin\frac{(2n+1)\pi x}{2l},$$

其中

$$a_n = \frac{2}{l}\int_0^l (x^2 - 2lx)\sin\frac{(2n+1)\pi x}{2l}dx = -\frac{32l^2}{(2n+1)^3\pi^3},$$

$$b_n = \frac{4}{(2n+1)\pi a}\int_0^l 3\sin\frac{3\pi x}{2l}\sin\frac{(2n+1)\pi x}{2l}dx = \begin{cases} 0, & n \neq 1, \\ \dfrac{2l}{\pi a}, & n = 1. \end{cases}$$

这样,

$$\begin{aligned} u(x,t) = &-\frac{32l^2}{\pi^3}\sum_{n=0}^{\infty}\frac{1}{(2n+1)^3}\cos\frac{(2n+1)a\pi t}{2l}\sin\frac{(2n+1)\pi x}{2l} \\ &+ \frac{2l}{\pi a}\sin\frac{3a\pi t}{2l}\sin\frac{3\pi x}{2l}. \end{aligned}$$

2.2 有限长杆上的热传导问题

本节将应用分离变量法求解有限长杆上的热传导问题, 即求解一维热传导方程的初边值问题.

设有一均匀细杆, 长为 l, 两端点的位置坐标为 $x = 0$ 与 $x = l$, 杆的侧面是绝热的, 且在 $x = 0$ 处温度为零, 而在另一端 $x = l$ 处杆的热量发散到周围温度是零度的介质中. 此杆上的温度变化规律可归为下列定解问题

$$\begin{cases} u_t = a^2 u_{xx}, & 0 < x < l,\ t > 0, \\ u(0,t) = 0, & t \geqslant 0, \\ u_x(l,t) + hu(l,t) = 0, & t \geqslant 0, \\ u(x,0) = \varphi(x), & 0 \leqslant x \leqslant l, \end{cases} \tag{2.2.1}$$

其中 h 为正常数.

令

$$u(x,t) = X(x)T(t), \tag{2.2.2}$$

这里 $X(x)$ 和 $T(t)$ 分别表示仅与 x 和仅与 t 有关的函数. 这样就有

$$\frac{T'(t)}{a^2T(t)} = \frac{X''(x)}{X(x)} = -\lambda,$$

分离变量, 得到下面两个常微分方程

$$T'(t) + \lambda a^2 T(t) = 0, \tag{2.2.3}$$

$$X''(x) + \lambda X(x) = 0. \tag{2.2.4}$$

由问题 (2.2.1) 中的边界条件知

$$X(0) = 0, \quad X'(l) + hX(l) = 0. \tag{2.2.5}$$

求解下列常微分方程的特征值问题:

$$\begin{cases} X''(x) + \lambda X(x) = 0, \\ X(0) = X'(l) + hX(l) = 0. \end{cases} \tag{2.2.6}$$

类似 2.1 节的讨论, 当 $\lambda \leqslant 0$ 时, 只有平凡解 $X(x) \equiv 0$, 故只需考虑 $\lambda > 0$ 的情况, 此时方程 (2.2.6) 的通解为

$$X(x) = A\cos\sqrt{\lambda}x + B\sin\sqrt{\lambda}x.$$

由 $X(0) = 0$ 得 $A = 0$, 由问题 (2.2.6) 中的第二个边界条件得到

$$B\left(\sqrt{\lambda}\cos\sqrt{\lambda}l + h\sin\sqrt{\lambda}l\right) = 0.$$

为使 $X(x)$ 为非平凡解, λ 应满足

$$\sqrt{\lambda}\cos\sqrt{\lambda}l + h\sin\sqrt{\lambda}l = 0,$$

即 λ 应是下述超越方程的正解

$$\tan\sqrt{\lambda}l = -\frac{\sqrt{\lambda}}{h}. \tag{2.2.7}$$

令 $v=\sqrt{\lambda}l$, 则上式变为

$$\tan v = -\frac{v}{lh}. \tag{2.2.8}$$

利用图解法 (见图 2.1) 或数值求解法可求出此方程的根.

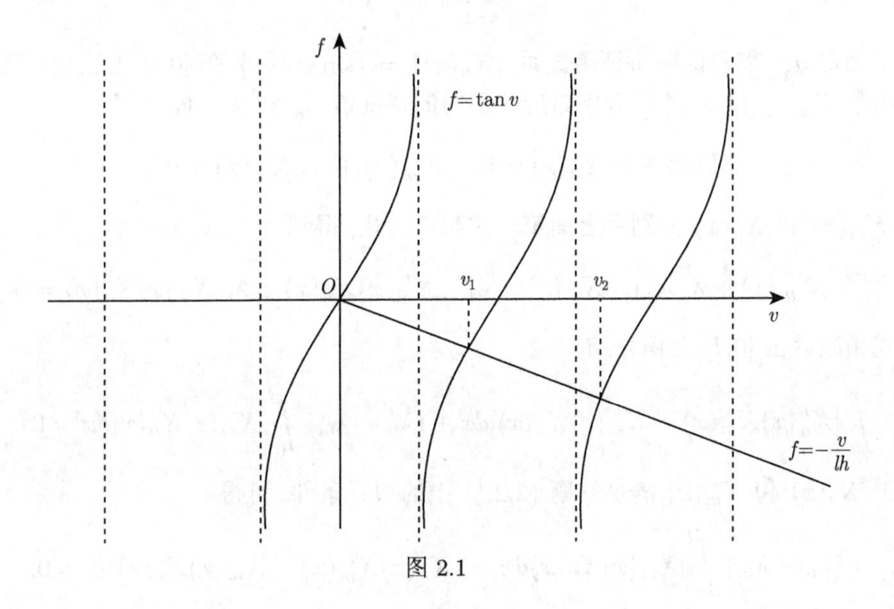

图 2.1

由图 2.1 知, 方程 (2.2.8) 有无穷多个正根 $v_k>0$, $\forall k\geqslant 1$, 满足 $\left(k-\frac{1}{2}\right)\pi < v_k < k\pi$. 因此特征值问题 (2.2.6) 存在着无穷多个特征值

$$\lambda_k = \frac{v_k^2}{l^2}, \quad k=1,2,\cdots \tag{2.2.9}$$

及相应的特征函数

$$X_k(x) = B_k\sin\sqrt{\lambda_k}x = B_k\sin\frac{v_k}{l}x, \quad k=1,2,\cdots, \tag{2.2.10}$$

将特征值 $\lambda=\lambda_k$ 代入方程 (2.2.3) 可得

$$T_k(t) = C_k e^{-a^2\lambda_k t}, \quad k=1,2,\cdots. \tag{2.2.11}$$

由于问题 (2.2.1) 中的方程和边界条件都是齐次的, 故可利用叠加原理构造级数形式的解

$$u(x,t)=\sum_{k=1}^{\infty}a_k e^{-a^2\lambda_k t}\sin\sqrt{\lambda_k}x, \tag{2.2.12}$$

其中 $a_k=B_kC_k$ 为常数.

下面来决定常数 a_k, 使 (2.2.12) 满足问题 (2.2.1) 中的初始条件, 应成立

$$\varphi(x)=\sum_{k=1}^{\infty}a_k\sin\sqrt{\lambda_k}x, \tag{2.2.13}$$

为了确定 a_k, 需先证明特征函数系 $\{X_k(x)\}=\{\sin\sqrt{\lambda_k}x\}$ 在 $[0,l]$ 上正交. 设特征函数 $X_n(x)$ 和 $X_m(x)$ 分别对应于不同的特征值 λ_n 和 λ_m, 即

$$X_n''(x)+\lambda_nX_n(x)=0,\quad X_m''(x)+\lambda_mX_m(x)=0.$$

以 $X_m(x)$ 和 $X_n(x)$ 分别乘上面第一式和第二式, 得到

$$X_n''(x)X_m(x)+\lambda_nX_n(x)X_m(x)=0,\quad X_m''(x)X_n(x)+\lambda_mX_m(x)X_n(x)=0.$$

两式相减后在 $[0,l]$ 上积分, 有

$$\int_0^l[X_n''(x)X_m(x)-X_m''(x)X_n(x)]dx+(\lambda_n-\lambda_m)\int_0^lX_m(x)X_n(x)dx=0.$$

由于 $X_n(x)$ 和 $X_m(x)$ 满足问题 (2.2.1) 中的边界条件, 可得

$$(\lambda_n-\lambda_m)\int_0^lX_m(x)X_n(x)dx=(X_n(x)X_m'(x)-X_m(x)X_n'(x))|_0^l=0.$$

由于 $\lambda_n\neq\lambda_m(n\neq m)$, 故得特征函数系的正交性, 即

$$\int_0^lX_n(x)X_m(x)dx=\int_0^l\sin\sqrt{\lambda_n}x\sin\sqrt{\lambda_m}x=0,\quad n\neq m.$$

记

$$\begin{aligned}M_n&=\int_0^l\sin^2\sqrt{\lambda_n}xdx=\int_0^l\frac{1-\cos2\sqrt{\lambda_n}x}{2}dx\\&=\frac{l}{2}-\frac{\sin2\sqrt{\lambda_n}l}{4\sqrt{\lambda_n}}=\frac{l}{2}-\frac{1}{2\sqrt{\lambda_n}}\frac{\tan\sqrt{\lambda_n}l}{1+\tan^2\sqrt{\lambda_n}l}\\&=\frac{l}{2}-\frac{\left(-\dfrac{v_n}{lh}\right)}{\dfrac{2v_n}{l}\left(1+\dfrac{v_n^2}{l^2h^2}\right)}=\frac{l}{2}+\frac{h}{2(h^2+\lambda_n)}.\end{aligned} \tag{2.2.14}$$

于是在 (2.2.13) 两边同乘以 $\sin\sqrt{\lambda_n}x$, 再在 $[0,l]$ 上进行积分, 利用特征函数系的正交性, 即可得

$$a_n = \frac{1}{M_n}\int_0^l \varphi(x)\sin\sqrt{\lambda_n}xdx, \quad n = 1, 2, \cdots. \tag{2.2.15}$$

由 (2.2.13)—(2.2.15) 就得到原问题 (2.2.1) 的解为

$$u(x,t) = \sum_{n=1}^{\infty}\frac{1}{M_n}\int_0^l \varphi(\xi)\sin\sqrt{\lambda_n}\xi d\xi e^{-a^2\lambda_n t}\sin\sqrt{\lambda_n}x, \tag{2.2.16}$$

其中 M_n 由 (2.2.14) 确定.

注 2.2.1 (2.2.16) 右端表示的函数仍是形式解, 要真正确定它是问题 (2.2.1) 的经典解, 必须对 $\varphi(x)$ 加上适当的光滑性条件.

2.3 特殊区域上拉普拉斯方程的边值问题

对于某些特殊区域上的拉普拉斯方程边值问题, 也可以应用分离变量法来求解.

2.3.1 矩形区域上拉普拉斯方程的边值问题

现考察一矩形薄板稳恒状态时的温度分布问题: 设薄板上下两面绝热, 板的两边 $(x=0, x=a)$ 始终保持零度, 另外两边 $(y=0, y=b)$ 的温度分别为 $f(x)$ 和 $g(x)$, 求板内稳恒状态下的温度分布规律.

用 $u(x,y)$ 表示板上任意一点 (x,y) 处的温度, 则上述问题可归结为

$$\begin{cases} u_{xx} + u_{yy} = 0, \quad 0 < x < a, 0 < y < b, \\ u(0,y) = u(a,y) = 0, \\ u(x,0) = f(x), \\ u(x,b) = g(x). \end{cases} \tag{2.3.1}$$

在这里我们应用分离变量法求解. 设

$$u(x,y) = X(x)Y(y).$$

将其代入问题 (2.3.1) 中的方程, 分离变量得

$$\frac{X''(x)}{X(x)} = \frac{Y''(y)}{-Y(y)} = -\lambda, \tag{2.3.2}$$

其中 λ 是常数.

由此我们得到两个常微分方程

$$X''(x) + \lambda X(x) = 0, \tag{2.3.3}$$

$$Y''(y) - \lambda Y(y) = 0. \tag{2.3.4}$$

由问题 (2.3.1) 中的 u 在 $x = 0, a$ 处的边界条件知

$$X(0) = X(a) = 0. \tag{2.3.5}$$

这样 $X(x)$ 就必须满足如下边值问题

$$\begin{cases} X''(x) + \lambda X(x) = 0, \\ X(0) = X(a) = 0. \end{cases} \tag{2.3.6}$$

解该问题得其特征值

$$\lambda_n = \left(\frac{n\pi}{a}\right)^2, \quad n = 1, 2, \cdots. \tag{2.3.7}$$

对应的特征函数为

$$X_n(x) = \sin\frac{n\pi}{a}x, \quad n = 1, 2, \cdots. \tag{2.3.8}$$

将 λ_n 代入另一个方程 (2.3.4), 求得它的通解为

$$Y_n(y) = a_n e^{\frac{n\pi}{a}y} + b_n e^{-\frac{n\pi}{a}y}, \quad n = 1, 2, \cdots, \tag{2.3.9}$$

其中 a_n, b_n 为任意常数.

这样我们将所有满足问题 (2.3.1) 中的方程和 u 在 $x = 0, a$ 处的边界条件的特解叠加后得到

$$u(x, y) = \sum_{n=1}^{\infty}(a_n e^{\frac{n\pi}{a}y} + b_n e^{-\frac{n\pi}{a}y})\sin\frac{n\pi}{a}x. \tag{2.3.10}$$

为了使上面的 $u(x, y)$ 还满足问题 (2.3.1) 中的 u 在 $y = 0,\ b$ 处的边界条件, 应有

$$f(x) = \sum_{n=1}^{\infty}(a_n + b_n)\sin\frac{n\pi}{a}x, \tag{2.3.11}$$

$$g(x) = \sum_{n=1}^{\infty}(a_n e^{\frac{n\pi}{a}b} + b_n e^{-\frac{n\pi}{a}b})\sin\frac{n\pi}{a}x. \tag{2.3.12}$$

由傅里叶系数公式得

$$a_n + b_n = \frac{2}{a}\int_0^a f(x)\sin\frac{n\pi}{a}xdx,$$

$$a_n e^{\frac{n\pi}{a}b} + b_n e^{-\frac{n\pi}{a}b} = \frac{2}{a}\int_0^a g(x)\sin\frac{n\pi}{a}xdx.$$

解得

$$a_n = \frac{\frac{2}{a}\left[\int_0^a f(x)\sin\frac{n\pi}{a}xdx - e^{\frac{n\pi}{a}b}\int_0^a g(x)\sin\frac{n\pi}{a}xdx\right]}{1-e^{\frac{2n\pi}{a}b}}, \tag{2.3.13}$$

$$b_n = \frac{\frac{2}{a}\left[\int_0^a f(x)\sin\frac{n\pi}{a}xdx - e^{-\frac{n\pi}{a}b}\int_0^a g(x)\sin\frac{n\pi}{a}xdx\right]}{1-e^{-\frac{2n\pi}{a}b}}. \tag{2.3.14}$$

将 (2.3.13)-(2.3.14) 代入 (2.3.10) 得到原问题 (2.3.1) 的解.

2.3.2 圆域内拉普拉斯方程的边值问题

考察一半径为 r_0 的薄圆盘稳恒状态下的温度分布问题, 设圆盘上下两面绝热, 内部无热源, 圆周边界上的温度已知为 $f(\theta)(0 \leqslant \theta \leqslant 2\pi)$, 且 $f(0) = f(2\pi)$, 试求稳恒状态下的温度分布规律.

由于稳恒状态下的温度满足拉普拉斯方程, 并且区域是圆, 为了方便求解, 拉普拉斯方程采用极坐标形式是方便的, 我们用 $u(r,\theta)$ 来表示圆盘内各点 (r,θ) 处的温度, 则上述问题可归为求解下列定解问题.

$$\begin{cases} \dfrac{\partial^2 u}{\partial r^2} + \dfrac{1}{r}\dfrac{\partial u}{\partial r} + \dfrac{1}{r^2}\dfrac{\partial^2 u}{\partial \theta^2} = 0, & 0 < r < r_0,\ 0 \leqslant \theta \leqslant 2\pi, \\ u(r_0,\theta) = f(\theta), & 0 \leqslant \theta \leqslant 2\pi. \end{cases} \tag{2.3.15}$$

令

$$u(r,\theta) = R(r)\Theta(\theta).$$

将它代入问题 (2.3.15) 中的方程并分离变量得

$$\frac{r^2R'' + rR'}{R} = -\frac{\Theta''}{\Theta} = \lambda,$$

其中 λ 为常数.

由此可得到两个常微分方程

$$r^2R'' + rR' - \lambda R = 0, \tag{2.3.16}$$

$$\Theta'' + \lambda\Theta = 0. \tag{2.3.17}$$

由于温度函数 $u(r,\theta)$ 是单值的, 故 $u(r,\theta+2\pi) = u(r,\theta)$ 成立, 从而 Θ 满足周期边界条件, 即

$$\Theta(\theta + 2\pi) = \Theta(\theta). \tag{2.3.18}$$

同时根据实际问题的物理意义, 圆内各点温度是有限的, 因而

$$|u(0,\theta)| < +\infty.$$

由此 $R(r)$ 应满足有限性条件, 即

$$|R(0)| < +\infty. \tag{2.3.19}$$

首先求解带有周期边界条件的特征值问题

$$\begin{cases} \Theta'' + \lambda\Theta = 0, \\ \Theta(\theta + 2\pi) = \Theta(\theta). \end{cases} \tag{2.3.20}$$

下面对 λ 分情况讨论.

(i) 当 $\lambda < 0$ 时, 方程的通解

$$\Theta(\theta) = Ae^{-\sqrt{-\lambda}\theta} + Be^{\sqrt{-\lambda}\theta},$$

其中 A 与 B 是任意常数. 若还满足周期边界条件 (2.3.18), 则 $A = B = 0$, 因此在 $\lambda < 0$ 时, 问题 (2.3.20) 无非零解, 故 λ 不能取负值.

(ii) 当 $\lambda = 0$ 时, 方程 (2.3.17) 的通解为

$$\Theta(\theta) = A_0\theta + B_0,$$

因为只有当 $A_0 = 0$ 时, $\Theta(\theta) = B_0$ 才满足周期边界条件 (2.3.18), 所以 $B_0 \neq 0$ 时为非零解. 将 $\lambda = 0$ 代入 (2.3.16) 得其通解为 $R_0 = C_0 ln^r + D_0$, 其中 C_0, D_0 为任意常数. 只有当 $C_0 = 0$ 时, R_0 才能满足 (2.3.19), 所以 $R_0(r) = D_0 \neq 0$. 这样当 $\lambda = 0$ 时, 问题 (2.3.15) 中的方程有一特解

$$u_0 = B_0 D_0 = \frac{a_0}{2}. \tag{2.3.21}$$

(iii) 当 $\lambda > 0$ 时, 方程 (2.3.17) 的通解为

$$\Theta(\theta) = A\cos\sqrt{\lambda}\theta + B\sin\sqrt{\lambda}\theta,$$

其中 A, B 是任意常数. 由于 $\Theta(\theta)$ 满足周期边界条件 (2.3.18), 即是以 2π 为周期的周期函数, 所以 $\sqrt{\lambda}$ 必为自然数, 即问题 (2.3.20) 有特征值

$$\lambda = \lambda_n = n^2, \quad n = 1, 2, \cdots. \tag{2.3.22}$$

此时问题 (2.3.20) 的特征函数为

$$\Theta_n(\theta) = A_n\cos n\theta + B_n\sin n\theta, \quad n = 1, 2, \cdots, \tag{2.3.23}$$

其中 A_n, B_n 是不同时为零的任意常数.

由于 (2.3.16) 为欧拉方程, 所以可以作自变量变换 $r = e^s$, 则 (2.3.16) 在 $\lambda = n^2$ 时化为

$$R''(s) - n^2 R(s) = 0. \tag{2.3.24}$$

解出 (2.3.24) 的通解为

$$R_n(s) = C_n e^{ns} + D_n e^{-ns}.$$

将其代回原自变量 r, 得到方程 (2.3.16) 在 $\lambda = n^2$ 时的通解

$$R_n(r) = C_n r^n + D_n r^{-n}, \quad n = 1, 2, \cdots, \tag{2.3.25}$$

其中 C_n, D_n 为任意常数.

为了保证 (2.3.19) 成立, 必须取 $D_n = 0, n = 1, 2, \cdots$. 于是

$$R_n(r) = C_n r^n, \quad n = 1, 2, \cdots. \tag{2.3.26}$$

利用叠加原理, 就可得到

$$u(r, \theta) = \frac{a_0}{2} + \sum_{n=1}^{\infty}(a_n \cos n\theta + b_n \sin n\theta) r^n, \tag{2.3.27}$$

其中 $a_n = A_n C_n$, $b_n = B_n C_n$ 为常数.

下面确定系数 a_0, $\{a_n\}$ 和 $\{b_n\}$, 使其为问题 (2.3.15) 的解.

由问题 (2.3.15) 中的边界条件知

$$f(\theta) = \frac{a_0}{2} + \sum_{n=1}^{\infty}(a_n \cos n\theta + b_n \sin n\theta) r_0^n, \tag{2.3.28}$$

由傅里叶级数理论就可得到

$$a_n = \frac{1}{\pi r_0^n}\int_0^{2\pi} f(\xi)\cos n\xi d\xi, \quad n = 0, 1, \cdots, \tag{2.3.29}$$

$$b_n = \frac{1}{\pi r_0^n}\int_0^{2\pi} f(\xi)\sin n\xi d\xi, \quad n = 1, 2, \cdots. \tag{2.3.30}$$

问题 (2.3.15) 的解 $u(r, \theta)$ 也可以写为另外一种形式.

事实上, 将 (2.3.29) 和 (2.3.30) 代入 (2.3.27), 经过化简后, 得

$$u(r, \theta) = \frac{1}{\pi}\int_0^{2\pi} \left[\frac{1}{2} + \sum_{n=1}^{\infty}\left(\frac{r}{r_0}\right)^n \cos n(\theta - \xi)\right] f(\xi) d\xi. \tag{2.3.31}$$

当 $0 \leqslant r < r_0$ 时, 成立恒等式,

$$
\begin{aligned}
&\frac{1}{2}+\sum_{n=1}^{\infty}\left(\frac{r}{r_0}\right)^n \cos n(\theta-\xi)\\
&=\frac{1}{2}+\frac{1}{2}\sum_{n=1}^{\infty}\left(\frac{r}{r_0}\right)^n\left[e^{in(\theta-\xi)}+e^{-in(\theta-\xi)}\right]\\
&=\frac{1}{2}\left\{1+\sum_{n=1}^{\infty}\left[\left(\frac{r}{r_0}e^{i(\theta-\xi)}\right)^n+\left(\frac{r}{r_0}e^{-i(\theta-\xi)}\right)^n\right]\right\}\\
&=\frac{1}{2}\left\{1+\frac{\frac{r}{r_0}e^{i(\theta-\xi)}}{1-\frac{r}{r_0}e^{i(\theta-\xi)}}+\frac{\frac{r}{r_0}e^{-i(\theta-\xi)}}{1-\frac{r}{r_0}e^{-i(\theta-\xi)}}\right\}\\
&=\frac{1-\left(\frac{r}{r_0}\right)^2}{2\left[1-\frac{r}{r_0}e^{i(\theta-\xi)}-\frac{r}{r_0}e^{-i(\theta-\xi)}+\left(\frac{r}{r_0}\right)^2\right]}\\
&=\frac{1}{2}\frac{{r_0}^2-r^2}{{r_0}^2+r^2-2r_0 r\cos(\theta-\xi)}.
\end{aligned}
\tag{2.3.32}
$$

问题 (2.3.15) 的解可用积分表示为

$$
u(r,\theta)=\frac{1}{2\pi}\int_0^{2\pi} f(\xi)\frac{{r_0}^2-r^2}{{r_0}^2+r^2-2r_0 r\cos(\theta-\xi)}d\xi. \tag{2.3.33}
$$

该公式称为圆上的**泊松公式**.

2.4 非齐次方程的定解问题

前面讨论了齐次方程定解问题的求解方法, 本节将考察非齐次方程的定解问题的求解方法, 并给出另一种常用的解法: **特征函数展开法**.

2.4.1 有界弦的强迫振动问题

为了方便起见, 在这里讨论具有齐次边界条件与零初始条件的强迫振动问题, 对于一般情形, 可利用叠加原理.

考察下面初边值问题

$$\begin{cases} u_{tt} = a^2 u_{xx} + f(x,t), & 0 < x < l,\ t > 0, \\ u(0,t) = 0 = u(l,t), & t \geqslant 0, \\ u(x,0) = 0 = u_t(x,0), & 0 \leqslant x \leqslant l. \end{cases} \tag{2.4.1}$$

对于上述问题, 可采用类似于非齐次线性常微分方程所用的常数变易法.

解法　第一步: 求相对应的齐次方程及满足齐次边界条件的特征函数系.

对上述问题, 由本章 2.1 节知相应的特征函数系为 $\left\{\sin \frac{n\pi}{l}x\right\}$.

第二步: 设所求的解为

$$u(x,t) = \sum_{n=1}^{\infty} u_n(t) \sin \frac{n\pi}{l} x, \tag{2.4.2}$$

其中 $u_n(t)$ 是 t 的待定函数.

第三步: 将方程中的自由项 $f(x,t)$ 也按上述特征函数系展成傅里叶级数, 即

$$f(x,t) = \sum_{n=1}^{\infty} f_n(t) \sin \frac{n\pi}{l} x, \tag{2.4.3}$$

其中

$$f_n(t) = \frac{2}{l} \int_0^l f(x,t) \sin \frac{n\pi}{l} x dx, \quad n = 1, 2, \cdots. \tag{2.4.4}$$

第四步: 求出待定函数 $u_n(t)$, 从而求出原定解问题的解.

把 (2.4.2) 和 (2.4.3) 代入问题 (2.4.1) 中的方程, 得到

$$\sum_{n=1}^{\infty} \left[u_n''(t) + \left(\frac{n\pi a}{l}\right)^2 u_n(t) - f_n(t) \right] \sin \frac{n\pi}{l} x = 0.$$

由此得

$$u_n''(t) + \left(\frac{n\pi a}{l}\right)^2 u_n(t) = f_n(t), \quad n = 1, 2, \cdots. \tag{2.4.5}$$

由问题 (2.4.1) 中的初值条件知

$$u_n(0) = 0, \quad u_n'(0) = 0, \quad n = 1, 2, \cdots. \tag{2.4.6}$$

解常微分方程初值问题 (2.4.5) 和 (2.4.6), 得

$$u_n(t) = \frac{l}{n\pi a} \int_0^t f_n(\tau) \sin \frac{n\pi a}{l} (t - \tau) d\tau, \quad n = 1, 2, \cdots. \tag{2.4.7}$$

将 (2.4.7) 代入 (2.4.2) 得到原问题 (2.4.1) 的解为

$$u(x,t)=\sum_{n=1}^{\infty}\frac{l}{n\pi a}\int_{0}^{t}f_n(\tau)\sin\frac{n\pi a}{l}(t-\tau)d\tau\ \sin\frac{n\pi}{l}x, \tag{2.4.8}$$

其中 f_n 由 (2.4.4) 给出.

注 2.4.1　上述方法是把非齐次方程的解按相应的特征函数系展开, 因此称为**特征函数展开法**.

注 2.4.2　用特征函数展开法也可以求解带有热源的有限长杆的导热问题.

例 2.4.1　求下列定解问题

$$\begin{cases} u_{tt}-a^2u_{xx}=A\sin\omega t\cos\frac{\pi}{l}x, & 0<x<l,\ t>0,\\ u_x(0,t)=u_x(l,t)=0, \\ u(x,0)=u_t(x,0)=0, \end{cases}$$

其中 A,ω 为常数.

解　易求出与原方程相对应的齐次方程满足齐次边界条件的特征函数系为 $\left\{\cos\frac{n\pi}{l}x\right\}$.

设方程的解为

$$u(x,t)=\sum_{n=0}^{\infty}u_n(t)\cos\frac{n\pi}{l}x.$$

将它代入原方程得

$$\sum_{n=0}^{\infty}\left[u_n''(t)+\left(\frac{n\pi a}{l}\right)^2u_n(t)\right]\cos\frac{n\pi}{l}x=A\sin\omega t\cos\frac{\pi}{l}x.$$

于是得

$$u_n''(t)+\left(\frac{n\pi a}{l}\right)^2u_n(t)=0,\quad n\neq 1,$$

$$u_1''(t)+\left(\frac{\pi a}{l}\right)^2u_1(t)=A\sin\omega t.$$

由初值条件知

$$u_n(0)=u_n'(0)=0,\quad n=0,1,2,\cdots.$$

易求得

$$u_n(t)\equiv 0,\quad n\neq 1,$$

$$u_1(t) = \frac{l}{\pi a}\int_0^t A\sin\omega\tau \sin\frac{\pi a}{l}(t-\tau)d\tau$$
$$= \frac{Al^3}{\pi a(l^2\omega^2 - \pi^2 a^2)}\left(\omega \sin\frac{\pi at}{l} - \frac{\pi a}{l}\sin\omega t\right).$$

故原问题的解为

$$u(x,t) = \frac{Al^3}{\pi a(l^2\omega^2 - \pi^2 a^2)}\left(\omega \sin\frac{\pi at}{l} - \frac{\pi a}{l}\sin\omega t\right)\cos\frac{\pi x}{l}.$$

2.4.2 泊松方程的边值问题

非齐次拉普拉斯方程边值问题也可以用特征函数展开法来求解, 以下面例子说明求解该类问题的步骤.

求下面问题的解

$$\begin{cases} u_{xx} + u_{yy} = -2x, \quad x^2+y^2 < 1, \\ u = 0. \end{cases} \tag{2.4.9}$$

解 令 $x = r\cos\theta$, $y = r\sin\theta$, 则原问题化为

$$\begin{cases} \dfrac{\partial^2 u}{\partial r^2} + \dfrac{1}{r}\dfrac{\partial u}{\partial r} + \dfrac{1}{r^2}\dfrac{\partial^2 u}{\partial \theta^2} = -2r\cos\theta, \quad 0 < r < 1, \\ u|_{r=1} = 0. \end{cases} \tag{2.4.10}$$

问题 (2.4.10) 相应的齐次方程和满足周期性条件的特征函数系为

$$1, \cos\theta, \sin\theta, \cdots, \cos n\theta, \sin n\theta, \cdots. \tag{2.4.11}$$

假设问题 (2.4.10) 的解为

$$u(r,\theta) = \sum_{n=0}^{\infty}[a_n(r)\cos n\theta + b_n(r)\sin n\theta]. \tag{2.4.12}$$

在这里不妨设 $b_0(r) = 0$, 现在来确定待定函数 $\{a_n(r)\}$ 和 $\{b_n(r)\}$. 把 (2.4.12) 代入问题 (2.4.10) 的方程中得

$$\sum_{n=0}^{\infty}\left[\left(a_n'' + \frac{1}{r}a_n' - \frac{n^2}{r^2}a_n\right)\cos n\theta + \left(b_n'' + \frac{1}{r}b_n' - \frac{n^2}{r^2}b_n\right)\sin n\theta\right] = -2r\cos\theta. \tag{2.4.13}$$

比较两端关于 $\cos n\theta, \sin n\theta$, 可推出

$$a_1'' + \frac{1}{r}a_1' - \frac{1}{r^2}a_1 = -2r, \tag{2.4.14}$$

$$a_n'' + \frac{1}{r}a_n' - \frac{n^2}{r^2}a_n = 0, \quad n \neq 1, \tag{2.4.15}$$

$$b_n''(r) + \frac{1}{r}b_n'(r) - \frac{n^2}{r^2}b_n(r) = 0. \tag{2.4.16}$$

由边值条件知

$$a_n(1) = b_n(1) = 0, \quad n = 0, 1, 2, \cdots. \tag{2.4.17}$$

再根据函数 u 的有限性条件知

$$|a_n(0)| < +\infty, \quad |b_n(0)| < +\infty, \quad n = 1, 2, \cdots. \tag{2.4.18}$$

而方程 (2.4.14)—(2.4.16) 为欧拉方程, 它们的通解分别为

$$a_n(r) = A_n r^n + B_n r^{-n}, \quad n \neq 1. \tag{2.4.19}$$

$$b_n(r) = C_n r^n + D_n r^{-n}, \quad n = 0, 1, 2, \cdots. \tag{2.4.20}$$

由 (2.4.18) 得 $B_n = 0,\ n \neq 1;\ D_n = 0,\ n = 0, 1, 2, \cdots$, 再由 (2.4.17) 知 $A_n = 0,\ n \neq 1;\ C_n = 0,\ n = 0, 1, 2, \cdots$, 这样得到 $a_n(r) \equiv 0,\ n \neq 1;\ b_n(r) \equiv 0,\ n = 0, 1, 2, \cdots$. 而方程 (2.4.14) 的通解为

$$a_1(r) = A_1 r + \frac{B_1}{r} - \frac{r^3}{4}.$$

由 (2.4.18) 得 $B_1 = 0$, 再由 (2.4.17) 知 $A_1 = \frac{1}{4}$, 故

$$a_1(r) = \frac{r}{4} - \frac{r^3}{4}. \tag{2.4.21}$$

因此原问题的解为

$$u(x, y) = u(r, \theta) = \left(\frac{r}{4} - \frac{r^3}{4}\right)\cos\theta = \frac{1}{4}(1 - x^2 - y^2)x. \tag{2.4.22}$$

2.5 非齐次边界条件的定解问题

本节讨论具有非齐次边界条件的定解问题的求解方法, 处理这类问题的基本原则是不论方程是齐次的, 还是非齐次的, 通过选取一个辅助函数, 使对于新的未知函数而言, 边界条件是齐次的.

我们以下列问题为例, 说明选取辅助函数的常用方法.

考虑定解问题

$$\begin{cases} u_{tt} - a^2 u_{xx} = f(x,t), & 0 < x < l,\ t > 0, \\ u(0,t) = \mu(t), & t \geqslant 0, \\ u(l,t) = \nu(t), & t \geqslant 0, \\ u(x,0) = \varphi(x), & 0 \leqslant x \leqslant l, \\ u_t(x,0) = \psi(x), & 0 \leqslant x \leqslant l, \end{cases} \tag{2.5.1}$$

其中 $f(x,t), \mu(t), \nu(t), \varphi(x)$ 和 $\psi(x)$ 都是已知函数.

令

$$u(x,t) = v(x,t) + w(x,t), \tag{2.5.2}$$

并选取 $w(x,t)$ 使 $v(x,t)$ 满足齐次边界条件, 即

$$v(0,t) = 0, \quad v(l,t) = 0. \tag{2.5.3}$$

由 (2.5.1) 和 (2.5.2) 知, 要使 (2.5.3) 成立, 必须

$$w(0,t) = \mu(t), \quad w(l,t) = \nu(t). \tag{2.5.4}$$

一般来说, 满足 (2.5.4) 的辅助函数 $w(x,t)$ 很多, 但一般要求尽量简单, 如取 $w(x,t)$ 为 x 的一次函数, 即设

$$w(x,t) = A(t)x + B(t). \tag{2.5.5}$$

由条件 (2.5.4) 确定待定系数 $A(t)$ 和 $B(t)$, 得

$$B(t) = \mu(t), \quad A(t) = \frac{\nu(t) - \mu(t)}{l}. \tag{2.5.6}$$

于是求得

$$w(x,t) = \frac{x}{l}[\nu(t) - \mu(t)] + \mu(t). \tag{2.5.7}$$

故

$$u(x,t) = v(x,t) + \frac{x}{l}[\nu(t) - \mu(t)] + \mu(t). \tag{2.5.8}$$

这样问题 (2.5.1) 就化成 $v(x,t)$ 满足的定解问题

$$\begin{cases} v_{tt} - a^2 v_{xx} = f_1(x,t), & 0 < x < l,\ t > 0, \\ v(0,t) = v(l,t) = 0, & t \geqslant 0, \\ v(x,0) = \varphi_1(x), & 0 \leqslant x \leqslant l, \\ v_t(x,0) = \psi_1(x), & 0 \leqslant x \leqslant l, \end{cases} \tag{2.5.9}$$

其中

$$\begin{cases} f_1(x,t) = f(x,t) - \dfrac{x}{l}[\nu''(t) - \mu''(t)] - \mu''(t), \\ \varphi_1(x) = \varphi(x) - \dfrac{x}{l}[\nu(0) - \mu(0)] - \mu(0), \\ \psi_1(x) = \psi(x) - \dfrac{x}{l}[\nu'(0) - \mu'(0)] - \mu'(0). \end{cases} \tag{2.5.10}$$

对于问题 (2.5.9) 的求解方法已在 2.1 节和 2.4 节讨论过.

下面对几类非齐次边界条件的情况, 分别给出相应 $w(x,t)$ 的一种表达式.

(i) 当 $u(0,t) = \mu(t)$, $u_x(l,t) = \nu(t)$ 时,

$$w(x,t) = \nu(t)x + \mu(t).$$

(ii) 当 $u_x(0,t) = \mu(t)$, $u(l,t) = \nu(t)$ 时,

$$w(x,t) = \mu(t)x + \nu(t) - l\mu(t).$$

(iii) 当 $u_x(0,t) = \mu(t)$, $u_x(l,t) = \nu(t)$ 时,

$$w(x,t) = \frac{\nu(t) - \mu(t)}{2l}x^2 + \mu(t)x.$$

上面通过引进的辅助函数 $w(x,t)$ 把非齐次边界条件化成齐次边界条件的方法, 不仅适用于弦振动问题, 而且也可应用于热传导问题.

例 2.5.1 求解下列问题

$$\begin{cases} u_t - a^2 u_{xx} = 0, & 0 < x < l,\ t > 0, \\ u(0,t) = t, & t \geqslant 0, \\ u(l,t) = 0, & t \geqslant 0, \\ u(x,0) = 0, & 0 \leqslant x \leqslant l. \end{cases}$$

解 由前面的讨论可知应选取辅助函数

$$w(x,t) = -\frac{tx}{l} + t.$$

令

$$u(x,t) = v(x,t) - \frac{tx}{l} + t,$$

则原问题可化为

$$\begin{cases} v_t = a^2 v_{xx} + \dfrac{x}{l} - 1, & 0 < x < l,\ t > 0, \\ v(0,t) = v(l,t) = 0, & t \geqslant 0, \\ v(x,0) = 0, & 0 \leqslant x \leqslant l. \end{cases}$$

应用特征函数法来求上述问题, 可解得

$$v(x,t)=\sum_{n=1}^{\infty}\frac{2l^2}{(n\pi)^3a^2}\left[e^{-(\frac{n\pi a}{l})^2t}-1\right]\sin\frac{n\pi x}{l}.$$

因此, 原问题的解为

$$u(x,t)=t\left(1-\frac{x}{l}\right)+\sum_{n=1}^{\infty}\frac{2l^2}{(n\pi)^3a^2}\left[e^{-(\frac{n\pi a}{l})^2t}-1\right]\sin\frac{n\pi x}{l}.$$

另外, 如果方程中的非齐次项和边界条件中非齐次项都与自变量 t 无关, 在这种情况下, 我们可以选取与自变量 t 无关的辅助函数.

例 2.5.2 求解下列问题

$$\begin{cases}u_{tt}-a^2u_{xx}=\dfrac{1}{2}\sin\dfrac{4\pi}{l}x, & 0<x<l,\ t>0,\\ u(0,t)=3, & t\geqslant 0,\\ u(l,t)=6, & t\geqslant 0,\\ u(x,0)=3\left(1+\dfrac{x}{l}\right), & 0\leqslant x\leqslant l,\\ u_t(x,0)=\sin\dfrac{4\pi}{l}x, & 0\leqslant x\leqslant l.\end{cases}$$

解 设问题的解为

$$u(x,t)=v(x,t)+w(x).$$

将其代入上面的方程, 得

$$v_{tt}=a^2(v_{xx}+w''(x))+\frac{1}{2}\sin\frac{4\pi}{l}x,$$

为了将上述方程化成齐次的, 应选取 $w(x)$ 满足方程

$$a^2w''+\frac{1}{2}\sin\frac{4\pi}{l}x=0.$$

由原问题中的边界条件得

$$v(0,t)+w(0)=3,\quad v(l,t)+w(l)=6.$$

为了将 $v(x,t)$ 的边界条件化成齐次的, 则应选取 $w(x)$, 使之满足

$$w(0)=3,\quad w(l)=6.$$

求解上面关于 $w(x)$ 的常微分方程边值问题, 得到其解为

$$w(x)=\frac{l^2}{32\pi^2a^2}\sin\frac{4\pi}{l}x+3\left(1+\frac{x}{l}\right).$$

这样 $v(x,t)$ 满足的定解问题为

$$\begin{cases} v_{tt}=a^2v_{xx}, & 0<x<l,\ t>0,\\ v(0,t)=v(l,t)=0, & t\geqslant 0,\\ v(x,0)=-\dfrac{l^2}{32\pi^2a^2}\sin\dfrac{4\pi}{l}x, & 0\leqslant x\leqslant l,\\ v_t(x,0)=\sin\dfrac{4\pi}{l}x, & 0\leqslant x\leqslant l. \end{cases}$$

利用分离变量法求得其解为

$$v(x,t)=\sum_{n=1}^{\infty}\left(a_n\cos\frac{n\pi a}{l}t+b_n\sin\frac{n\pi a}{l}t\right)\sin\frac{n\pi}{l}x,$$

其中系数 a_n,b_n 满足

$$a_n=-\frac{2}{l}\int_0^l\frac{l^2}{32\pi^2a^2}\sin\frac{4\pi}{l}x\sin\frac{n\pi}{l}xdx=\begin{cases}0, & n\neq 4,\\ -\dfrac{l^2}{32\pi^2a^2}, & n=4.\end{cases}$$

$$b_n=\frac{2}{n\pi a}\int_0^l\sin\frac{4\pi}{l}x\sin\frac{n\pi}{l}xdx=\begin{cases}0, & n\neq 4,\\ \dfrac{l}{4\pi a}, & n=4.\end{cases}$$

于是

$$v(x,t)=\left(\frac{l}{4\pi a}\sin\frac{4\pi}{l}at-\frac{l^2}{32\pi^2a^2}\cos\frac{4\pi}{l}at\right)\sin\frac{4\pi}{l}x.$$

因此原问题的解为

$$u(x,t)=\frac{l}{4\pi a}\left(\sin\frac{4\pi}{l}at-\frac{l}{8\pi a}\cos\frac{4\pi}{l}at\right)\sin\frac{4\pi}{l}x+\frac{l^2}{32\pi^2a^2}\sin\frac{4\pi}{l}x+3\left(1+\frac{x}{l}\right).$$

习 题 2

2.1 求下列问题的解

$$\begin{cases} u_{tt} - a^2 u_{xx} = 0, & 0 < x < l,\ t > 0, \\ u(0,t) = 0, & t \geqslant 0, \\ u(l,t) = 0, & t \geqslant 0, \\ u(x,0) = \sin \dfrac{\pi}{l} x, & 0 \leqslant x \leqslant l, \\ u_t(x,0) = \sin \dfrac{\pi}{l} x, & 0 \leqslant x \leqslant l. \end{cases}$$

2.2 求下列混合问题的解

$$\begin{cases} u_{tt} - a^2 u_{xx} = 0, & 0 < x < l,\ t > 0, \\ u(0,t) = 0, & t \geqslant 0, \\ u_x(l,t) = 0, & t \geqslant 0, \\ u(x,0) = 3\sin \dfrac{3\pi x}{2l} + 6 \sin \dfrac{5\pi x}{2l}, & 0 \leqslant x \leqslant l, \\ u_t(x,0) = 0, & 0 \leqslant x \leqslant l. \end{cases}$$

2.3 设有一根长度为 2 的两端固定的均匀柔软的细弦作自由振动, 它的初始位移为

$$\varphi(x) = \begin{cases} hx, & 0 \leqslant x \leqslant 1, \\ h(2-x), & 1 \leqslant x \leqslant 2, \end{cases}$$

初速度为零, 求弦作横向振动时的位移函数 $u(x,t)$, 其中 h 为已知常数.

2.4 求下列问题

$$\begin{cases} u_t - 4u_{xx} = 0, & 0 < x < l,\ t > 0, \\ u_x(0,t) = 0, & t > 0, \\ u_x(l,t) = 0, & t > 0, \\ u(x,0) = x(l-x), & 0 \leqslant x \leqslant l. \end{cases}$$

2.5 求下列第一类边值问题

$$\begin{cases} \dfrac{\partial^2 u}{\partial r^2} + \dfrac{1}{r}\dfrac{\partial u}{\partial r} + \dfrac{1}{r^2}\dfrac{\partial^2 u}{\partial \theta^2} = 0, & 0 < r < 1,\ -\pi < \theta < \pi, \\ u(1,\theta) = A\cos 2\theta + B\cos 4\theta, & -\pi \leqslant \theta \leqslant \pi, \end{cases}$$

其中 A, B 为已知常数.

2.6 在以原点为圆心、a 为半径的圆内, 试求泊松方程

$$u_{xx} + u_{yy} = -1$$

的解, 使它满足边界条件

$$u\big|_{x^2+y^2=a^2} = 0.$$

2.7 求解下列定解问题

$$\begin{cases} u_{xx}+u_{yy}=0, & 0<x<l,\ 0<y<+\infty, \\ u(0,y)=0, & 0\leqslant y<+\infty, \\ u(l,y)=0, & 0\leqslant y<+\infty, \\ u(x,0)=A\left(1-\dfrac{x}{l}\right), & 0<x\leqslant l, \\ \lim\limits_{y\to+\infty} u(x,y)=0, & 0\leqslant x\leqslant l, \end{cases}$$

其中 A 为已知常数.

2.8 求下列定解问题的解

$$\begin{cases} u_{tt}-a^2u_{xx}=t\sin\dfrac{\pi x}{l}, & 0<x<l,\ t>0, \\ u(0,t)=0, & t\geqslant 0, \\ u(l,t)=0, & t\geqslant 0, \\ u(x,0)=0, & 0\leqslant x\leqslant l, \\ u_t(x,0)=0, & 0\leqslant x\leqslant l. \end{cases}$$

2.9 求解

$$\begin{cases} u_t-a^2u_{xx}=A, & 0<x<l,\ t>0, \\ u(0,t)=0, & t\geqslant 0, \\ u(l,t)=0, & t\geqslant 0, \\ u(x,0)=0, & 0\leqslant x\leqslant l, \end{cases}$$

其中 A 为常数.

2.10 求下列问题的解

$$\begin{cases} u_{tt}-a^2u_{xx}=4\sin\dfrac{2\pi x}{l}\cos\dfrac{2\pi x}{l}, & 0<x<l,\ t>0, \\ u(0,t)=0, & t\geqslant 0, \\ u(l,t)=B, & t\geqslant 0, \\ u(x,0)=\dfrac{B}{l}x, & 0\leqslant x\leqslant l, \\ u_t(x,0)=x(l-x), & 0\leqslant x\leqslant l, \end{cases}$$

其中 B 为常数.

2.11 求解

$$\begin{cases} u_t-a^2u_{xx}=0, & 0<x<l,\ t>0, \\ u_x(0,t)=0, & t\geqslant 0, \\ u(l,t)=1, & t\geqslant 0, \\ u(x,0)=\dfrac{x}{l} & 0\leqslant x\leqslant l. \end{cases}$$

2.12 在矩形域 $0\leqslant x\leqslant a, 0\leqslant y\leqslant b$ 内求拉普拉斯方程的解, 使其满足边界条件

$$\begin{cases} u(0,y)=0, & u(a,y)=Ay, \\ u_y(x,0)=0, & u_y(x,b)=0, \end{cases}$$

其中 A 为常数.

第 3 章　特征值问题

在第 2 章的前三节应用分离变量法求解弦振动方程、一维热传导方程和二维拉普拉斯方程的有关定解问题时, 都需要解决一个含参变量的常微分方程的边值问题, 即特征值问题. 本章主要讨论施图姆-刘维尔 (Sturm-Liouville) 问题、贝塞尔函数及其应用.

3.1　施图姆-刘维尔问题

3.1.1　基本概念

在第 2 章用分离变量法求解时, 都需要解决一个二阶或一阶的常微分方程的特征值问题.

一般二阶齐次线性常微分方程为

$$b_0(x)y''(x)+b_1(x)y'(x)+b_2(x)y(x)+\lambda y(x)=0. \tag{3.1.1}$$

令 $k(x)=e^{\int\frac{b_1}{b_0}dx}$, $q(x)=\dfrac{b_2(x)k(x)}{b_0(x)}$, $\rho(x)=\dfrac{k(x)}{b_0(x)}$, 则 (3.1.1) 化为

$$\frac{d}{dx}\left(k(x)\frac{dy}{dx}\right)+q(x)y+\lambda\rho(x)y=0, \tag{3.1.2}$$

此方程为**施图姆-刘维尔方程**.

令

$$L=\frac{d}{dx}\left(k(x)\frac{d}{dx}\right)+q(x), \tag{3.1.3}$$

则方程 (3.1.2) 也可写为

$$Ly+\lambda\rho(x)y=0. \tag{3.1.4}$$

在施图姆-刘维尔方程 (3.1.2) 中, λ 是与 x 无关的参数, 而 $k(x)$, $q(x)$, $\rho(x)$ 都是实值函数. 假设 $q(x)$ 和 $\rho(x)$ 在有限闭区间 $[a,b]$ 上是连续的, $k(x)$ 在 $[a,b]$ 上是连续可微的. 如果在 $[a,b]$ 上, $k(x)>0$, $\rho(x)>0$, 则称方程 (3.1.2) 在 $[a,b]$ 上是**正则的**; 当所给定的区间是 $(a,+\infty)$,$(-\infty,a)$ 或 $(-\infty,+\infty)$, 或者当 $k(x)$,$\rho(x)$ 在有限区间 $[a,b]$ 的一个端点或两个端点处等于零时, 则称方程 (3.1.2) 是**奇异的**.

考虑边界条件:

$$a_1 y(a) + a_2 y'(a) = 0, \tag{3.1.5}$$

$$b_1 y(b) + b_2 y'(b) = 0, \tag{3.1.6}$$

其中 $a_1^2 + a_2^2 \neq 0,\ b_1^2 + b_2^2 \neq 0$.

施图姆-刘维尔方程 (3.1.2) 与边界条件 (3.1.5)-(3.1.6) 称为**施图姆-刘维尔问题**, 而且称有非零解的 λ 为其**特征值**, 相应的非零解称为**特征函数**.

3.1.2 施图姆-刘维尔定理

定理 3.1.1 (施图姆-刘维尔定理) 施图姆-刘维尔问题 (3.1.2)、(3.1.5)-(3.1.6) 有如下结论:

(1) 正则的施图姆-刘维尔问题对应于同一特征值的特征函数必线性相关;

(2) 不管正则的还是奇异的施图姆-刘维尔问题对应于不同特征值的特征函数必定带权函数 $\rho(x)$ 正交;

(3) 如果 $\rho(x) > 0$, 则所有的特征值都是实的, 且相应的特征函数也可以取实的;

(4) 有可数多个特征值, 且当 $\rho(x) > 0$ 时, 可按如下方式排列

$$\lambda_1 < \lambda_2 < \lambda_3 < \cdots < \lambda_n < \cdots,$$

同时有 $\lim_{n\to+\infty} \lambda_n = +\infty$, 且特征值 λ_n 对应的特征函数 $y_n(x)$ 在区间 (a,b) 内恰好有 n 个零点, 此外这些特征函数 $\{y_n(x)\}_{n=1}^{\infty}$ 构成一个带权函数 $\rho(x)$ 的完备的正交函数系;

(5) 有零特征值 $\lambda = 0 \Leftrightarrow q(x) = 0$ 且边界条件 (3.1.5)-(3.1.6) 都不取第一、第三类边界条件, 此时相应的特征函数为常数;

(6) 若函数 $f(x)$ 在 (a,b) 内有一阶连续导数及分段连续的二阶导数, 并满足所给的边界条件, 则 $f(x)$ 在 (a,b) 内可按特征函数系 $\{y_n(x)\}_{n=1}^{\infty}$ 展开为绝对一致收敛的级数, 即

$$f(x) = \sum_{n=1}^{\infty} c_n y_n(x), \tag{3.1.7}$$

其中

$$c_n = \frac{\displaystyle\int_a^b \rho(x) f(x) y_n(x) dx}{\displaystyle\int_a^b \rho(x) y_n^2(x) dx}, \quad n = 1, 2, \cdots. \tag{3.1.8}$$

若 $f(x)$ 及 $f'(x)$ 在 (a,b) 内是分段连续的, 则级数 (3.1.7) 在 $f(x)$ 的间断点 x_0

处收敛于 $\frac{1}{2}[f(x_0+0)+f(x_0-0)]$.

例 3.1.1 求下列特征值问题

$$\begin{cases} y''+\lambda y=0, \quad -l<x<l, \\ y'(-l)=y'(l)=0. \end{cases}$$

解 上述问题是正则的施图姆-刘维尔问题, 事实上在这里 $k(x)=1$, $q(x)=0$, $\rho(x)=1$, 而原问题中的边界条件是第二类的, 所以由施图姆-刘维尔定理 (定理 3.1.1) 知, 原问题有零特征值, 相应特征函数 $y(x)=1$(常数因子不计).

当 $\lambda>0$ 时, 令 $\lambda=\mu^2(\mu>0)$, 此对应方程的通解为

$$y(x)=A\cos\mu x+B\sin\mu x.$$

将此解代入边界条件, 并消去因子 μ, 得到

$$A\sin\mu l+B\cos\mu l=0,$$

$$-A\sin\mu l+B\cos\mu l=0.$$

为了使 A,B 不全为零, 必须满足

$$\begin{vmatrix} \sin\mu l & \cos\mu l \\ -\sin\mu l & \cos\mu l \end{vmatrix}=\sin 2\mu l=0,$$

故 $\mu=\mu_n=\frac{n\pi}{2l}, n=1,2,\cdots$, 则

$$\lambda_n=\mu_n^2=\left(\frac{n\pi}{2l}\right)^2, \quad n=1,2,\cdots,$$

令 $\mu=\mu_n$, 则

$$A\sin\frac{n\pi}{2}+B\cos\frac{n\pi}{2}=0,$$

在上式中取 $A=\cos\frac{n\pi}{2}, B=-\sin\frac{n\pi}{2}$, 则对应 λ_n 的特征函数为

$$y_n(x)=\cos\frac{n\pi}{2}\cos\frac{n\pi x}{2l}-\sin\frac{n\pi}{2}\sin\frac{n\pi x}{2l}=\cos\frac{n\pi(x+l)}{2l}.$$

例 3.1.2 求下列特征值问题

$$\begin{cases} x^2y''+xy'+\lambda y=0, \quad l<x<e, \\ y(1)=y(e)=0. \end{cases}$$

解 原方程不是施图姆-刘维尔方程, 但方程两边同除以 x 可化为施图姆-刘维尔方程, 即

$$\frac{d}{dx}(xy') + \frac{\lambda}{x}y = 0.$$

此时 $k(x) = x$, $q(x) = 0$, $\rho(x) = \dfrac{1}{x}$ 在 $[1, e]$ 上满足施图姆-刘维尔定理的条件, 且边界条件都是第一类的, 故

$$\lambda = \mu^2 \quad (\mu > 0),$$

则原方程为欧拉方程. 令 $x = e^t$, 则原方程化为

$$y'' + \mu^2 y(t) = 0.$$

解得

$$y = A\cos\mu t + B\sin\mu t = A\cos(\mu\ln x) + B\sin(\mu\ln x).$$

由 $y(1) = 0$, 得 $A = 0$. 由 $y(e) = 0$, 有 $B\sin\mu = 0$, 而 $B \neq 0$, 于是

$$\mu = \mu_n = n\pi, \quad n = 1, 2, \cdots,$$

所以

$$\lambda_n = \mu_n^2 = n^2\pi^2, \quad n = 1, 2, 3, \cdots,$$

相应特征函数为

$$y_n(x) = \sin(n\pi\ln x).$$

3.2 贝塞尔函数

在应用分离变量法解其他数学物理方程的定解问题时, 也会导出其他形式的常微分方程的边值问题, 而这些边值问题的解有些不能用初等函数显式表示出来, 而是以级数形式出现的, 本节就研究这样形式的一类特殊解, 即贝塞尔函数.

3.2.1 贝塞尔方程与贝塞尔函数的定义

形如

$$x^2y'' + xy' + (x^2 - \nu^2)y = 0 \tag{3.2.1}$$

的方程称为 ν **阶贝塞尔方程**或 ν **阶柱函数方程**, 其中 $\nu \geqslant 0$. 称贝塞尔方程 (3.2.1) 的解为**贝塞尔函数或柱函数**.

设方程 (3.2.1) 有如下形式的广义幂级数解

$$y(x) = \sum_{k=0}^{\infty} a_k x^{s+k}, \quad a_0 \neq 0, \tag{3.2.2}$$

其中指数 s 是待定的常数. 把 (3.2.2) 代入 (3.2.1), 故有

$$\begin{aligned}&[s(s-1)+s-\nu^2]a_0x^s+[(s+1)^2-\nu^2]a_1x^{s+1}\\&+\sum_{k=2}^{\infty}\left\{[(s+k)^2-\nu^2]a_k+a_{k-2}\right\}x^{s+k}\\=&\,0.\end{aligned} \tag{3.2.3}$$

比较 x 的同次幂得到

$$(s^2-\nu^2)a_0=0, \tag{3.2.4}$$

$$[(s+1)^2-\nu^2]a_1=0, \tag{3.2.5}$$

$$[(s+k)^2-\nu^2]a_k+a_{k-2}=0, \quad k=2,3,\cdots. \tag{3.2.6}$$

由于 $a_0\neq 0$, 从 (3.2.4) 可得

$$s=\pm\nu. \tag{3.2.7}$$

因为幂级数 (3.2.2) 中的首项是 a_0x^s, 故当 $\nu>0$ 时, 对应于 $s=\nu$ 的贝塞尔方程的解在原点处等于零, 而对应于 $s=-\nu$ 的解在原点处变为无穷大.

(i) 下面先考虑贝塞尔方程的正则解, 即当 $s=\nu$ 时的解, 由 (3.2.5) 得 $a_1=0$(因为 $\nu\geqslant 0$), 而由 (3.2.6) 得

$$a_k=-\frac{a_{k-2}}{k(2\nu+k)}. \tag{3.2.8}$$

这样就可得到 $a_{2k+1}=0, k\in\mathbb{N}$, 而

$$\begin{aligned}a_{2k}=&\frac{(-1)^ka_0}{2^{2k}k!(\nu+k)(\nu+k-1)\cdots(\nu+1)}\\=&\frac{(-1)^k2^\nu\Gamma(\nu+1)a_0}{2^{2k+\nu}k!\Gamma(\nu+k+1)}.\end{aligned} \tag{3.2.9}$$

由此可知贝塞尔方程具有下列形式的正则解

$$y(x)=a_0\sum_{k=0}^{\infty}\frac{(-1)^k2^\nu\Gamma(\nu+1)}{2^{2k+\nu}k!\Gamma(\nu+k+1)}x^{2k+\nu}. \tag{3.2.10}$$

若选取 $a_0=\dfrac{1}{2^\nu\Gamma(\nu+1)}$, 则得到方程 (3.2.1) 的一个特解,

$$J_\nu(x)=\sum_{k=0}^{\infty}\frac{(-1)^kx^{2k+\nu}}{2^{2k+\nu}k!\Gamma(\nu+k+1)}, \tag{3.2.11}$$

称其为 ν **阶第一类贝塞尔函数**.

注 3.2.1 由达朗贝尔 (D′Alembert) 判别法判定此级数在整个实轴上是绝对收敛的.

(ii) 下面确定贝塞尔方程 (3.2.1) 的非正则解, 即当 $s=-\nu$ 时的解.

当 ν 不是非负整数和半奇数时, 首先由 (3.2.5) 得 $a_1=0$, 然后得到

$$a_k=\frac{a_{k-2}}{k(k-2\nu)},\quad k=2,3,\cdots. \tag{3.2.12}$$

若取 $a_0=\dfrac{1}{2^{-\nu}\Gamma(-\nu+1)}$, 类似可得一非正则解

$$J_{-\nu}(x)=\sum_{k=0}^{\infty}\frac{(-1)^k x^{2k-\nu}}{2^{2k-\nu}k!\Gamma(-\nu+k+1)}. \tag{3.2.13}$$

$J_{-\nu}(x)$ 称为$-\nu$ **阶第一类贝塞尔函数**. 易证当 ν 不是整数时, 它们是线性无关的. 事实上, 当 $x\to 0$ 时,

$$J_\nu\approx\frac{1}{\Gamma(\nu+1)}\left(\frac{x}{2}\right)^{\nu}\to 0,$$

$$J_{-\nu}\approx\frac{1}{\Gamma(-\nu+1)}\left(\frac{x}{2}\right)^{-\nu}\to\infty.$$

因而当 $\nu\geqslant 0$ 且不是整数时, 贝塞尔方程 (3.2.1) 的通解为

$$y(x)=AJ_\nu(x)+BJ_{-\nu}(x), \tag{3.2.14}$$

其中 A,B 为任意常数.

注 3.2.2 当 ν 是非负整数和半奇数时, 公式 (3.2.13) 仍成立, 而且当 ν 是半奇数时, J_ν 与 $J_{-\nu}$ 是两个初等函数.

(iii) 如果 ν 是非负整数, 记 $\nu=n$, 则由 (3.2.13) 变为

$$\begin{aligned}J_{-n}(x)&=\sum_{k=0}^{\infty}\frac{(-1)^k x^{2k-n}}{2^{2k-n}k!\Gamma(-n+k+1)}\\&=\sum_{k=0}^{n-1}\frac{(-1)^k x^{2k-n}}{2^{2k-n}k!\Gamma(-n+k+1)}\\&\quad+\sum_{k=n}^{\infty}\frac{(-1)^k x^{2k-n}}{2^{2k-n}k!\Gamma(-n+k+1)}\end{aligned}$$

$$
\begin{aligned}
&= \sum_{k=n}^{\infty} \frac{(-1)^k x^{2k-n}}{2^{2k-n} k! \Gamma(-n+k+1)} \\
&= \sum_{k'=0}^{\infty} (-1)^{n+k'} \frac{x^{n+2k'}}{2^{2k'+n}(n+k')!\Gamma(k'+1)} \\
&= (-1)^n \sum_{k=0}^{\infty} \frac{(-1)^k x^{2k+n}}{2^{2k+n} k! \Gamma(n+k+1)} \\
&= (-1)^n J_n(x).
\end{aligned}
$$

上面第二等式右边第一项等于零, 这是因为 $\Gamma(-n+k+1)(k=0,1,\cdots,n-1)$ 为无穷大. 另外也说明 J_{-n} 与 J_n 是线性相关的, 即当 ν 是非负整数时, J_ν 与 $J_{-\nu}$ 不是线性无关的. 为了求出贝塞尔方程的通解, 因此必须寻找第二个与 $J_n(x)$ 线性无关的特解. 具体地, 这个特解的一般形式可定义为

$$
Y_\nu(x) = \frac{J_\nu(x)\cos\nu\pi - J_{-\nu}(x)}{\sin\nu\pi}, \tag{3.2.15}
$$

通常称其为ν **阶第二类贝塞尔函数或诺伊曼函数**.

事实上不论 ν 是不是非负整数, $Y_\nu(x)$ 都与 $J_\nu(x)$ 是线性无关的, 这是因为当 ν 不是非负整数时, 在 (3.2.14) 的右边取 $A=\cot\nu\pi, B=-\csc\nu\pi$, 则得 $Y_\nu(x)$; 当 $\nu=n$ 是非负整数时, (3.2.15) 的右端应理解为

$$
Y_n(x) = \lim_{\nu\to n} Y_\nu(x).
$$

总结以上可得贝塞尔方程 (3.2.1) 的通解为

$$
\begin{cases}
y(x) = AJ_\nu(x) + BJ_{-\nu}(x), & \text{当 } \nu \text{ 不是非负整数时}, \\
y(x) = AJ_n(x) + BY_n(x), & \text{当 } \nu \text{ 是非负整数时}, \\
y(x) = AJ_\nu(x) + BY_\nu(x), & \text{当 } \nu \text{ 是非负实数时},
\end{cases} \tag{3.2.16}
$$

其中 A, B 为任意常数.

3.2.2 贝塞尔函数的性质

不同阶的贝塞尔函数之间有一定的联系, 下面将建立反映这种联系的微分关系式和递推公式.

1. 贝塞尔函数的微分关系和递推公式

贝塞尔函数的微分关系为

$$
\frac{d}{dx}[x^\nu J_\nu(x)] = x^\nu J_{\nu-1}(x), \tag{3.2.17}
$$

$$\frac{d}{dx}[x^{-\nu}J_\nu(x)] = -x^{-\nu}J_{\nu+1}(x). \tag{3.2.18}$$

事实上, 在 (3.2.11) 两边同乘以 x^ν, 然后对 x 求导, 得

$$\begin{aligned}
\frac{d}{dx}[x^\nu J_\nu(x)] &= \frac{d}{dx}\left[\sum_{k=0}^{\infty}(-1)^k \frac{x^{2k+2\nu}}{2^{2k+\nu}k!\Gamma(\nu+k+1)}\right] \\
&= x^\nu \sum_{k=0}^{\infty}(-1)^k \frac{(2k+2\nu)x^{2k+\nu-1}}{2^{2k+\nu}k!\Gamma(\nu+k+1)} \\
&= x^\nu \sum_{k=0}^{\infty}(-1)^k \frac{x^{2k+\nu-1}}{2^{2k+\nu-1}k!\Gamma(\nu-1+k+1)} \\
&= x^\nu J_{\nu-1}(x).
\end{aligned}$$

类似可以证明 (3.2.18).

如果将 (3.2.17)-(3.2.18) 两式子左端的导数求出, 化简后则分别得

$$xJ'_\nu(x) + \nu J_\nu(x) = xJ_{\nu-1}(x),$$

$$xJ'_\nu(x) - \nu J_\nu(x) = -xJ_{\nu+1}(x).$$

先后消去 $J'_\nu(x)$ 与 $J_\nu(x)$, 则得贝塞尔函数的递推公式为

$$J_{\nu+1}(x) + J_{\nu-1}(x) = \frac{2\nu}{x}J_\nu(x), \tag{3.2.19}$$

$$J_{\nu-1}(x) - J_{\nu+1}(x) = 2J'_\nu(x). \tag{3.2.20}$$

对于第二类贝塞尔函数, 同样也可证明下述微分关系和递推公式成立.

$$\frac{d}{dx}[x^\nu Y_\nu(x)] = x^\nu Y_{\nu-1}(x), \tag{3.2.21}$$

$$\frac{d}{dx}[x^{-\nu}Y_\nu(x)] = -x^{-\nu}Y_{\nu+1}(x), \tag{3.2.22}$$

$$Y_{\nu+1}(x) + Y_{\nu-1}(x) = \frac{2\nu}{x}Y_\nu(x), \tag{3.2.23}$$

$$Y_{\nu-1}(x) - Y_{\nu+1}(x) = 2Y'_\nu(x). \tag{3.2.24}$$

当 $\nu = 0$ 时, 由 (3.2.18) 得 $J'_0(x) = -J_1(x)$.

当 $\nu = 1$ 时, 由 (3.2.17) 得 $\frac{d}{dx}[xJ_1(x)] = xJ_0(x)$.

例 3.2.1 求 $\int xJ_2(x)dx$.

解 由递推公式可知

$$J_2(x) = J_0(x) - 2J_1'(x),$$

于是

$$\begin{aligned}\int xJ_2(x)dx &= \int xJ_0(x)dx - 2\int xJ_1'(x)dx \\ &= \int \frac{d}{dx}[xJ_1(x)]dx - 2xJ_1(x) + 2\int J_1(x)dx \\ &= xJ_1(x) - 2xJ_1(x) - 2\int J_0'(x)dx \\ &= -xJ_1(x) - 2J_0(x) + C,\end{aligned}$$

其中 C 为任意常数.

当 ν 为半奇数时的贝塞尔函数的一个重要特点是可用初等函数来表示.

下面计算 $J_{\frac{1}{2}}(x)$.

由 ν 阶第一类贝塞尔函数可得

$$\begin{aligned}J_{\frac{1}{2}}(x) &= \sum_{k=0}^{\infty}(-1)^k \frac{x^{2k+\frac{1}{2}}}{x^{2k+\frac{1}{2}}k!\Gamma\left(\frac{1}{2}+k+1\right)} \\ &= \sqrt{\frac{2}{\pi x}}\sum_{k=0}^{\infty}(-1)^k\frac{x^{2k+1}}{(2k+1)!} \\ &= \sqrt{\frac{2}{\pi x}}\sin x. \qquad (3.2.25)\end{aligned}$$

同样可以计算出

$$J_{-\frac{1}{2}}(x) = \sqrt{\frac{2}{\pi x}}\cos x. \qquad (3.2.26)$$

应用递推公式可得出

$$\begin{aligned}J_{\frac{3}{2}}(x) &= \frac{1}{x}J_{\frac{1}{2}} - J_{-\frac{1}{2}} \\ &= \sqrt{\frac{2}{\pi x}}\left(\frac{\sin x}{x} - \cos x\right) \\ &= -\sqrt{\frac{2}{\pi}}x^{\frac{3}{2}}\left(\frac{1}{x}\frac{d}{dx}\right)\left(\frac{\sin x}{x}\right). \qquad (3.2.27)\end{aligned}$$

同样可以计算

$$J_{-\frac{3}{2}}(x) = \sqrt{\frac{2}{\pi}} x^{\frac{3}{2}} \left(\frac{1}{x}\frac{d}{dx}\right)\left(\frac{\cos x}{x}\right). \tag{3.2.28}$$

通过归纳可计算出

$$J_{\frac{2\nu+1}{2}}(x) = (-1)^{\nu}\sqrt{\frac{2}{\pi}} x^{\nu+\frac{1}{2}} \left(\frac{1}{x}\frac{d}{dx}\right)^{\nu}\left(\frac{\sin x}{x}\right), \tag{3.2.29}$$

$$J_{-\frac{2\nu+1}{2}}(x) = \sqrt{\frac{2}{\pi}} x^{\nu+\frac{1}{2}} \left(\frac{1}{x}\frac{d}{dx}\right)^{\nu}\left(\frac{\cos x}{x}\right), \tag{3.2.30}$$

其中 ν 为非负整数, 且微分算子 $\left(\frac{1}{x}\frac{d}{dx}\right)^{\nu}$ 表示 $\frac{1}{x}\frac{d}{dx}$ 连续作用 ν 次的缩写.

2. 贝塞尔函数的零点

所谓贝塞尔函数的零点, 指的是使 $J_\nu(x)=0$ 的点 x. 关于贝塞尔函数的零点有下面结论:

(1) $J_\nu(x)$ 有无穷多个单重实零点, 这些零点在 x 轴上关于原点是对称分布的, 因而 $J_\nu(x)$ 有无穷多个正的零点;

(2) $J_\nu(x)$ 的零点与 $J_{\nu+1}(x)$ 的零点是彼此相间分布的, 且 $J_\nu(x)$ 的绝对值最小的零点比 $J_{\nu+1}(x)$ 的绝对值最小的零点更接近于零;

(3) 当 x 值充分大时, $J_\nu(x)$ 的相邻零点之间的距离接近于 π, 即 $J_\nu(x)$ 几乎处处是以 2π 为周期的周期函数;

(4) 除 $J_0(x)$ 以外, 对所有 $\nu>0$, 点 $x=0$ 是 $J_\nu(x)$ 的一个零点;

(5) $J'_\nu(x)$ 有无穷多个正零点, 一般地, $J_\nu(x)+hJ'_\nu(x)$ 也有无穷多个正零点, 其中 h 为正常数.

3.2.3 可化为贝塞尔方程的微分方程

在数学物理方程中, 常遇到一些常微分方程, 它们可通过变化为贝塞尔方程来求解. 具体地, 在 ν 阶贝塞尔方程 (3.2.1) 中作自变量变换

$$x = \lambda t^{\beta},$$

其中 λ, β 为常数. 由此得到

$$t^2 y'' + t y' + (\lambda^2\beta^2 t^{2\beta} - \nu^2\beta^2) y = 0.$$

再作变换

$$y(t) = t^{-\alpha} u(t),$$

其中 α 为常数, 则有

$$t^2u''(t)+(1-2\alpha)tu'(t)+[\lambda^2\beta^2t^{2\beta}+(\alpha^2-\nu^2\beta^2)]u=0. \tag{3.2.31}$$

由于 (3.2.1) 中的通解为

$$y(x)=AJ_\nu(x)+BY_\nu(x),$$

其中 $\nu\geqslant 0,\quad A,B$ 为任意常数. 由此得到 (3.2.31) 的通解

$$u(t)=t^\alpha[AJ_\nu(\lambda t^\beta)+BY_\nu(\lambda t^\beta)]. \tag{3.2.32}$$

例 3.2.2 求方程 $y''+\dfrac{1}{x}y'+5x^2y=0$ 的通解.

解 原方程不是贝塞尔方程, 但可以化为贝塞尔方程, 把原方程两边同乘以 x^2 得

$$x^2y''+xy'+5x^4y=0.$$

此方程与方程 (3.2.31)($t=x,u=y$) 比较, 可有

$$(1-2\alpha)=1,\quad \lambda^2\beta^2=5,\quad 2\beta=4,\quad \alpha^2-\nu^2\beta^2=0.$$

解得

$$\alpha=0,\quad \beta=2,\quad \lambda=\frac{\sqrt{5}}{2},\quad \nu=0.$$

故求得原方程通解为

$$y(x)=AJ_0\left(\frac{\sqrt{5}}{2}x^2\right)+BY_0\left(\frac{\sqrt{5}}{2}x^2\right),$$

其中 A,B 为任意常数.

3.3 贝塞尔函数的应用

由 3.1 节知当施图姆-刘维尔方程定义在半无限或无限区间上时, 或者当 $k(x)$ 或 $\rho(x)$ 在有限区间的一个端点或两个端点处等于零时, 则称施图姆-刘维尔方程是奇异的. 奇异施图姆-刘维尔方程联同边界条件称为奇异施图姆-刘维尔问题. 奇异施图姆-刘维尔问题与正则问题的边界条件不完全一样, 通常奇异问题在奇异端点处要加有限性条件.

下面考虑一类特殊的奇异施图姆-刘维尔问题.

3.3.1　贝塞尔方程的特征值问题

考虑

$$x^2y'' + xy' + (\lambda x^2 - \nu^2)y = 0, \tag{3.3.1}$$

其中 $0 < x < b,\ \nu \geqslant 0,\ \lambda > 0$ 为参数.

对 (3.3.1) 两边同除以 x, 就可化为奇异的施图姆-刘维尔方程 (3.1.2), 其中 $k(x) = x, q(x) = -\dfrac{\nu^2}{x},\ \rho(x) = x$, 显然 $k(0) = 0, \rho(0) = 0$.

下面用施图姆-刘维尔定理 (定理 3.1.1) 研究方程 (3.3.1).

设 $y(x)$ 在右端点 b 点还满足下列三类边界条件之一:

$$y(b) = 0;\quad y'(b) = 0;\quad y(b) + hy'(b) = 0, \tag{3.3.2}$$

其中 $h \neq 0$ 为常数.

另外在左端点 0 处, 还应满足有限性条件, 即

$$|y(0)| < +\infty. \tag{3.3.3}$$

由 3.2 节知方程 (3.3.1) 的通解为

$$y(x) = AJ_\nu(\sqrt{\lambda}x) + BY_\nu(\sqrt{\lambda}x), \tag{3.3.4}$$

其中 A, B 为任意常数.

由 (3.3.3) 得 $B = 0$, 由边界条件 (3.3.2) 分别得到

$$J_\nu(\sqrt{\lambda}b) = 0;\quad J_\nu'(\sqrt{\lambda}b) = 0;\quad J_\nu(\sqrt{\lambda}b) + \sqrt{\lambda}hJ_\nu'(\sqrt{\lambda}b) = 0. \tag{3.3.5}$$

由贝塞尔函数的零点结论可知 (3.3.5) 的任一等式都有无穷多个正的实零点, 将其依次记为

$$\mu_1^{(\nu)}, \mu_2^{(\nu)}, \mu_3^{(\nu)}, \cdots.$$

于是特征值问题 (3.3.1)-(3.3.2) 的特征值为

$$\lambda_n = \left(\frac{\mu_n^{(\nu)}}{b}\right)^2,\quad n = 1, 2, \cdots. \tag{3.3.6}$$

(i) 易证明特征函数列 $\left\{J_\nu\left(\dfrac{\mu_n^{(\nu)}}{b}x\right)\right\}$ 关于加权函数 $\rho(x) = x$ 在 $[0, b]$ 上正交.

(ii) 计算特征函数 $J_\nu\left(\dfrac{\mu_n^{(\nu)}}{b}x\right)$ 的模.

称积分

$$\left(\int_0^b xJ_\nu^2\Big(\frac{\mu_n^{(\nu)}}{b}x\Big)dx\right)^{\frac{1}{2}} = M_n^{(\nu)} \tag{3.3.7}$$

为贝塞尔函数 $J_\nu\Big(\frac{\mu_n^{(\nu)}}{b}x\Big)$ 的模.

令

$$y(x) = J_\nu\Big(\frac{\mu_n^{(\nu)}}{b}x\Big),$$

则其满足方程 (3.3.1) 且 $\lambda = \lambda_n = \Big(\frac{\mu_n^{(\nu)}}{b}\Big)^2$. 在 (3.3.1) 两边同乘以 $2y'$, 得

$$2xy'(xy')' + 2\Big[\Big(\frac{\mu_n^{(\nu)}}{b}\Big)^2x^2 - \nu^2\Big]yy' = 0,$$

即

$$\frac{d}{dx}[(xy')^2] + \Big[\Big(\frac{\mu_n^{(\nu)}}{b}\Big)^2x^2 - \nu^2\Big]\frac{d}{dx}(y^2) = 0.$$

把上式从 0 到 b 积分, 得到

$$(xy')^2\ \Big|_0^b + \Big[\Big(\frac{\mu_n^{(\nu)}}{b}\Big)^2x^2 - \nu^2\Big]y^2\Big|_0^b = 2\Big(\frac{\mu_n^{(\nu)}}{b}\Big)^2\int_0^b xy^2dx.$$

又因为当 $\nu \neq 0$ 时, $y(0) = J_\nu(0) = 0$, 所以

$$(\mu_n^{(\nu)})^2J'^2_\nu(\mu_n^{(\nu)}) + ((\mu_n^{(\nu)})^2 - \nu^2)J_\nu^2(\mu_n^{(\nu)}) = 2\Big(\frac{\mu_n^{(\nu)}}{b}\Big)^2(M_n^{(\nu)})^2. \tag{3.3.8}$$

当 $\nu = 0$ 时, (3.3.8) 也成立.

(a) 当满足第一类边界条件时, 即 $J_\nu(\mu_n^{(\nu)}) = 0$.

由微分关系 (3.2.18) 得

$$J'_\nu(\mu_n^{(\nu)}) = \frac{\nu}{\mu_n^{(\nu)}}J_\nu(\mu_n^{(\nu)}) - J_{\nu+1}(\mu_n^{(\nu)}) = -J_{\nu+1}(\mu_n^{(\nu)}). \tag{3.3.9}$$

这样由 (3.3.8) 和 (3.3.9) 可得到

$$M_n^{(\nu)} = \frac{\sqrt{2}b}{2}J_{\nu+1}(\mu_n^{(\nu)}), \quad n = 1, 2, \cdots. \tag{3.3.10}$$

(b) 当满足第二类边界条件时, 即 $J'_\nu(\mu_n^{(\nu)}) = 0$.

由 (3.3.8) 得

$$M_n^{(\nu)} = \frac{\sqrt{2}b}{2}\sqrt{1 - \Big(\frac{\nu}{\mu_n^{(\nu)}}\Big)^2}J_\nu(\mu_n^{(\nu)}), \quad n = 1, 2, \cdots. \tag{3.3.11}$$

(c) 当满足第三类边界条件时, 即 $J_\nu(\mu_n^{(\nu)})+\dfrac{\mu_n^{(\nu)}h}{b}J'_\nu(\mu_n^{(\nu)})=0$.
由 (3.3.8) 得

$$M_n^{(\nu)}=\frac{\sqrt{2}b}{2}\sqrt{1-\left(\frac{\nu}{\mu_n^{(\nu)}}\right)^2+\left(\frac{b}{\mu_n^{(\nu)}h}\right)^2}J_\nu(\mu_n^{(\nu)}),\quad n=1,2,\cdots. \tag{3.3.12}$$

傅里叶-贝塞尔级数

由施图姆-刘维尔定理得到下面的傅里叶-贝塞尔级数的收敛性定理.

定理 3.3.1 设 $f(x)$ 是定义在区间 $(0,b)$ 内的分段光滑的函数, 积分 $\int_0^b\sqrt{x}|f(x)|dx<+\infty$, 而且 $f(x)$ 满足相应特征值问题 (3.3.1)-(3.3.2) 的边界条件 (3.3.2), 则 $f(x)$ 可展成傅里叶-贝塞尔级数, 即

$$\sum_{n=1}^{\infty}c_nJ_\nu\left(\frac{\mu_n^{(\nu)}}{b}x\right)=\begin{cases}f(x), & x\text{是连续点},\\ \dfrac{f(x+0)+f(x-0)}{2}, & x\text{不是连续点},\end{cases} \tag{3.3.13}$$

其中

$$c_n=\frac{1}{(M_n^{(\nu)})^2}\int_0^b xf(x)J_\nu\left(\frac{\mu_n^{(\nu)}}{b}x\right)dx,\quad n=1,2,\cdots, \tag{3.3.14}$$

$M_n^{(\nu)}$ 分别是由 (3.3.10)—(3.3.12) 确定的, 且 $\mu_n^{(\nu)}$ 是 (3.3.5) 中相应边界条件下的第 n 个正零点.

3.3.2 贝塞尔函数的应用举例

例 3.3.1 设 $\mu_n^{(0)}$ $(n=1,2,\cdots)$ 是贝塞尔函数 $J_0(x)$ 的一列正零点, 试将函数

$$f(x)=x^2$$

在 $(0,1)$ 上展成贝塞尔函数 $J_0(\mu_n^{(0)}x)$ 的傅里叶-贝塞尔级数.

解 因为 $f(x)=x^2$ 在 (0, 1) 上是光滑的, 且

$$\int_0^1\sqrt{x}x^2dx=\frac{2}{7}<+\infty,$$

所以满足定理 3.3.1 的条件, 因此

$$x^2=\sum_{n=1}^{\infty}c_nJ_0(\mu_n^{(0)}x),$$

其中

$$c_n = \frac{\int_0^1 x^3 J_0(\mu_n^{(0)} x) dx}{\frac{1}{2} J_1^2(\mu_n^{(0)})}, \quad n = 1, 2, \cdots.$$

首先计算

$$\int_0^1 x^3 J_0(\mu_n^{(0)} x) dx, \quad n = 1, 2, \cdots.$$

令 $t = \mu_n^{(0)} x$, 则

$$\begin{aligned}
\int_0^1 x^3 J_0(\mu_n^{(0)} x) dx &= \frac{1}{\mu_n^{(0)4}} \int_0^{\mu_n^{(0)}} t^3 J_0(t) dt \\
&= \frac{1}{\mu_n^{(0)4}} \int_0^{\mu_n^{(0)}} t^2 \frac{d}{dt}(t J_1(t)) dt \\
&= \frac{1}{\mu_n^{(0)4}} t^3 J_1(t) \Big|_0^{\mu_n^{(0)}} - \frac{2}{\mu_n^{(0)4}} \int_0^{\mu_n^{(0)}} t^2 J_1(t) dt \\
&= \frac{J_1(\mu_n^{(0)})}{\mu_n^{(0)}} - \frac{2}{\mu_n^{(0)4}} \int_0^{\mu_n^{(0)}} \frac{d}{dt}(t^2 J_2(t)) dt \\
&= \frac{J_1(\mu_n^{(0)})}{\mu_n^{(0)}} - \frac{2}{\mu_n^{(0)2}} J_2(\mu_n^{(0)}).
\end{aligned}$$

由递推公式

$$J_2(\mu_n^{(0)}) + J_0(\mu_n^{(0)}) = \frac{2}{\mu_n^{(0)}} J_1(\mu_n^{(0)}),$$

而 $J_0(\mu_n^{(0)}) = 0$, 所以

$$J_2(\mu_n^{(0)}) = \frac{2}{\mu_n^{(0)}} J_1(\mu_n^{(0)}).$$

这样

$$\int_0^1 x^3 J_0(\mu_n^{(0)} x) dx = \frac{1}{\mu_n^{(0)3}} (\mu_n^{(0)2} - 4) J_1(\mu_n^{(0)}),$$

因此

$$c_n = \frac{2}{\mu_n^{(0)3} J_1(\mu_n^{(0)})} (\mu_n^{(0)2} - 4), \quad n = 1, 2, \cdots.$$

于是

$$x^2 = \sum_{n=1}^{\infty} \frac{2}{\mu_n^{(0)3} J_1(\mu_n^{(0)})} (\mu_n^{(0)2} - 4) J_0(\mu_n^{(0)} x).$$

例 3.3.2　考察一圆形弹性薄膜轴对称振动问题: 设有一半径为 r_0 的圆形膜, 圆周固定, 若在膜的中心掀起一个很小高度 $h>0$ 而静止, 突然放手任其振动, 试求该薄膜的振动规律.

解　由于无外力作用, 并且已知条件与角度 θ 无关, 在极坐标系下位移函数只是极半径 r 和时间 t 两个变量的函数, 于是通过分析, 上述问题可以归结为求解下面定解问题

$$\begin{cases} u_{tt}=a^2(u_{rr}+\dfrac{1}{r}u_r), & 0<r<r_0,\ t>0, \\ u(r,0)=h\Big(1-\dfrac{r}{r_0}\Big), & 0\leqslant r\leqslant r_0, \\ u_t(r,0)=0, & 0\leqslant r\leqslant r_0, \\ u(r_0,t)=0, & t>0. \end{cases} \tag{3.3.15}$$

应用分离变量法, 令

$$u(r,t)=R(r)T(t),$$

将它代入原问题中的方程并分离变量得

$$\frac{R''+\dfrac{1}{r}R'}{R}=\frac{T''}{a^2T}=-\lambda.$$

其中 λ 为常数.

由此可得到两个常微分方程

$$rR''+R'+\lambda rR=0, \tag{3.3.16}$$

$$T''+\lambda a^2T=0. \tag{3.3.17}$$

由问题的物理意义知 u 应满足有限性条件, 即 $|u|<+\infty$, 从而

$$|R(0)|<+\infty. \tag{3.3.18}$$

再由问题 (3.3.15) 的边界条件可得

$$R(r_0)=0. \tag{3.3.19}$$

下面对 λ 分情况讨论.

(i) 当 $\lambda<0$ 时, 则常微分方程 (3.3.17) 的通解为

$$T(t)=Ae^{a\sqrt{-\lambda}t}+Be^{-a\sqrt{-\lambda}t},$$

其中 A 与 B 是任意常数. 若其还是周期解, 则 $A=B=0$, 因此在 $\lambda<0$ 时, 方程 (3.3.17) 无非零解, 故 λ 不能取负值.

(ii) 当 $\lambda=0$ 时, 常微分方程 (3.3.17) 的通解为

$$T(t)=A_0t+B_0,$$

因为只有当 $A_0=0$ 时, $T(t)=B_0$ 才是周期解, 所以只有当 $B_0\neq 0$ 时为非零解. 将 $\lambda=0$ 代入常微分方程 (3.3.16) 得其通解为

$$R(r)=C_0\ln r+D_0,$$

其中 C_0, D_0 为任意常数. 由 (3.3.18) 知 $C_0=0$, 再由 (3.3.19) 可得 $D_0=0$, 在 $\lambda=0$ 时, 方程 (3.3.16) 也无非零解, 故 λ 不能取零值.

(iii) 当 $\lambda>0$ 时, (3.3.16) 为可化为贝塞尔方程的微分方程, 这样在此情况就可转化为求解下面零阶贝塞尔方程的特征值问题

$$\begin{cases} r^2R''+rR'+\lambda r^2R=0, \quad 0<r<r_0, \\ R(r_0)=0, \\ |R(0)|<+\infty. \end{cases} \tag{3.3.20}$$

由前面的 3.3.1 节 (取 $y=R, x=r, b=r_0, \nu=0$) 知特征值问题 (3.3.20) 存在一列特征值

$$\lambda_n=\left(\frac{\mu_n^{(0)}}{r_0}\right)^2, \quad n=1,2,\cdots, \tag{3.3.21}$$

相应特征函数列为

$$J_0\left(\frac{\mu_n^{(0)}}{r_0}r\right), \quad n=1,2,\cdots. \tag{3.3.22}$$

将 $\lambda=\lambda_n=\left(\frac{\mu_n^{(0)}}{r_0}\right)^2$ 代入关于 $T(t)$ 的常微分方程 (3.3.17), 解得其通解为

$$T_n(t)=A_n\cos\frac{\mu_n^{(0)}at}{r_0}+B_n\sin\frac{\mu_n^{(0)}at}{r_0},$$

其中 A_n 与 B_n 是任意常数.

因而原问题 (3.3.20) 满足方程的特解为

$$u_n(r,t)=J_0\left(\frac{\mu_n^{(0)}}{r_0}r\right)\left(A_n\cos\frac{\mu_n^{(0)}at}{r_0}+B_n\sin\frac{\mu_n^{(0)}at}{r_0}\right), \quad n=1,2,\cdots.$$

由叠加原理可得原问题 (3.3.20) 满足方程及边界条件的解为

$$u(r,t)=\sum_{n=1}^{\infty}J_0\left(\frac{\mu_n^{(0)}}{r_0}r\right)\left(A_n\cos\frac{\mu_n^{(0)}at}{r_0}+B_n\sin\frac{\mu_n^{(0)}at}{r_0}\right). \tag{3.3.23}$$

由原问题 (3.3.20) 的第二个初始条件知

$$0=\sum_{n=1}^{\infty} J_0\left(\frac{\mu_n^{(0)}}{r_0}r\right)B_n\frac{\mu_n^{(0)}a}{r_0},$$

再结合定理 3.3.1 可推出

$$B_n=0,\quad n=1,2,\cdots.$$

同样由 (3.3.20) 的第一个初始条件和定理 3.3.1 及 (3.3.10) 得

$$h\left(1-\frac{r}{r_0}\right)=\sum_{n=1}^{\infty}A_nJ_0\left(\frac{\mu_n^{(0)}}{r_0}r\right),$$

其中

$$A_n=\frac{\displaystyle\int_0^{r_0} rh\Big(1-\frac{r}{r_0}\Big)J_0\Big(\frac{\mu_n^{(0)}}{r_0}r\Big)dr}{\dfrac{r_0^2}{2}J_1^2(\mu_n^{(0)})},\quad n=1,2,\cdots.$$

下面计算 A_n 的分子,

$$\begin{aligned}\int_0^{r_0} rhJ_0\Big(\frac{\mu_n^{(0)}}{r_0}r\Big)dr&=h\Big(\frac{r_0}{\mu_n^{(0)}}\Big)^2\int_0^{\mu_n^{(0)}} xJ_0(x)dx\\&=h\Big(\frac{r_0}{\mu_n^{(0)}}\Big)^2\Big[xJ_1(x)\Big]\Big|_0^{\mu_n^{(0)}}\\&=\frac{hr_0^2}{\mu_n^{(0)}}J_1(\mu_n^{(0)}),\end{aligned}$$

$$\begin{aligned}\int_0^{r_0}\frac{h}{r_0}r^2J_0\Big(\frac{\mu_n^{(0)}}{r_0}r\Big)dr=&\frac{h}{r_0}\Big(\frac{r_0}{\mu_n^{(0)}}\Big)^3\int_0^{\mu_n^{(0)}} x^2J_0(x)dx\\=&\frac{h}{r_0}\Big(\frac{r_0}{\mu_n^{(0)}}\Big)^3\Big[x^2J_1(x)\Big|_0^{\mu_n^{(0)}}-\int_0^{\mu_n^{(0)}} xJ_1(x)dx\Big]\\=&\frac{h}{r_0}\Big(\frac{r_0}{\mu_n^{(0)}}\Big)^3\Big[(\mu_n^{(0)})^2J_1(\mu_n^{(0)})+xJ_0(x)\Big|_0^{\mu_n^{(0)}}\\&-3\int_0^{\mu_n^{(0)}} J_0(x)dx\Big]\\=&\frac{hr_0^2}{\mu_n^{(0)}}J_1(\mu_n^{(0)})-\frac{hr_0^2}{\mu_n^{(0)3}}\int_0^{\mu_n^{(0)}} J_0(x)dx,\end{aligned}$$

从而

$$A_n = \frac{2h}{\mu_n^{(0)3} J_1^2(\mu_n^{(0)})} \int_0^{\mu_n^{(0)}} J_0(x)dx, \quad n = 1, 2, \cdots.$$

将 A_n 和 B_n 代入 $u(r,t)$ 得原问题的解为

$$u(r,t) = \sum_{n=1}^{\infty} \left[\frac{2h}{\mu_n^{(0)3} J_1^2(\mu_n^{(0)})} \int_0^{\mu_n^{(0)}} J_0(x)dx \right] \cos \frac{\mu_n^{(0)} at}{r_0} J_0\left(\frac{\mu_n^{(0)}}{r_0} r \right). \tag{3.3.24}$$

习 题 3

3.1 求下列特征值问题:

(1) $\begin{cases} u'' + \lambda u = 0, \quad 0 < x < \pi, \\ u(0) = u'(\pi) = 0. \end{cases}$

(2) $\begin{cases} u'' + \lambda u = 0, \quad \pi < x < \pi, \\ u(-\pi) = u(\pi), \\ u'(-\pi) = u'(\pi). \end{cases}$

(3) $\begin{cases} u'' + u' + (1 + \lambda)u = 0, \quad 0 < x < 1, \\ u(0) = u(1) = 0. \end{cases}$

3.2 求下列问题的特征值与特征函数

$$\begin{cases} x^2 u'' + 3xu' + \lambda u = 0, \quad 1 < x < e, \\ u(1) = u(e) = 0. \end{cases}$$

3.3 应用分离变量法写出下面热传导方程初边值问题的特征值问题

$$\begin{cases} u_t = a^2 u_{xx}, & 0 < x < l, \ t > 0, \\ u_x(0,t) - hu(0,t) = 0, & t \geqslant 0, \\ u_x(l,t) = 0, & t \geqslant 0, \\ u(x,0) = \varphi(x), & 0 \leqslant x \leqslant l, \end{cases}$$

其中 h 为非负常数. 此外还要求出:

(1) 当 $h = 0$(即左端点为第二类边界条件) 时的特征值与特征函数;

(2) 当 $h = \infty$(即左端点为第一类边界条件) 时的特征值与特征函数.

3.4 求函数 $f(x) = x, x \in [0, \pi]$, 按下列特征值问题

$$\begin{cases} u'' + \lambda u = 0, \quad 0 < x < \pi, \\ u'(0) = u'(\pi) = 0 \end{cases}$$

的特征函数系展开的级数展开式.

3.5 计算 $\dfrac{d}{dx} J_0(ax)$, $\dfrac{d}{dx}[xJ_1(ax)]$ 和 $\displaystyle\int J_0(\sqrt{x})dx$, 其中 a 是一常数.

3.6 验证函数 $y = xJ_n(x)$ 是方程

$$x^2y'' - xy'' + (1 + x^2 - n^2)y = 0$$

的一个解.

3.7 试证:

(1) $\dfrac{d}{dx}[xJ_0(x)J_1(x)] = x[J_0^2(x) - J_1^2(x)]$;

(2) $\dfrac{d}{dx}[xJ_0(x^2)] = J_0(x^2) - 2x^2J_1(x^2)$;

(3) $\displaystyle\int x^2J_1(x)dx = 2xJ_1(x) - x^2J_0(x) + C$, 其中 C 是任意常数;

(4) $\displaystyle\int x^nJ_0(x)dx = x^nJ_1(x) + (n-1)x^{n-1}J_0(x) - (n-1)^2\int x^{n-2}J_0(x)dx$;

(5) $J_2(x) - J_0(x) = 2J_0''(x)$.

3.8 设 $\mu_n^{(1)}, n = 1, 2, \cdots$ 是 $J_1(x)$ 的正零点, 将函数 $f(x) = x, x \in (0, 1)$ 展成 $J_1(\mu_n^{(1)}x)$ 的傅里叶-贝塞尔级数.

3.9 设 $\omega_i, i = 1, 2, \cdots$ 是方程 $J_0(2x) = 0$ 的正零点, 将函数

$$f(x) = \begin{cases} 1, & 0 < x < 1, \\ \dfrac{1}{2}, & x = 1, \\ 0, & 1 < x < 2 \end{cases}$$

展成 $J_0(\omega_i x)$ 的傅里叶-贝塞尔级数.

3.10 设有半径为 R 的无限长圆柱体, 其侧面上温度为 T_0(常数), 柱体内部的初始温度分布为零, 求该柱体径向的温度分布, 即求解下列定解问题

$$\begin{cases} u_t = a^2\left(u_{rr} + \dfrac{1}{r}u_r\right), & 0 \leqslant r < R,\ t > 0, \\ u(r, 0) = 0, & 0 \leqslant r \leqslant R, \\ u(R, t) = T_0, & t > 0, \\ |u(0, t)| < +\infty, & t > 0. \end{cases}$$

第 4 章　行　波　法

本章主要用行波法来求解无界区域内波动方程的初值问题, 该方法是数学物理方程的基本求解方法之一.

4.1　一维波动方程的柯西问题

4.1.1　达朗贝尔公式

考虑无界弦的自由振动问题

$$\begin{cases} u_{tt} - a^2 u_{xx} = 0, & x \in \mathbb{R},\ t > 0, \\ u(x,0) = \varphi(x), & x \in \mathbb{R}, \\ u_t(x,0) = \psi(x), & x \in \mathbb{R}, \end{cases} \tag{4.1.1}$$

其中 $\varphi(x)$ 和 $\psi(x)$ 是已知的函数.

作自变量变换

$$\xi = x - at, \quad \eta = x + at. \tag{4.1.2}$$

问题 (4.1.1) 中的方程在上述变换下化为

$$u_{\xi\eta} = 0. \tag{4.1.3}$$

两边关于 η 积分一次, 再关于 ξ 积分一次, 得

$$u = F(\xi) + G(\eta), \tag{4.1.4}$$

其中 F 和 G 是任意两个可微的函数.

代回原变量得

$$u(x,t) = F(x - at) + G(x + at). \tag{4.1.5}$$

利用问题 (4.1.1) 中的初值条件可得到

$$F(x) + G(x) = \varphi(x), \quad -aF'(x) + aG'(x) = \psi(x). \tag{4.1.6}$$

对 (4.1.6) 的第二式两边积分, 得

$$a(G(x) - F(x)) + c = \int_{x_0}^{x} \psi(y)dy, \tag{4.1.7}$$

其中 x_0 是 $\psi(y)$ 定义域中的任意一固定点, c 为积分常数. 此式与 (4.1.6) 的第一式联立就可以解出

$$F(x)=\frac{\varphi(x)}{2}-\frac{1}{2a}\int_{x_0}^{x}\psi(y)dy+\frac{c}{2a}, \tag{4.1.8}$$

$$G(x)=\frac{\varphi(x)}{2}+\frac{1}{2a}\int_{x_0}^{x}\psi(y)dy-\frac{c}{2a}. \tag{4.1.9}$$

把它们代入 (4.1.5) 就得到柯西问题 (4.1.1) 的解

$$u(x,t)=\frac{\varphi(x+at)+\varphi(x-at)}{2}+\frac{1}{2a}\int_{x-at}^{x+at}\psi(y)dy. \tag{4.1.10}$$

此公式称为无限长弦自由振动的**达朗贝尔公式**, 或称为**达朗贝尔解**.

注 4.1.1　从上面求解过程可以看出, 如果初值问题 (4.1.1) 存在解, 则其解可以由达朗贝尔公式 (4.1.10) 表示, 因此解一定是唯一的; 反之, 若假设 $\varphi(x)$ 是二次连续可微, $\psi(x)$ 是一次连续可微, 则 (4.1.10) 右端表示的函数一定是问题 (4.1.1) 的经典解.

4.1.2　达朗贝尔解的物理意义

从 (4.1.10) 式可见, 自由弦振动方程的解, 可以表示成形如 $F(x-at)$ 和 $G(x+at)$ 的两个函数之和, 通过它们可以清楚地看出波传播的性质.

考察

$$u_1=F(x-at). \tag{4.1.11}$$

显然, 它是问题 (4.1.1) 中的方程的解. 给 t 以不同的值, 就可以看出弦在各个时刻位移的变化. 在 $t=0$ 时, $u_1(x,0)=F(x)$, 它对应于初始时刻的振动状态 (相对于弦在初始时刻各点的位移状态), 如图 4.1 的实线所示.

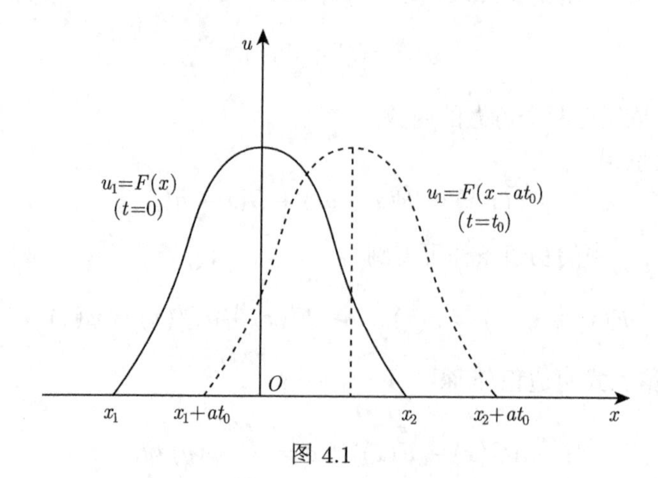

图 4.1

经过时刻 t_0 后, $u_1(x,t_0)=F(x-at_0)$, 在 (x,u) 平面上, 它相当于原来的图形 $u_1(x,0)=F(x)$ 向右平移了一段距离 at_0, 如图 4.1 的虚线所示. 随着时间的推移, 这个图形还将不断地向右移动, 这说明当问题 (4.1.1) 中的方程的解表示成 $F(x-at)$ 的形式时, 振动的波形是以常速度 a 向右传播. 因此, 由函数 $F(x-at)$ 所描述的振动规律, 称为**右传播波** (或**右行波**). 同样, 形如 $G(x+at)$ 的解, 称为**左传播波** (或**左行波**), 它所描述的振动波形以速度 a 向左传播. 达朗贝尔公式 (4.1.10) 说明弦上的任意扰动总是以行波形式分别向两个左右方向传播出去, 其传播速度是问题 (4.1.1) 中的常数 a. 上述这种把定解问题 (4.1.1) 中的解表示为右传播波和左传播波相叠加的方法, 称为**传播波法** (也称为**达朗贝尔解法**或**行波法**).

4.1.3 依赖区间、决定区域和影响区域

从达朗贝尔公式 (4.1.10) 可以看出, 初值问题 (4.1.1) 的解在上半平面 $t\geqslant 0$ 上点 (x,t) 处的值 $u(x,t)$ 由初始条件 $\varphi(x)$ 和 $\psi(x)$ 在 x 轴上的区间 $[x-at,x+at]$ 上的值唯一确定, 而与 $\varphi(x)$ 和 $\psi(x)$ 在该区间外的值无关, 这个区间 $[x-at,x+at]$ 称为点 (x,t) 的**依赖区间**, 它是过 (x,t) 点分别作斜率为 $\pm\dfrac{1}{a}$ 的直线与 x 轴所交而得到的闭区间, 如图 4.2 所示.

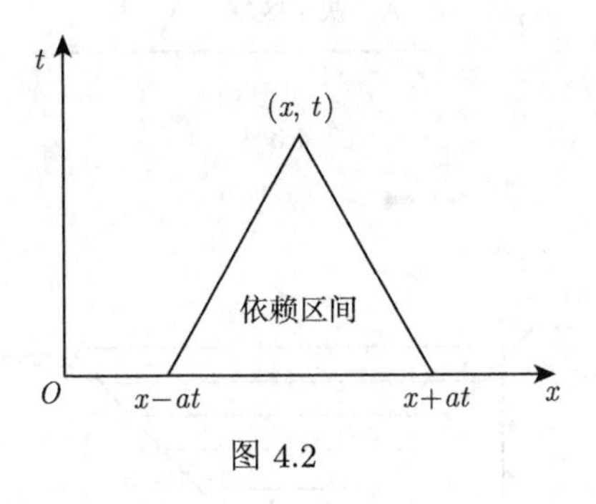

图 4.2

对于初始轴 $t=0$ 上的一个区间 $[x_1,x_2]$, 过点 x_1 作斜率为 $\dfrac{1}{a}$ 的直线 $x=x_1+at$, 过点 x_2 作斜率为 $-\dfrac{1}{a}$ 的直线 $x=x_2-at$, 它们和区间 $[x_1,x_2]$ 一起构成了一个三角形区域, 如图 4.3 所示, 此三角形区域中任一点 (x,t) 的依赖区间都落在区间 $[x_1,x_2]$ 的内部, 因此, 初值问题的解在此三角形区域中的数值完全由区间 $[x_1,x_2]$ 上的初始条件决定, 而与此区间外的初始条件无关, 这个三角形区域称为区间 $[x_1,x_2]$ 的**决定区域**. 给定区间 $[x_1,x_2]$ 上的初始条件, 就可以在其决定区域中完全决定初值问题的解.

现在, 来考虑这样一个问题: 如果在初始时刻 $t=0$, 初始条件 $\varphi(x)$ 和 $\psi(x)$ 的值在 $[x_1,x_2]$ 上有变化 (称为初始扰动), 则经过时间 t 后, 它所影响的范围? 事

实上由达朗贝尔解的物理意义可知, 波动是以一定的速度 a 向左右两个方向传播的, 因此, 经过时间 t 后, 该扰动所传到的范围 (受初始扰动影响到的范围):

$$x_1 - at \leqslant x \leqslant x_2 + at, \quad t > 0, \tag{4.1.12}$$

而在此范围之外则不受影响, 仍处于原来状态. 在 (x,t) 平面上, 称上述区域 (4.1.12) 为区间 $[x_1,x_2]$ 的**影响区域**, 如图 4.4 所示. 初值问题的解在此区域上任意点的数值是受到区间 $[x_1,x_2]$ 上的初始条件的影响, 而在此区域外的任意点的数值不受到该区间上的初始条件的影响. 特别地, 当区间 $[x_1,x_2]$ 收缩为一点 x_0 时, 就得到此点的影响区域为过该点的两条斜率为 $\pm\dfrac{1}{a}$ 的直线 $(x = x_0 \pm at)$ 所张成的角状区域 (图 4.5).

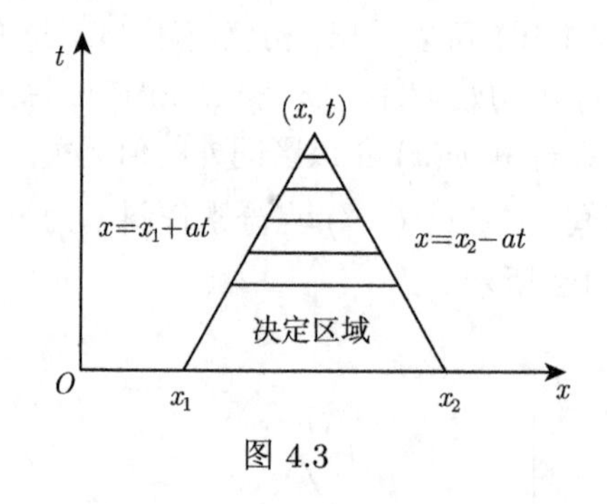

图 4.3

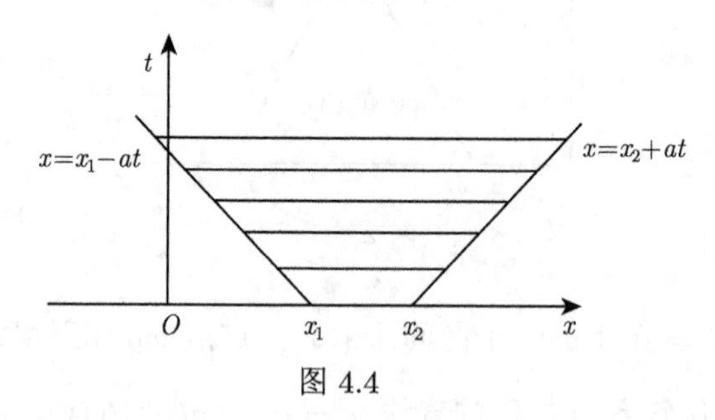

图 4.4

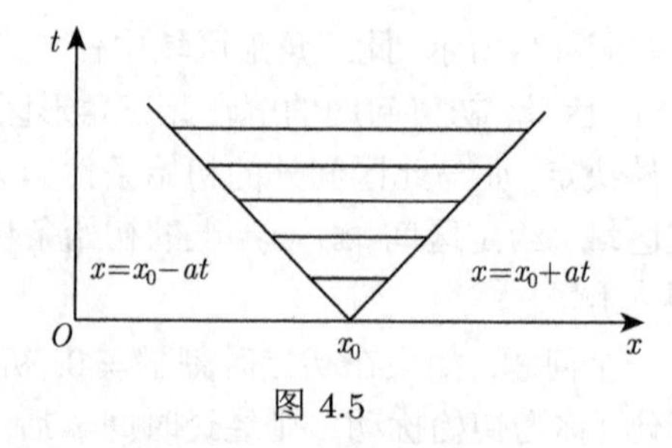

图 4.5

在上面的讨论中, 在 (x,t) 平面上斜率都为 $\pm\frac{1}{a}$ 的直线 $x \pm at = c$(常数) 对一维波动方程的研究起着重要作用, 它们称为一维波动方程的**特征线**, 扰动实际上沿特征线传播. 扰动以**有限速度传播**, 这是波动方程的一个重要特点.

例 4.1.1 利用传播波法求解一端固定的半无界弦的自由振动问题

$$\begin{cases} u_{tt} - a^2 u_{xx} = 0, & 0 < x < +\infty,\ t > 0, \\ u(x,0) = \varphi(x), & 0 \leqslant x < +\infty, \\ u_t(x,0) = \psi(x), & 0 \leqslant x < +\infty, \\ u(0,t) = 0, & t \geqslant 0, \\ \varphi(0) = \varphi''(0) = 0, & \\ \psi'(0) = 0, & \end{cases} \tag{4.1.13}$$

其中 $\varphi(x) \in C^2[0,+\infty)$ 和 $\psi(x) \in C^1[0,+\infty)$.

分析 为了求解此问题, 可以设想在 $x = 0$ 的左侧仍然有弦存在, 只是在振动过程中 $x = 0$ 这一点始终保持不动, 这样新引进的一个无界弦的自由振动问题显然和原先所考虑的固定端点的半无界弦的自由振动问题是等价的. 于是问题化为如何将在 $x \geqslant 0$ 上已给的初始条件延拓为整个直线 $-\infty < x < +\infty$ 上的函数, 使得延拓后的函数作为初值的柯西问题, 其解在 $x = 0$ 处恒等于零.

解法一 令

$$\Phi(x) = \begin{cases} \varphi(x), & x \geqslant 0, \\ -\varphi(-x), & x < 0, \end{cases} \tag{4.1.14}$$

$$\Psi(x) = \begin{cases} \psi(x), & x \geqslant 0, \\ -\psi(-x), & x < 0. \end{cases} \tag{4.1.15}$$

则由达朗贝尔公式, 以 $\Phi(x)$ 和 $\Psi(x)$ 为初值的柯西问题的解为

$$U(x,t) = \frac{\Phi(x+at) + \Phi(x-at)}{2} + \frac{1}{2a}\int_{x-at}^{x+at} \Psi(y)dy. \tag{4.1.16}$$

将 (4.1.14) 和 (4.1.15) 定义的 $\Phi(x)$ 及 $\Psi(x)$ 代入 (4.1.16) 得到 (4.1.13) 的解

$$u(x,t) = \begin{cases} \dfrac{\varphi(x+at) + \varphi(x-at)}{2} + \dfrac{1}{2a}\displaystyle\int_{x-at}^{x+at} \psi(y)dy, & \text{当 } x \geqslant at \text{ 时}, \\ \dfrac{\varphi(x+at) - \varphi(at-x)}{2} + \dfrac{1}{2a}\displaystyle\int_{at-x}^{x+at} \psi(y)dy, & \text{当 } 0 \leqslant x < at \text{ 时}. \end{cases} \tag{4.1.17}$$

解法二 该解法没有利用函数的延拓, 而是直接利用传播波法.

当 $x \geqslant at$ 时, 直接由达朗贝尔公式 (4.1.10) 可得

$$u(x,t) = \frac{\varphi(x+at)+\varphi(x-at)}{2} + \frac{1}{2a}\int_{x-at}^{x+at} \psi(y)dy. \tag{4.1.18}$$

对 (4.1.5), 利用问题 (4.1.13) 中的边界条件 $u(0,t)=0$ 就可推得

$$F(-at) = -G(at), \quad 当\ t>0\ 时,$$

即

$$F(y) = -G(-y), \quad 当\ y \leqslant 0\ 时.$$

所以当 $0 \leqslant x < at$ 时,

$$F(x-at) = -G(at-x). \tag{4.1.19}$$

这样, 分别用 $x+at, at-x$ 和 0 代替 (4.1.9) 中的 x 和 x_0, 我们就得到

$$G(x+at) = \frac{\varphi(x+at)}{2} + \frac{1}{2a}\int_0^{x+at} \psi(y)dy - \frac{c}{2a}, \tag{4.1.20}$$

$$G(at-x) = \frac{\varphi(at-x)}{2} + \frac{1}{2a}\int_0^{at-x} \psi(y)dy - \frac{c}{2a}. \tag{4.1.21}$$

将 (4.1.19)—(4.1.21) 代入 (4.1.5) 得到原问题 (4.1.13) 当 $0 \leqslant x < at$ 时的解

$$u(x,t) = \frac{\varphi(x+at)-\varphi(at-x)}{2} + \frac{1}{2a}\int_{at-x}^{x+at} \psi(y)dy. \tag{4.1.22}$$

例 4.1.2 求下列问题

$$\begin{cases} u_{tt} - a^2 u_{xx} = 0, \quad -at < x < at,\ t > 0, \\ u|_{x-at=0} = \varphi(x), \\ u|_{x+at=0} = \psi(x), \\ \varphi(0) = \psi(0). \end{cases}$$

解 分别对 (4.1.5) 利用原问题中的两个边界条件可以推得

$$\varphi(x) = F(0) + G(2x),$$

$$\psi(x) = F(2x) + G(0).$$

这样就得到

$$G(x) = \varphi\left(\frac{x}{2}\right) - F(0),$$

$$F(x) = \psi\left(\frac{x}{2}\right) - G(0),$$

$$\varphi(0) = F(0) + G(0).$$

首先用 $x + at$ 和 $x - at$ 分别代替上面表达式中的 x, 然后, 将其代入 (4.1.5), 得到原问题的解

$$u(x,t) = \psi\left(\frac{x-at}{2}\right) + \varphi\left(\frac{x+at}{2}\right) - \varphi(0).$$

4.1.4 齐次化原理

现在考虑无界弦的强迫振动问题

$$\begin{cases} u_{tt} - a^2 u_{xx} = f(x,t), & x \in \mathbb{R},\ t > 0, \\ u(x,0) = 0, & x \in \mathbb{R}, \\ u_t(x,0) = 0, & x \in \mathbb{R}, \end{cases} \tag{4.1.23}$$

其中 $f(x,t)$ 是已知的函数.

为了求解此问题, 可以利用下面的齐次化原理, 把非齐次方程的求解问题转化为相应的齐次方程的情况来处理, 从而可以直接利用前面有关齐次方程的结果.

定理 4.1.1 (齐次化原理或杜阿梅尔 (Duhamel) 原理) 若 $w(x,t;\tau)$ 是柯西问题

$$\begin{cases} w_{tt} - a^2 w_{xx} = 0, & x \in \mathbb{R},\ t > \tau, \\ w(x,\tau;\tau) = 0, & x \in \mathbb{R}, \\ w_t(x,\tau;\tau) = f(x,\tau), & x \in \mathbb{R} \end{cases} \tag{4.1.24}$$

的解 (其中 τ 为参数), 则

$$u(x,t) = \int_0^t w(x,t;\tau)d\tau \tag{4.1.25}$$

就是柯西问题 (4.1.23) 的解.

为了写出 $w(x,t;\tau)$ 的具体表达式, 令 $t' = t - \tau$, 则

$$w(x,t;\tau) = w(x,t'+\tau;0). \tag{4.1.26}$$

相应地, 问题 (4.1.24) 可化为如下的形式:

$$\begin{cases} w_{t't'} - a^2 w_{xx} = 0, & x \in \mathbb{R},\ t' > 0, \\ w(x,\tau;0) = 0, & x \in \mathbb{R}, \\ w_{t'}(x,\tau;0) = f(x,\tau), & x \in \mathbb{R}. \end{cases} \tag{4.1.27}$$

于是利用达朗贝尔公式 (4.1.10) 就得其解为

$$w(x,t'+\tau;0)=\frac{1}{2a}\int_{x-at'}^{x+at'}f(\xi,\tau)d\xi. \tag{4.1.28}$$

换回原变量, 则得

$$w(x,t;\tau)=\frac{1}{2a}\int_{x-a(t-\tau)}^{x+a(t-\tau)}f(\xi,\tau)d\xi. \tag{4.1.29}$$

再代回 (4.1.25) 就得到初值问题 (4.1.23) 的解为

$$u(x,t)=\frac{1}{2a}\int_0^t\int_{x-a(t-\tau)}^{x+a(t-\tau)}f(\xi,\tau)d\xi d\tau. \tag{4.1.30}$$

下面验证 (4.1.30) 右端表示的函数确是初值问题 (4.1.23) 的解.

事实上, 当 $f\in C^1$ 时, 从 (4.1.30) 式, 由关于含参变量积分的求导法则, 可得

$$\begin{aligned}
u_t&=\frac{1}{2}\int_0^t[f(x+a(t-\tau),\tau)+f(x-a(t-\tau),\tau)]d\tau,\\
u_{tt}&=f(x,t)+\frac{a}{2}\int_0^t[f_x(x+a(t-\tau),\tau)-f_x(x-a(t-\tau),\tau)]d\tau,\\
u_x&=\frac{1}{2a}\int_0^t[f(x+a(t-\tau),\tau)-f(x-a(t-\tau),\tau)]d\tau,\\
u_{xx}&=\frac{1}{2a}\int_0^t[f_x(x+a(t-\tau),\tau)-f_x(x-a(t-\tau),\tau)]d\tau,
\end{aligned}$$

于是有

$$u_{tt}-a^2u_{xx}=f(x,t),$$

即 $u(x,t)$ 满足初值问题 (4.1.23) 中的方程, 再由 (4.1.30) 式及 u_t 的表达式可得

$$u(x,0)=0,\quad u_t(x,0)=0.$$

这样就验证 (4.1.30) 右端表示的函数满足初值问题 (4.1.23).

利用叠加原理, 易得下面初值问题

$$\begin{cases}
u_{tt}-a^2u_{xx}=f(x,t), & x\in\mathbb{R},\ t>0,\\
u(x,0)=\varphi(x), & x\in\mathbb{R},\\
u_t(x,0)=\psi(x), & x\in\mathbb{R}
\end{cases} \tag{4.1.31}$$

的解为

$$
\begin{aligned}
u(x,t)=&\frac{\varphi(x+at)+\varphi(x-at)}{2}+\frac{1}{2a}\int_{x-at}^{x+at}\psi(y)dy\\
&+\frac{1}{2a}\int_0^t\int_{x-a(t-\tau)}^{x+a(t-\tau)}f(\xi,\tau)d\xi d\tau.
\end{aligned}\tag{4.1.32}
$$

例 4.1.3 求解下列初值问题

$$
\begin{cases}
u_{tt}=u_{xx}+2x, & x\in\mathbb{R},\ t>0\\
u(x,0)=\sin x, & x\in\mathbb{R},\\
u_t(x,0)=x, & x\in\mathbb{R}.
\end{cases}
$$

解 由 (4.1.32), 得

$$
\begin{aligned}
u(x,t)=&\frac{\sin(x+t)+\sin(x-t)}{2}+\frac{1}{2}\int_{x-t}^{x+t}ydy\\
&+\frac{1}{2}\int_0^t\int_{x-(t-\tau)}^{x+(t-\tau)}2\xi d\xi d\tau\\
=&\sin\ x\cos\ t+xt+xt^2.
\end{aligned}
$$

4.2 高维波动方程的柯西问题

上节讨论了一维波动方程的柯西问题, 得到了达朗贝尔公式, 本节主要利用球面平均法推导出三维波动方程初值问题的解, 最后利用降维法得到二维波动方程初值问题的解.

4.2.1 球平均法

现在, 考察三维波动方程的柯西问题:

$$
\begin{cases}
u_{tt}-a^2\Delta u=0, & (x,y,z)\in\mathbb{R}^3,\quad t>0,\\
u(x,y,z,0)=\varphi(x,y,z), & (x,y,z)\in\mathbb{R}^3,\\
u_t(x,y,z,0)=\psi(x,y,z), & (x,y,z)\in\mathbb{R}^3,
\end{cases}\tag{4.2.1}
$$

其中 φ, ψ 是已知的函数.

设 $h\in C^2(\mathbb{R}^3)$, 考虑函数 h 以 (x,y,z) 为球心, 以 r 为半径的球面 S_r 上的平均值定义为

$$
M_h(x,y,z,r)=\frac{1}{4\pi r^2}\iint_{S_r}h(x_1,x_2,x_3)dS,\tag{4.2.2}
$$

其中 dS 表示球面 S_r 上的面积微元. M_h 称为 h 的球平均函数.

引理 4.2.1 设 $h \in C^2(\mathbb{R}^3)$, 则其球平均函数 M_h 也是二次连续可导的, 且满足

$$\left(\frac{\partial^2}{\partial r^2}+\frac{2}{r}\frac{\partial}{\partial r}\right)M_h(x,y,z,r)=\Delta M_h(x,y,z,r) \tag{4.2.3}$$

与初始条件

$$M_h\Big|_{r=0}=h(x,y,z),\quad \frac{\partial M_h}{\partial r}\Big|_{r=0}=0. \tag{4.2.4}$$

证明 (4.2.2) 又可写成

$$M_h(x,y,z,r)=\frac{1}{4\pi}\iint_{S_1}h(x+r\alpha_1,y+r\alpha_2,z+r\alpha_3)d\omega, \tag{4.2.5}$$

其中 $d\omega$ 表示单位球面 S_1 上的面积微元, 而 $(\alpha_1,\alpha_2,\alpha_3)\in S_1$ 且 $\alpha_1^2+\alpha_2^2+\alpha_3^2=1$.

将 (4.2.5) 分别对 x,y,z 求二阶偏导数, 然后相加可得

$$\Delta M_h=\frac{1}{4\pi}\iint_{S_1}\Delta h(x+r\alpha_1,y+r\alpha_2,z+r\alpha_3)d\omega, \tag{4.2.6}$$

而由复合函数求导法则, 有

$$\frac{\partial M_h}{\partial r}=\frac{1}{4\pi}\iint_{S_1}\sum_{i=1}^{3}\frac{\partial h}{\partial x_i}\alpha_i d\omega=\frac{1}{4\pi r^2}\iint_{S_r}\sum_{i=1}^{3}\frac{\partial h}{\partial x_i}\alpha_i dS. \tag{4.2.7}$$

对其应用格林公式, 就得到

$$\frac{\partial M_h}{\partial r}=\frac{1}{4\pi r^2}\iiint_{B_r}\Delta h dV, \tag{4.2.8}$$

其中 B_r 是以 (x,y,z) 为球心、r 为半径的球. 再对 r 求导一次, 可得

$$\frac{\partial^2 M_h}{\partial r^2}=-\frac{1}{2\pi r^3}\iiint_{B_r}\Delta h dV+\frac{1}{4\pi r^2}\iint_{S_r}\Delta h dS. \tag{4.2.9}$$

由 (4.2.6)、(4.2.8)-(4.2.9), 就知道 $M_h(x,y,z,r)$ 确实满足方程 (4.2.3).

令 $r\to 0$, 则由 (4.2.5) 直接推出 $M_h(x,y,z,r)$ 趋向于 $h(x,y,z)$. 另外, 在 (4.2.8) 中利用积分中值定理, 由于 (4.2.8) 中的三重积分与 r^3 同阶, 而分母与 r^2 同阶, 由此推出 $\dfrac{\partial M_h}{\partial r}$ 趋向于零, 这样引理得证.

由于 M_h 满足 (4.2.4), 故将 M_h 往 $r<0$ 作偶延拓后, 仍有 $M_h\in C^2$.

设 $u(x,y,z,t)$ 是柯西问题 (4.2.1) 的解, 对它以 (x,y,z) 为球心作球平均函数

$$M_u(x,y,z,r,t)=\frac{1}{4\pi r^2}\iint_{S_r}u(x_1,x_2,x_3,t)dS. \tag{4.2.10}$$

我们有

引理 4.2.2　若 $u(x,y,z,t)$ 是柯西问题 (4.2.1) 的解, 则由 (4.2.10) 定义的 M_u 作为 r,t 的函数, 满足

$$\frac{\partial^2 M_u}{\partial t^2}-a^2\left(\frac{\partial^2}{\partial r^2}+\frac{2}{r}\frac{\partial}{\partial r}\right)M_u=0 \tag{4.2.11}$$

与初始条件

$$M_u(x,y,z,r,0)=M_\varphi(x,y,z,r), \tag{4.2.12}$$

$$\frac{\partial M_u}{\partial t}(x,y,z,r,0)=M_\psi(x,y,z,r). \tag{4.2.13}$$

证明　(4.2.10) 可写成

$$M_u(x,y,z,r,t)=\frac{1}{4\pi}\iint_{S_1}u(x+r\alpha_1,y+r\alpha_2,z+r\alpha_3,t)d\omega. \tag{4.2.14}$$

对 (4.2.14) 两端求二阶偏导数, 类似 (4.2.6), 并利用问题 (4.2.1) 中的方程, 得

$$\begin{aligned} a^2\Delta M_u=&\frac{1}{4\pi}\iint_{S_1}a^2\Delta u(x+r\alpha_1,y+r\alpha_2,z+r\alpha_3,t)d\omega\\ =&\frac{1}{4\pi}\iint_{S_1}u_{tt}(x+r\alpha_1,y+r\alpha_2,z+r\alpha_3,t)d\omega\\ =&\frac{\partial^2 M_u}{\partial t^2}. \end{aligned} \tag{4.2.15}$$

然后再利用引理 4.2.1 中的 (4.2.3), 就得 (4.2.11), 由问题 (4.2.1) 中的初始条件立刻推出 (4.2.12) 和 (4.2.13), 这样引理证毕.

将 M_u,M_φ 和 M_ψ 往 $r<0$ 对 r 作偶延拓, 则它在 $-\infty<r<+\infty,\ t\geqslant 0$ 上仍满足 (4.2.11)-(4.2.13). 于是, 将 x,y,z 看作参数, 令 $v=rM_u$, 则 v 满足初值问题

$$\begin{cases} v_{tt}-a^2v_{rr}=0, & r\in\mathbb{R},\quad t>0,\\ v(x,y,z,r,0)=rM_\varphi(x,y,z,r), & r\in\mathbb{R},\\ v_t(x,y,z,r,0)=rM_\psi(x,y,z,r), & r\in\mathbb{R}, \end{cases} \tag{4.2.16}$$

这样 v 可由达朗贝尔公式表示出来, 从而 $M_u=v/r$, 再令 r 趋于零就可得到问题 (4.2.1) 的解 u.

定理 4.2.1 设 $\varphi \in C^3(\mathbb{R}^3), \psi \in C^2(\mathbb{R}^3)$, 则三维波动方程的柯西问题 (4.2.1) 存在唯一解

$$u(x,y,z,t) = \frac{\partial}{\partial t}\left(\frac{1}{4\pi a^2 t}\iint_{S_{at}} \varphi dS\right) + \frac{1}{4\pi a^2 t}\iint_{S_{at}} \psi dS, \tag{4.2.17}$$

其中 S_{at} 表示以点 (x,y,z) 为球心、at 为半径的球面, dS 表示球面的面积微元. (4.2.17) 称为**泊松公式**.

证明 由于 v 可由达朗贝尔公式表示出来, 所以

$$\begin{aligned} v(x,y,z,r,t) =& \frac{1}{2}\big[(r+at)M_\varphi(x,y,z,r+at) \\ &+ (r-at)M_\varphi(x,y,z,r-at)\big] \\ &+ \frac{1}{2a}\int_{r-at}^{r+at} \xi M_\psi(x,y,z,\xi)d\xi. \end{aligned} \tag{4.2.18}$$

由于 $M_\varphi(x,y,z,\xi)$ 及 $M_\psi(x,y,z,\xi)$ 关于 ξ 是偶函数, 则有

$$\begin{aligned} M_u(x,y,z,r,t) =& \frac{1}{2r}\big[(at+r)M_\varphi(x,y,z,at+r) \\ &- (at-r)M_\varphi(x,y,z,at-r)\big] \\ &+ \frac{1}{2ar}\int_{at-r}^{at+r} \xi M_\psi(x,y,z,\xi)d\xi. \end{aligned} \tag{4.2.19}$$

令 $r \to 0$, 则左端趋于 $u(x,y,z,t)$. 计算右边的极限可得到

$$\begin{aligned} &\lim_{r\to 0}\frac{1}{2r}\big[(at+r)M_\varphi(x,y,z,at+r) - (at-r)M_\varphi(x,y,z,at-r)\big] \\ =& \frac{\partial}{\partial r}\Big[(at+r)M_\varphi(x,y,z,at+r)\Big]\Big|_{r=0} \\ =& \frac{\partial}{\partial \xi}\Big[\xi M_\varphi(x,y,z,\xi)\Big]\Big|_{\xi=at} \\ =& \frac{\partial}{\partial t}\big[tM_\varphi(x,y,z,at)\big], \end{aligned}$$

$$\begin{aligned} &\lim_{r\to 0}\frac{1}{2ar}\int_{at-r}^{at+r} \xi M_\psi(x,y,z,\xi)d\xi \\ =& \frac{1}{a}\big[\xi M_\psi(x,y,z,\xi)\big]\big|_{\xi=at} \\ =& tM_\psi(x,y,z,at). \end{aligned}$$

所以有

$$u(x,y,z,t)=\frac{\partial}{\partial t}\big[tM_\varphi(x,y,z,at)\big]+tM_\psi(x,y,z,at). \tag{4.2.20}$$

它就是 (4.2.17), 这同时也证明了解的唯一性.

为了说明解的存在性, 只需验证 (4.2.17) 右边表示的函数确实满足问题 (4.2.1). 事实上, 令 $u_1(x,y,z,t)=tM_\varphi(x,y,z,at)$, $u_2(x,y,z,t)=tM_\psi(x,y,z,at)$. 首先, 由引理 4.2.1 知

$$\begin{aligned}
&\frac{\partial^2}{\partial t^2}\big[tM_\psi(x,y,z,at)\big]\\
&=\left[a\frac{\partial^2}{\partial r^2}(rM_\psi(x,y,z,r))\right]\Big|_{r=at}\\
&=\left[ar\left(\frac{\partial^2}{\partial r^2}+\frac{2}{r}\frac{\partial}{\partial r}\right)M_\psi(x,y,z,r)\right]\Big|_{r=at}\\
&=\big[ar\Delta M_\psi(x,y,z,r)\big]\big|_{r=at}\\
&=a^2\Delta(tM_\psi(x,y,z,at)),
\end{aligned} \tag{4.2.21}$$

故 u_2 满足问题 (4.2.1) 中的方程. 显然, $t=0$ 时 $u_2=0$, 且由引理 4.2.1, 有

$$\frac{\partial}{\partial t}u_2(x,y,z,t)\Big|_{t=0}=\left(M_\psi+t\frac{\partial}{\partial t}M_\psi\right)\Big|_{t=0}=\psi(x,y,z). \tag{4.2.22}$$

类似于 (4.2.21) 可知 u_1 满足问题 (4.2.1) 中的方程. 由于三维波动方程的系数为常数, 故 $\dfrac{\partial u_1}{\partial t}$ 也满足问题 (4.2.1) 中的方程. 又类似于 (4.2.22) 可知

$$\frac{\partial u_1}{\partial t}\Big|_{t=0}=\varphi(x,y,z),$$

而且由于 u_1 满足问题 (4.2.1) 中的方程

$$\left[\frac{\partial}{\partial t}\left(\frac{\partial u_1}{\partial t}\right)\right]\Big|_{t=0}=\frac{\partial^2 u_1}{\partial t^2}\Big|_{t=0}=a^2\Delta u_1|_{t=0}=a^2\Delta[u_1|_{t=0}]=0.$$

因此, $\dfrac{\partial u_1}{\partial t}+u_2$ 满足问题 (4.2.1) 中的两个初始条件, 从而可知, $u=\dfrac{\partial u_1}{\partial t}+u_2$ 确实为柯西问题 (4.2.1) 的解, 这样定理证毕.

注 4.2.1 **泊松公式** (4.2.17) 也称为**基尔霍夫 (Kirchhoff) 公式**, 这种求解方法称为**球平均法**.

利用球坐标, 公式 (4.2.17) 又可以写成

$$\begin{aligned}u(x,y,z,t)=&\frac{1}{4\pi}\frac{\partial}{\partial t}\int_0^{2\pi}\int_0^{\pi}t\varphi(x+at\sin\theta\cos\phi,\\&y+at\sin\theta\sin\phi,z+at\cos\theta)\sin\theta d\theta d\phi\\&+\frac{1}{4\pi}\int_0^{2\pi}\int_0^{\pi}t\psi(x+at\sin\theta\cos\phi,\\&y+at\sin\theta\sin\phi,z+at\cos\theta)\sin\theta d\theta d\phi.\end{aligned}\tag{4.2.23}$$

例 4.2.1 求下列初值问题的解

$$\begin{cases}u_{tt}-\Delta u=0, & (x,y,z)\in\mathbb{R}^3,\quad t>0,\\u(x,y,z,0)=0, & (x,y,z)\in\mathbb{R}^3,\\u_t(x,y,z,0)=2xy, & (x,y,z)\in\mathbb{R}^3.\end{cases}$$

解 由球坐标下的泊松公式 (4.2.23), 得

$$\begin{aligned}u(x,y,z,t)&=\frac{t}{2\pi}\int_0^{2\pi}\int_0^{\pi}(x+t\sin\theta\cos\phi)(y+t\sin\theta\sin\phi)\sin\theta d\theta d\phi\\&=\frac{t}{2\pi}\int_0^{2\pi}\int_0^{\pi}(xy\sin\theta+xt\sin^2\theta\sin\phi+yt\sin^2\theta\cos\phi\\&\quad+t^2\sin^3\theta\cos\phi\sin\phi)d\theta d\phi\\&=\frac{xyt}{2\pi}\int_0^{2\pi}\int_0^{\pi}\sin\theta d\theta d\phi\\&=2xyt.\end{aligned}$$

4.2.2 降维法

现在我们研究二维波动方程的柯西问题

$$\begin{cases}u_{tt}-a^2\Delta u=0, & (x,y)\in\mathbb{R}^2,\quad t>0,\\u(x,y,0)=\varphi(x,y), & (x,y)\in\mathbb{R}^2,\\u_t(x,y,0)=\psi(x,y), & (x,y)\in\mathbb{R}^2,\end{cases}\tag{4.2.24}$$

其中 φ, ψ 是已知的函数.

此时, 上一段的球平均法不能直接应用, 但可利用上面关于三维波动方程的柯西问题的求解结果来解决上述二维波动方程的柯西问题. 这是因为对于二维问题 (4.2.24) 的解 $u(x,y,t)$ 总可以看成是高一维空间中的函数 $\tilde{u}(x,y,z,t)=u(x,y,t)$.

由于 $\tilde{u}$ 实际上和自变量 z 无关, 因此满足下面三维波动方程的柯西问题

$$\begin{cases} \tilde{u}_{tt} - a^2\Delta\tilde{u} = 0, & (x,y,z)\in\mathbb{R}^3, \quad t>0, \\ \tilde{u}(x,y,z,0) = \varphi(x,y), & (x,y,z)\in\mathbb{R}^3, \\ \tilde{u}_t(x,y,z,0) = \psi(x,y), & (x,y,z)\in\mathbb{R}^3. \end{cases} \tag{4.2.25}$$

反之, 如果 $\tilde{u}$ 是问题 (4.2.25) 的解且与 z 无关, 则它也是问题 (4.2.24) 的解. 所以, 如果我们能解出三维波动方程的柯西问题 (4.2.25), 并能证明这问题的解 $\tilde{u}(x,y,z,t)$ 是与 z 无关的函数, 那么它就是二维波动方程的柯西问题 (4.2.24) 的解. 这种利用高维波动方程柯西问题的解得出低维波动方程柯西问题解的方法称为**降维法**.

利用三维波动方程柯西问题的泊松公式 (4.2.17), 得到

$$\tilde{u}(x,y,z,t) = \frac{\partial}{\partial t}\left(\frac{1}{4\pi a^2 t}\iint_{S_{at}}\varphi dS\right) + \frac{1}{4\pi a^2 t}\iint_{S_{at}}\psi dS.$$

上述积分是在三维空间的球面 S_{at} 上进行的. 由于 φ 及 ψ 都是与 z 无关的函数, 因此在球面 S_{at} 上的积分可以化为它在超平面 $z=$ 常数 上的投影

$$\Sigma_{at}: (x_1-x)^2 + (x_2-y)^2 \leqslant a^2t^2$$

上的积分. 由于球面上的面积微元 dS 和它的投影的面积微元 $d\sigma$ 之间成立着如下的关系:

$$d\sigma = \cos\gamma dS,$$

其中 γ 为这两个面积微元法线方向间的夹角. 如图 4.6 所示, 并且它可以表示为

$$\cos\gamma = \frac{\sqrt{(at)^2-(x_1-x)^2-(x_2-y)^2}}{at}.$$

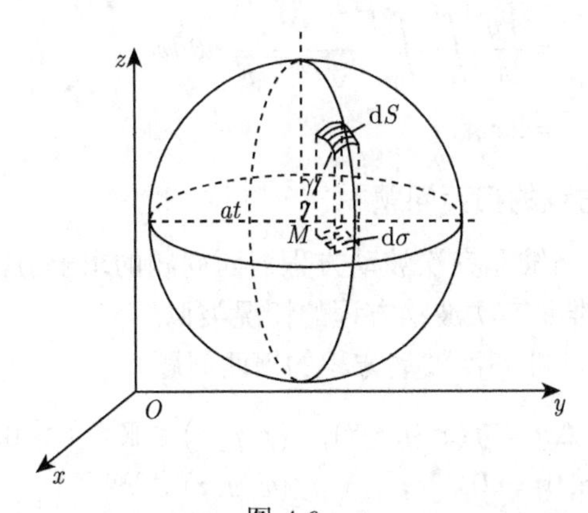

图 4.6

再将上下半球面上的积分都化成同一圆上的积分, 因此, 应取圆 Σ_{at} 上的积分的 2 倍, 这样就有

$$
\begin{aligned}
\tilde{u}(x,y,z,t) = & \frac{1}{2\pi a}\frac{\partial}{\partial t}\iint_{\Sigma_{at}} \frac{\varphi(x_1,x_2)}{\sqrt{(at)^2-(x_1-x)^2-(x_2-y)^2}}d\sigma \\
& + \frac{1}{2\pi a}\iint_{\Sigma_{at}} \frac{\psi(x_1,x_2)}{\sqrt{(at)^2-(x_1-x)^2-(x_2-y)^2}}d\sigma,
\end{aligned}
\tag{4.2.26}
$$

它的确是和 z 无关的函数, 因此它就给出了所考察的二维波动方程的柯西问题 (4.2.24) 的解, 记为 $\tilde{u}(x,y,z,t)=u(x,y,t)$. 称 (4.2.26) 为**二维波动方程的柯西问题的泊松公式**.

利用极坐标也可以把公式 (4.2.26) 写成

$$
\begin{aligned}
u(x,y,t) = & \frac{1}{2\pi a}\frac{\partial}{\partial t}\int_0^{at}\int_0^{2\pi} \frac{\varphi(x+r\cos\theta, y+r\sin\theta)}{\sqrt{(at)^2-r^2}}rd\theta dr \\
& + \frac{1}{2\pi a}\int_0^{at}\int_0^{2\pi} \frac{\psi(x+r\cos\theta, y+r\sin\theta)}{\sqrt{(at)^2-r^2}}rd\theta dr.
\end{aligned}
\tag{4.2.27}
$$

例 4.2.2 求解下列问题

$$
\begin{cases}
u_{tt}=\Delta u, & (x,y)\in\mathbb{R}^2,\ t>0, \\
u(x,y,0)=0, & (x,y)\in\mathbb{R}^2, \\
u_t(x,y,0)=2xy, & (x,y)\in\mathbb{R}^2.
\end{cases}
$$

解 由泊松公式 (4.2.27) 得

$$
\begin{aligned}
u(x,y,t) &= \frac{1}{2\pi}\int_0^{t}\int_0^{2\pi} \frac{2(x+r\cos\theta)(y+r\sin\theta)}{\sqrt{t^2-r^2}}rd\theta dr \\
&= \frac{xy}{\pi}\int_0^{t}\int_0^{2\pi} \frac{r}{\sqrt{t^2-r^2}}d\theta dr \\
&= 2xyt.
\end{aligned}
$$

4.2.3 非齐次波动方程的柯西问题

在这里我们讨论高维非齐次波动方程柯西问题的求解方法. 下面以三维非齐次波动方程为例, 二维非齐次波动方程的情况类似.

首先考虑零初值的非齐次波动方程的柯西问题

$$
\begin{cases}
u_{tt}-a^2\Delta u=f(x,y,z,t), & (x,y,z)\in\mathbb{R}^3,\ t>0, \\
u(x,y,z,0)=0, & (x,y,z)\in\mathbb{R}^3, \\
u_t(x,y,z,0)=0, & (x,y,z)\in\mathbb{R}^3,
\end{cases}
\tag{4.2.28}
$$

其中 $f(x,y,z,t)$ 是已知的函数.

和一维的情况一样, 利用齐次化原理求得其解为

$$u(x,y,z,t)=\int_0^t w(x,y,z,t;\tau)d\tau, \tag{4.2.29}$$

其中 $w(x,y,z,t;\tau)$ 是如下齐次方程的柯西问题

$$\begin{cases} w_{tt}-a^2\Delta w=0, & (x,y,z)\in\mathbb{R}^3,\ t>\tau, \\ w(x,y,z,\tau;\tau)=0, & (x,y,z)\in\mathbb{R}^3, \\ w_t(x,y,z,\tau;\tau)=f(x,y,z,\tau), & (x,y,z)\in\mathbb{R}^3 \end{cases} \tag{4.2.30}$$

的解 (其中 τ 为参数).

下面验证由 (4.2.29) 给出的函数 u 满足问题 (4.2.28).

事实上, 条件 $u(x,y,z,0)=0$ 显然成立. 另外, 由于

$$u_t(x,y,z,t)=w(x,y,z,t;t)+\int_0^t w_t(x,y,z,t;\tau)d\tau,$$

利用 w 所满足的初始条件 $w(x,y,z,\tau;\tau)=0$, 上式右端第一项等于零, 从而

$$u_t(x,y,z,t)=\int_0^t w_t(x,y,z,t;\tau)d\tau,$$

因此 $u_t(x,y,z,0)=0$. 将 (4.2.29) 式关于 t 求偏导两次, 注意到问题 (4.2.30) 中的方程及初始条件的第二式, 得

$$\begin{aligned} u_{tt}&=w_t(x,y,z,t;t)+\int_0^t w_{tt}(x,y,z,t;\tau)d\tau \\ &=f(x,y,z,t)+a^2\Delta\int_0^t wd\tau \\ &=a^2\Delta u+f. \end{aligned} \tag{4.2.31}$$

这就证明了 (4.2.29) 给出的函数 u 确实是问题 (4.2.28) 的解.

现在把这个解具体地表示出来, 利用三维波动方程的泊松公式 (4.2.17) 得

$$w(x,y,z,t;\tau)=\frac{1}{4\pi a^2(t-\tau)}\iint_{S_{a(t-\tau)}} f(x_1,x_2,x_3,\tau)dS.$$

因此

$$
\begin{aligned}
u(x,y,z,t) &= \frac{1}{4\pi a^2}\int_0^t \iint_{S_{a(t-\tau)}} \frac{f(x_1,x_2,x_3,\tau)}{t-\tau}dSd\tau \\
&= \frac{1}{4\pi a^2}\int_0^{at} \iint_{S_r} \frac{f\left(x_1,x_2,x_3,t-\dfrac{r}{a}\right)}{r}dSdr \\
&= \frac{1}{4\pi a^2}\iiint_{B_{at}} \frac{f\left(x_1,x_2,x_3,t-\dfrac{r}{a}\right)}{r}dV, \qquad (4.2.32)
\end{aligned}
$$

其中 dV 表示体积微元, 积分在以 (x,y,z) 为球心、at 为半径的球体 B_{at} 中进行. 因此在时刻 t, 位于 (x,y,z) 处解 u 的数值由函数 f 在时刻 $t-\dfrac{r}{a}$ 处的值在此球中的体积积分表示出来, 称这样的积分为**推迟势**.

而对于非零初始条件的非齐次方程的柯西问题的解可由叠加原理求得.

例 4.2.3 求解下列问题

$$
\begin{cases}
u_{tt}-8\Delta u = t^2x^2, & (x,y,z)\in\mathbb{R}^3,\ t>0,\\
u(x,y,z,0)=y^2, & (x,y,z)\in\mathbb{R}^3,\\
u_t(x,y,z,0)=z^2, & (x,y,z)\in\mathbb{R}^3.
\end{cases}
$$

解 由叠加原理和泊松公式 (4.2.23) 及 (4.2.32) 得

$$
\begin{aligned}
u(x,y,z,t) =& \frac{1}{4\pi}\frac{\partial}{\partial t}\int_0^{2\pi}\int_0^{\pi} t(y+2\sqrt{2}t\sin\theta\sin\phi)^2\sin\theta d\theta d\phi \\
&+\frac{1}{4\pi}\int_0^{2\pi}\int_0^{\pi} t(z+2\sqrt{2}t\cos\theta)^2\sin\theta d\theta d\phi \\
&+\frac{1}{32\pi}\int_0^{2\sqrt{2}t}\int_0^{2\pi}\int_0^{\pi}(x+r\sin\theta\cos\phi)^2\left(t-\frac{\sqrt{2}}{4}r\right)^2 \\
&\times r\sin\theta d\theta d\phi dr \\
=& y^2+8t^2+tz^2+\frac{8}{3}t^3+\frac{1}{12}t^4x^2+\frac{2}{45}t^6.
\end{aligned}
$$

4.2.4 依赖区域、决定区域和影响区域

在这部分, 与一维情形相仿, 我们利用泊松公式引入高维波动方程的依赖区域、决定区域和影响区域等概念.

先考察二维的情形, 在 (x,y,t) 空间内, 取定一点 (x_0,y_0,t_0). 根据二维波动方程柯西问题解的泊松公式 (4.2.26), 解在这点的数值是由初始平面 $t=0$ 上以

(x_0, y_0) 为圆心、at_0 为半径的圆内的初始条件 $\varphi(x,y)$ 及 $\psi(x,y)$ 的积分所表述, 而不依赖圆外 φ 和 ψ 的值. 因此平面 $t=0$ 上的圆

$$(x-x_0)^2+(y-y_0)^2 \leqslant a^2t_0^2 \tag{4.2.33}$$

就称为点 (x_0, y_0, t_0) 的**依赖区域** (图 4.7). 反之, 初始平面 $t=0$ 上区域 (4.2.33) 中的初始条件 φ 与 ψ 唯一地决定了以 (x_0, y_0, t_0) 为顶点, 以该区域为底的圆锥体区域 (图 4.8)

$$(x-x_0)^2+(y-y_0)^2 \leqslant a^2(t-t_0)^2, \quad 0 \leqslant t \leqslant t_0 \tag{4.2.34}$$

上的解. 称圆锥体 (4.2.34) 为平面 $t=0$ 上圆 (4.2.33) 的**决定区域**.

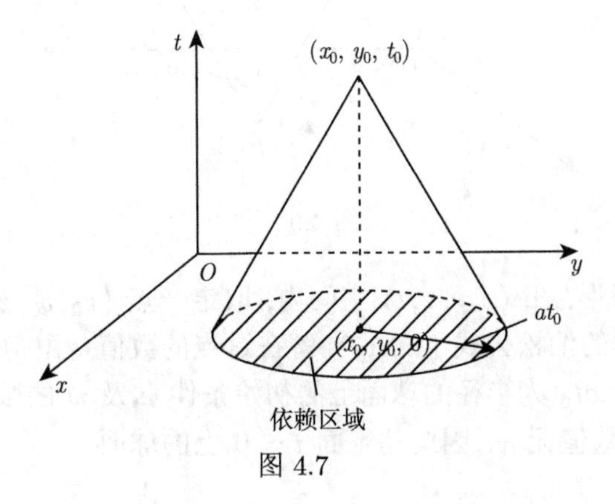

图 4.7

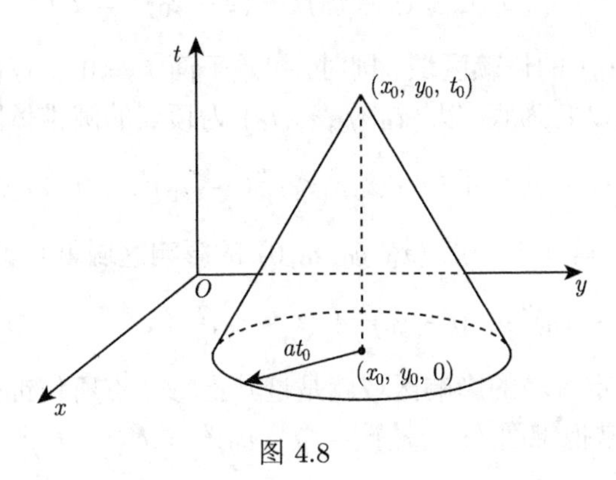

图 4.8

再来考察初始平面上一点 $(x_0, y_0, 0)$ 的影响区域, 也就是说要取出这种点 (x,y,t) 的全体, 其依赖区域是包括点 $(x_0, y_0, 0)$ 的. 易见这种点满足条件

$$(x-x_0)^2+(y-y_0)^2 \leqslant a^2t^2, \quad t \geqslant 0, \tag{4.2.35}$$

它在 (x,y,t) 空间内构成一个以 $(x_0,y_0,0)$ 为顶点的圆锥体, 其母线与 t 轴的夹角为 $\arctan a$(图 4.9). 因此, 圆锥体 (4.2.35) 称为初始平面上点 $(x_0,y_0,0)$ 的**影响区域**. 由此还可以给出初始平面上某一给定区域的影响区域, 它就是由此区域上的每一点所作的圆锥体 (4.2.35) 的包络面所围成的区域. 同时, 锥面 $(x-x_0)^2+(y-y_0)^2=a^2(t-t_0)^2$ 在研究波动方程时起着很大的作用, 它称为二维波动方程的**特征锥**.

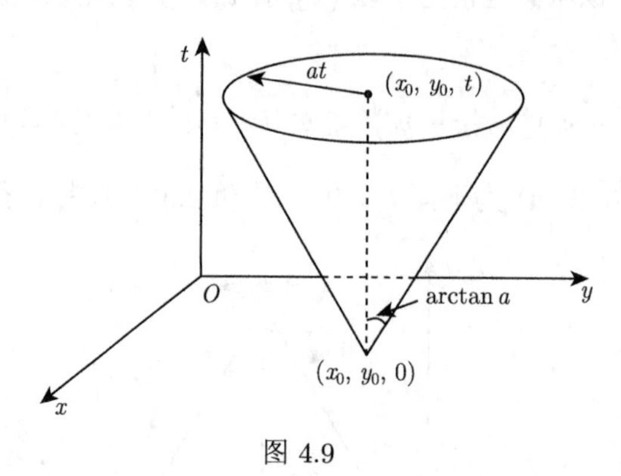

图 4.9

对于三维的情形, 在 (x,y,z,t) 空间内, 取定一点 (x_0,y_0,z_0,t_0). 根据三维波动方程柯西问题解的泊松公式 (4.2.17), 解在这点的数值是由初始平面 $t=0$ 上以 (x_0,y_0,z_0) 为球心, at_0 为半径的球面上的初始条件 φ 及 ψ 的数值所确定, 而与此球面外 φ 和 ψ 的数值无关. 因此超平面 $t=0$ 上的球面

$$(x-x_0)^2+(y-y_0)^2+(z-z_0)^2=a^2t_0^2 \tag{4.2.36}$$

就是点 (x_0,y_0,z_0,t_0) 的**依赖区域**. 同时, 初始平面 $t=0$ 上球面 (4.2.36) 内部区域的**决定区域**就是以它为底, 以 (x_0,y_0,z_0,t_0) 为顶点的圆锥体区域

$$(x-x_0)^2+(y-y_0)^2+(z-z_0)^2\leqslant a^2(t-t_0)^2,\quad 0\leqslant t\leqslant t_0. \tag{4.2.37}$$

相应地, 初始平面 $t=0$ 上一点 $(x_0,y_0,z_0,0)$ 的**影响区域**就是锥面

$$(x-x_0)^2+(y-y_0)^2+(z-z_0)^2=a^2t^2,\quad t\geqslant 0. \tag{4.2.38}$$

初始平面上任一给定区域的影响区域就是过其上每一点所作锥面 (4.2.38) 的全体所形成的区域. 通常把锥面 $(x-x_0)^2+(y-y_0)^2=a^2(t-t_0)^2$ 称为三维波动方程的**特征锥**.

4.2.5 惠更斯原理、波的弥散

在考虑波动方程的依赖区域、决定区域和影响区域时, 三维与二维的情形有显著不同, 这反映了三维与二维波动传播之间存在着实质性区别, 我们现在分别

讨论它们的物理意义.

首先考察三维的情形, 假设初始扰动仅发生在空间中的某一有界区域 Ω 内, 在 Ω 外任取一点 $M_0(x_0,y_0,z_0)$, 讨论点 $M_0(x_0,y_0,z_0)$ 在不同时刻所受初始扰动影响的情况. 不妨设初始函数 φ 和 ψ 仅在 Ω 内不为零. 由三维波动方程柯西问题解的泊松公式 (4.2.17) 知 u 在点 $M_0(x_0,y_0,z_0)$ 和时刻 t_0 的值 $u(x_0,y_0,z_0,t_0)$ 由初值函数 φ 和 ψ 在球面 S_{at_0} 上的值所决定, 所以只有当球面 S_{at_0} 和区域 Ω 相交时, $u(x_0,y_0,z_0,t_0)\neq 0$.

用 d 和 D 分别表示点 $M_0(x_0,y_0,z_0)$ 到区域 Ω 的最近和最远距离. 如图 4.10 所示.

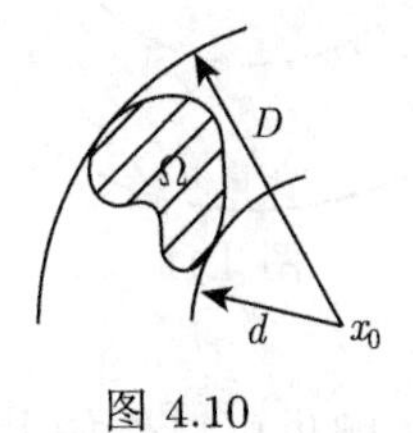

图 4.10

当 $t_0<\dfrac{d}{a}$ 时, $S_{at_0}\cap\Omega=\varnothing$, 所以 $u(x_0,y_0,z_0,t_0)=0$, 这说明在时刻 $\dfrac{d}{a}$ 之前, 扰动还没有传播到点 M_0;

当 $\dfrac{d}{a}\leqslant t_0\leqslant\dfrac{D}{a}$ 时, $S_{at_0}\cap\Omega\neq\varnothing$, 所以 $u(x_0,y_0,z_0,t_0)\neq 0$, 这说明在时段 $\left[\dfrac{d}{a},\dfrac{D}{a}\right]$ 内, 解在 M_0 处的值都受到初始扰动的影响, 并且初始扰动在 $\dfrac{d}{a}$ 这一瞬时到达点 M_0;

当 $t_0>\dfrac{D}{a}$ 时, $S_{at_0}\cap\Omega=\varnothing$, 所以 $u(x_0,y_0,z_0,t_0)=0$, 这说明扰动已经越过了 M_0 点, M_0 点又恢复到未扰动前的状态.

上面的分析表明, 区域 Ω 中任一点 $M(x,y,z)$ 处的扰动, 经时间 t 后, 它传到以 M 为球心, 以 at 为半径的球面上. 因此在时刻 t 受到区域 Ω 中初始扰动影响的区域, 就是所有以 $M\in\Omega$ 为球心, 以 at 为半径的球面的全体, 即 $E=\bigcup_{M\in\Omega}S_{at}$, 其边界 ∂E 就是球面簇 E 的包络面. 当 t 足够大时, 这种球面簇有内外两个包络面, 外包络面称为传播波的**前阵面** (简称**波前**), 内包络面称为传播波的**后阵面** (简称**波后**). 见图 4.11. 这前后阵面的中间部分就是受到扰动影响的部分, 前阵面以外的部分表示扰动还未传到的区域, 而后阵面以内的部分是波已传过并恢复到原来状态的区域. 因此当初始扰动限制在空间某一局部范围内时, 波的传播有清晰的前阵面和后阵面, 这种现象在物理中称为**惠更斯 (Huygens) 原理**, 也称为**无后**

效现象, 另外泊松公式 (4.2.17) 所表示的解称为**球面波**. 此类现象的最典型例子就是声音的传播.

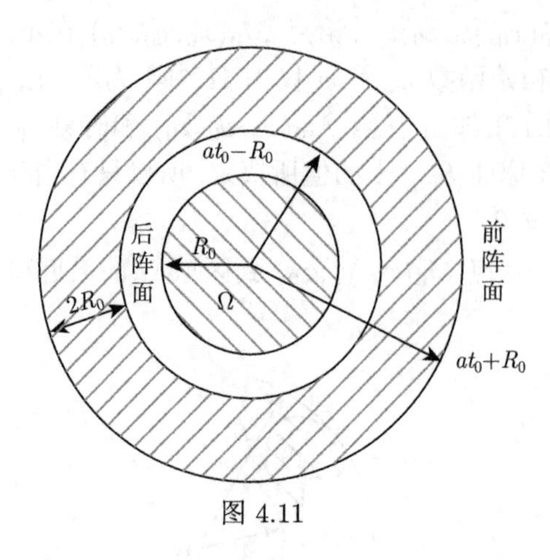

图 4.11

对于二维波动方程的柯西问题也可以作如上的讨论, 但有一点值得注意, 由于积分是在圆上进行的, 所以对任一点 $M(x, y)$, 随着时间 t 的增加, $u(x, y, t)$ 由等于零变为不等于零之后, 就再不会像空间情形那样, 又由不等于零变为等于零了, 但将从某一时刻起逐渐减少, 所以二维情形与三维情形有明显不同之处, 传播波只有前阵面, 而无后阵面, 惠更斯原理不再成立, 这种现象称为**波的弥散**, 或者说, 这种波具有**后效现象**. 对于二维问题可以看作所给初始扰动是在截面为 Ω 的无限长柱体内发生, 而且不依赖于坐标 z 的三维波动方程的柯西问题. 这样, 点 M 处的初始扰动, 应看作是过点 M 且平行于 z 轴的无限长的初始扰动. 在时刻 t 时它的影响是在以该直线为轴, at 为半径的圆柱面内, 因此泊松公式 (4.2.26) 所表示的解称为**柱面波**, 例如水波的传播.

习 题 4

4.1 求解下列问题:

(1) $$\begin{cases} u_{tt} = a^2 u_{xx}, & x \in \mathbb{R}, t > 0, \\ u(x, 0) = \sin x, & x \in \mathbb{R}, \\ u_t(x, 0) = x^2, & x \in \mathbb{R}. \end{cases}$$

(2) $$\begin{cases} u_{tt} = u_{xx} + t \sin x, & x \in \mathbb{R}, t > 0, \\ u(x, 0) = 0, & x \in \mathbb{R}, \\ u_t(x, 0) = \sin x, & x \in \mathbb{R}. \end{cases}$$

$$
(3)\begin{cases}u_{tt}=a^2u_{xx}+at+x, & x\in\mathbb{R},t>0,\\ u(x,0)=x, & x\in\mathbb{R},\\ u_t(x,0)=\sin x, & x\in\mathbb{R}.\end{cases}
$$

4.2　利用行波法求解半无界弦的自由振动问题:

$$
(1)\begin{cases}u_{tt}-a^2u_{xx}=0, & 0<x<+\infty,t>0,\\ u(x,0)=\varphi(x), & 0\leqslant x<+\infty,\\ u_t(x,0)=\psi(x), & 0\leqslant x<+\infty,\\ u_x(0,t)=0, & t\geqslant 0.\end{cases}
$$

$$
(2)\begin{cases}u_{tt}-a^2u_{xx}=0, & 0<x<+\infty,t>0,\\ u(x,0)=u_t(x,0)=0, & 0\leqslant x<+\infty,\\ u(0,t)=A\sin\omega t, & t\geqslant 0,\end{cases}
$$

其中 A,ω 为常数.

$$
(3)\begin{cases}u_{tt}-a^2u_{xx}=0, & 0<x<+\infty,t>0,\\ u(x,0)=\varphi(x), & 0\leqslant x<+\infty,\\ u_t(x,0)=\psi(x), & 0\leqslant x<+\infty,\\ u_x(0,t)=0, & t\geqslant 0.\end{cases}
$$

$$
(4)\begin{cases}u_{tt}-a^2u_{xx}=0, & 0<x<+\infty,t>0,\\ u(x,0)=\varphi(x), & 0\leqslant x<+\infty,\\ u_t(x,0)=0, & 0\leqslant x<+\infty,\\ u_x(0,t)-ku_t(0,t)=0, & t\geqslant 0,\end{cases}
$$

其中 k 为正常数.

4.3　利用行波法求以下定解问题的解.

$$
(1)\begin{cases}u_{tt}-u_{xx}=0, & 0<t<kx,k>1,\\ u(x,0)=\varphi_0(x), & x\geqslant 0,\\ u_t(x,0)=\varphi_1(x), & x\geqslant 0,\\ u(x,t)=\psi(x), & t=kx,\end{cases}
$$

其中 $\varphi_0(0)=\psi(0)$.

$$
(2)\begin{cases}u_{xy}=0, & -1<x<1,0<y<1,\\ u(x,y)=\varphi(x), & y=x^2,\\ u_y(x,y)=\psi(x), & y=x^2.\end{cases}
$$

$$(3)\begin{cases} u_{xy}=0, & (x,y)\in\mathbb{R}^2 \\ u(0,y)=e^y, & x=0, \\ u(x,y)=\cos 2x, & y=x. \end{cases}$$

4.4 求解柯西问题

$$\begin{cases} u_{xx}+2u_{xy}-3u_{yy}=0, & (x,y)\in\mathbb{R}^2 \\ u(x,0)=3x^2, u_y(x,0)=0, & x\in\mathbb{R}. \end{cases}$$

4.5 问初始条件 $\varphi(x)$ 与 $\psi(x)$ 满足怎样的条件时, 一维齐次波动方程的初值问题

$$\begin{cases} u_{tt}-a^2u_{xx}=0, & x\in\mathbb{R}, t>0, \\ u(x,0)=\varphi(x), & x\in\mathbb{R}, \\ u_t(x,0)=\psi(x), & x\in\mathbb{R} \end{cases}$$

的解仅由右传播波组成?

4.6 在上半平面 $\{(x,t)|x\in\mathbb{R},t>0\}$ 上给定一点 $M(1,2)$, 对于弦振动方程 $u_{tt}=16u_{xx}$ 来说, 点 M 的依赖区间是什么? x 轴上区间 $[0,1]$ 的影响区域?

4.7 用降维法求解一维弦振动方程的达朗贝尔公式.

4.8 应用齐次化原理求解如下二维非齐次波动方程的柯西问题

$$\begin{cases} u_{tt}-a^2\Delta u=f(x,y,t), & (x,y)\in\mathbb{R}^2, \quad t>0, \\ u(x,y,0)=0, & (x,y)\in\mathbb{R}^2, \\ u_t(x,y,0)=0, & (x,y)\in\mathbb{R}^2, \end{cases}$$

其中 $f(x,y,t)$ 是已知的函数.

4.9 求解下列柯西问题:

$$(1)\begin{cases} u_{tt}=a^2(u_{xx}+u_{yy}), & (x,y)\in\mathbb{R}^2, t>0, \\ u(x,y,0)=x^2(x+y), & (x,y)\in\mathbb{R}^2, \\ u_t(x,y,0)=0, & (x,y)\in\mathbb{R}^2. \end{cases}$$

$$(2)\begin{cases} u_{tt}=a^2(u_{xx}+u_{yy}), & (x,y)\in\mathbb{R}^2, t>0, \\ u(x,y,0)=\cos(bx+cy), & (x,y)\in\mathbb{R}^2, \\ u_t(x,y,0)=\sin(bx+cy), & (x,y)\in\mathbb{R}^2, \end{cases}$$

其中 b,c 为常数.

$$(3)\begin{cases} u_{tt}=a^2(u_{xx}+u_{yy}+u_{zz}), & (x,y,z)\in\mathbb{R}^3, t>0, \\ u(x,y,z,0)=x^3+y^2z, & (x,y,z)\in\mathbb{R}^3, \\ u_t(x,y,z,0)=0, & (x,y,z)\in\mathbb{R}^3. \end{cases}$$

$$(4)\begin{cases} u_{tt}=a^2(u_{xx}+u_{yy}+u_{zz}), & (x,y,z)\in\mathbb{R}^3, t>0, \\ u(x,y,z,0)=u_t(x,y,z,0)=\cos r, & (x,y,z)\in\mathbb{R}^3, \end{cases}$$

其中 $r=\sqrt{x^2+y^2+z^2}$.

(5) $\begin{cases} u_{tt} = u_{xx} + u_{yy} + 6xyz, & (x,y) \in \mathbb{R}^2, t > 0, \\ u(x,y,0) = x^2 - y^2, & (x,y) \in \mathbb{R}^2, \\ u_t(x,y,0) = xy, & (x,y) \in \mathbb{R}^2. \end{cases}$

(6) $\begin{cases} u_{tt} = a^2(u_{xx} + u_{yy}) + (x^2 + y^2)e^t, & (x,y) \in \mathbb{R}^2, t > 0, \\ u(x,y,0) = u_t(x,y,0) = 0, & (x,y) \in \mathbb{R}^2. \end{cases}$

(7) $\begin{cases} u_{tt} = 8(u_{xx} + u_{yy} + u_{zz}) + xt^2, & (x,y,z) \in \mathbb{R}^3, t > 0, \\ u(x,y,z,0) = y^2, & (x,y,z) \in \mathbb{R}^3, \\ u_t(x,y,z,0) = z^2, & (x,y,z) \in \mathbb{R}^3. \end{cases}$

(8) $\begin{cases} u_{tt} = u_{xx} + u_{yy} + u_{zz} + 2xyz, & (x,y,z) \in \mathbb{R}^3, t > 0, \\ u(x,y,z,0) = x^2 + y^2 - 2z^2, & (x,y,z) \in \mathbb{R}^3, \\ u_t(x,y,z,0) = 1, & (x,y,z) \in \mathbb{R}^3. \end{cases}$

(9) $\begin{cases} u_{tt} - a^2\Delta u = (x^2 + y^2 + z^2)e^t, & (x,y,z) \in \mathbb{R}^3, t > 0, \\ u(x,y,z,0) = u_t(x,y,z,0) = 0, & (x,y,z) \in \mathbb{R}^3. \end{cases}$

4.10 试求如下柯西问题的解

$$\begin{cases} u_{tt} - a^2(u_{xx} + u_{yy}) = 0, & (x,y) \in \mathbb{R}^2, t > 0, \\ u(x,y,0) = \varphi(x) + f(y), & (x,y) \in \mathbb{R}^2, \\ u_t(x,y,0) = \psi(x) + g(y), & (x,y) \in \mathbb{R}^2, \end{cases}$$

其中 $\varphi(x), f(y) \in C^2(\mathbb{R}), \psi(x), g(y) \in C^1(\mathbb{R})$.

第 5 章　积分变换法

积分变换法是通过函数的变换, 把原方程化为较简单的形式, 以便求解. 本章主要讲述傅里叶变换和拉普拉斯变换. 在具体应用上, 通常用来求解无界区域和半无界区域内的初边值问题和边值问题及特殊类型的定解问题. 该方法也是数学物理方程的基本求解方法之一.

5.1　傅里叶变换的定义及性质

定义 5.1.1　设 $f(x)$ 在 $(-\infty,+\infty)$ 上连续分段光滑且绝对可积, 则称

$$\int_{-\infty}^{+\infty} f(x)e^{-i\lambda x}dx, \quad \forall\lambda \in (-\infty,+\infty) \tag{5.1.1}$$

为 $f(x)$ 的**傅里叶变换**, 通常记为 $\mathscr{F}[f]$ 或者 $\hat{f}$.

另外也成立

$$f(x) = \frac{1}{2\pi}\int_{-\infty}^{+\infty} \hat{f}(\lambda)e^{i\lambda x}d\lambda, \quad \forall x \in (-\infty,+\infty). \tag{5.1.2}$$

此式称为 $\mathscr{F}[f](\lambda)$ 的**傅里叶逆变换**, 记为 $\mathscr{F}^{-1}[\mathscr{F}[f]]$ 或者 $\mathscr{F}^{-1}[\hat{f}]$.

例 5.1.1　求函数 $e^{-|x|}$ 的傅里叶变换.

解

$$\begin{aligned}
\mathscr{F}[e^{-|x|}](\lambda) &= \int_{-\infty}^{+\infty} e^{-|x|}e^{-i\lambda x}dx \\
&= \int_{-\infty}^{0} e^{-|x|}e^{-i\lambda x}dx + \int_{0}^{+\infty} e^{-|x|}e^{-i\lambda x}dx \\
&= \int_{0}^{+\infty} e^{-x}e^{i\lambda x}dx + \int_{0}^{+\infty} e^{-x}e^{-i\lambda x}dx \\
&= 2\int_{0}^{+\infty} e^{-x}\cos\lambda x dx \\
&= \frac{2}{1+\lambda^2}.
\end{aligned}$$

类似地, 可以定义多元函数的傅里叶变换.

定义 5.1.2 设 $f \in L^1(\mathbb{R}^n)$ 并且在 $\mathbb{R}^n$ 上连续分段光滑, 则称

$$\mathscr{F}[f](\lambda) = \int_{\mathbb{R}^n} f(x) e^{-i\lambda x} dx, \quad \forall \lambda \in \mathbb{R}^n \tag{5.1.3}$$

为 n 元函数 $f(x)$ 的**傅里叶变换**, 也可记为 $\hat{f}$; 函数 $f(x)$ 称为 n 元函数 $\mathscr{F}[f](\lambda)$ 的**傅里叶逆变换**并成立

$$f(x) = \frac{1}{(2\pi)^n} \int_{\mathbb{R}^n} \hat{f}(\lambda) e^{i\lambda x} d\lambda, \quad \forall x \in \mathbb{R}^n. \tag{5.1.4}$$

在给出一元函数的傅里叶变换及逆变换的基本性质之前, 我们总假设如下所讨论的函数的傅里叶变换及逆变换存在.

性质 1 (线性性质) 傅里叶变换及逆变换都是线性变换, 即对于任意的函数 f_1, f_2 和常数 α, β, 成立

$$\mathscr{F}[\alpha f_1 + \beta f_2] = \alpha \mathscr{F}[f_1] + \beta \mathscr{F}[f_2] = \alpha \hat{f}_1 + \beta \hat{f}_2,$$

$$\mathscr{F}^{-1}[\alpha \hat{f}_1 + \beta \hat{f}_2] = \alpha \mathscr{F}^{-1}[\hat{f}_1] + \beta \mathscr{F}^{-1}[\hat{f}_2] = \alpha f_1 + \beta f_2.$$

性质 2 (平移性质) 对于任意的函数 f 及常数 c, 成立

$$\mathscr{F}[f(x-c)](\lambda) = e^{-ic\lambda} \mathscr{F}[f(x)](\lambda), \quad \mathscr{F}[f(x)e^{icx}](\lambda) = \mathscr{F}[f](\lambda - c).$$

证明 事实上,

$$\mathscr{F}[f(x-c)] = \int_{-\infty}^{+\infty} f(x-c) e^{-i\lambda x} dx = \int_{-\infty}^{+\infty} f(x) e^{-i\lambda(x+c)} dx = e^{-i\lambda c} \mathscr{F}[f].$$

同理可证明第二个等式.

性质 3 (伸缩性质) 对于任意的函数 f 及常数 $a \neq 0$, 有

$$\mathscr{F}[f(ax)](\lambda) = \frac{1}{|a|} \mathscr{F}[f] \left(\frac{\lambda}{a} \right).$$

证明 由定义

$$\mathscr{F}[f(ax)](\lambda) = \int_{-\infty}^{+\infty} f(ax) e^{-i\lambda x} dx.$$

当 $a > 0$ 时, 令 $ax = x'$,

$$\mathscr{F}[f(ax)](\lambda) = \frac{1}{a} \int_{-\infty}^{+\infty} f(x') e^{-i\frac{\lambda}{a}x'} dx' = \frac{1}{a} \mathscr{F}[f] \left(\frac{\lambda}{a} \right).$$

当 $a<0$ 时, 令 $ax=x'$,

$$\mathscr{F}[f(ax)](\lambda)=-\frac{1}{a}\int_{-\infty}^{+\infty}f(x')e^{-i\frac{\lambda}{a}x'}dx'=\frac{1}{|a|}\mathscr{F}[f]\left(\frac{\lambda}{a}\right).$$

性质 4 (微分性质) 若 $f(x)$ 和 $f'(x)$ 的傅里叶变换都存在且 $\lim_{|x|\to+\infty}f(x)=0$, 则成立

$$\mathscr{F}[f'](\lambda)=i\lambda\mathscr{F}[f](\lambda).$$

证明

$$\mathscr{F}[f'](\lambda)=f(x)e^{-i\lambda x}|_{-\infty}^{+\infty}+i\lambda\int_{-\infty}^{+\infty}f(x)e^{-i\lambda x}dx=i\lambda\mathscr{F}[f](\lambda).$$

一般地, 若 $f(x),f'(x),\cdots,f^{(n)}(x)$ 的傅里叶变换都存在, 并且满足

$$\lim_{|x|\to+\infty}f^{(k)}(x)=0,\quad k=0,1,\cdots,n-1.$$

则成立

$$\mathscr{F}[f^{(n)}](\lambda)=(i\lambda)^n\mathscr{F}[f](\lambda).$$

性质 5 (乘多项式性质) 若 $f(x)$ 和 $xf(x)$ 的傅里叶变换都存在, 则

$$\mathscr{F}[xf(x)](\lambda)=i\frac{d}{d\lambda}\mathscr{F}[f](\lambda).$$

证明 由傅里叶变换的定义知,

$$\mathscr{F}[xf(x)]=\int_{-\infty}^{+\infty}xf(x)e^{-i\lambda x}dx=i\frac{d}{d\lambda}\int_{-\infty}^{+\infty}f(x)e^{-i\lambda x}dx=i\frac{d}{d\lambda}\mathscr{F}[f(x)].$$

一般地, 若 $f(x),xf(x),\cdots,x^nf(x)$ 的傅里叶变换都存在, 则

$$\mathscr{F}[x^nf(x)](\lambda)=i^n\frac{d^n}{d\lambda^n}\mathscr{F}[f](\lambda).$$

定义 5.1.3 若函数 $f(x)$ 和 $g(x)$ 在 $(-\infty,+\infty)$ 上有定义, 如果积分

$$\int_{-\infty}^{+\infty}f(x-t)g(t)dt$$

对所有 $x\in(-\infty,+\infty)$ 都存在, 则称该积分为 $f(x)$ 和 $g(x)$ 在 $(-\infty,+\infty)$ 上的卷积, 记为 $f*g(x)$.

卷积有如下性质:

(1) **交换律** $f*g=g*f$;

(2) **结合律** $f*(g*h)=(f*g)*h$;

(3) **分配律** $f*(g+h)=f*g+f*h$.

类似也可定义多元函数的卷积.

性质 6 (卷积性质) 若 $f(x)$ 和 $g(x)$ 及 $f(x)g(x)$, $f*g(x)$ 的傅里叶变换都存在, 则

$$\mathscr{F}[f*g]=\mathscr{F}[f]\mathscr{F}[g],\quad \mathscr{F}[fg]=\frac{1}{2\pi}\mathscr{F}[f]*\mathscr{F}[g],\quad \mathscr{F}^{-1}[\mathscr{F}[f]\mathscr{F}[g]]=f*g.$$

证明

$$\mathscr{F}[f*g](\lambda)=\int_{-\infty}^{+\infty}e^{-i\lambda x}\left(\int_{-\infty}^{+\infty}f(x-t)g(t)dt\right)dx.$$

交换积分次序可得到

$$\begin{aligned}\mathscr{F}[f*g](\lambda)&=\int_{-\infty}^{+\infty}g(t)\left(\int_{-\infty}^{+\infty}f(x-t)e^{-i\lambda x}dx\right)dt\\&=\int_{-\infty}^{+\infty}g(t)dt\left(\int_{-\infty}^{+\infty}f(\xi)e^{-i\lambda(t+\xi)}d\xi\right)\\&=\int_{-\infty}^{+\infty}g(t)e^{-i\lambda t}dt\left(\int_{-\infty}^{+\infty}f(\xi)e^{-i\lambda\xi}d\xi\right)\\&=\mathscr{F}[f]\mathscr{F}[g](\lambda).\end{aligned}$$

由傅里叶变换和逆变换及卷积的定义, 通过交换积分次序可推导出

$$\begin{aligned}\mathscr{F}[fg](\lambda)&=\int_{-\infty}^{+\infty}f(x)g(x)e^{-i\lambda x}dx\\&=\int_{-\infty}^{+\infty}f(x)e^{-i\lambda x}\left(\frac{1}{2\pi}\int_{-\infty}^{+\infty}\mathscr{F}[g](t)e^{itx}dt\right)dx\\&=\frac{1}{2\pi}\int_{-\infty}^{+\infty}\mathscr{F}[g](t)\left(\int_{-\infty}^{+\infty}f(x)e^{-i(\lambda-t)x}dx\right)dt\\&=\frac{1}{2\pi}\int_{-\infty}^{+\infty}\mathscr{F}[g](t)\mathscr{F}[f](\lambda-t)dt\\&=\frac{1}{2\pi}\mathscr{F}[f]*\mathscr{F}[g](\lambda).\end{aligned}$$

第三个关系式显然可以通过第一个关系式两边取傅里叶逆变换得到.

性质 7 (对称性质) 若 $f(x)$ 的傅里叶变换存在, 则

$$\mathscr{F}^{-1}[f](\lambda)=\frac{1}{2\pi}\mathscr{F}[f](-\lambda).$$

证明

$$\mathscr{F}^{-1}[f](\lambda)=\frac{1}{2\pi}\int_{-\infty}^{+\infty}f(x)e^{-i(-\lambda)x}dx=\frac{1}{2\pi}\mathscr{F}[f](-\lambda).$$

性质 8 (积分性质)

$$\mathscr{F}\left[\int_{-\infty}^{x}f(y)dy\right]=-\frac{i}{\lambda}\mathscr{F}[f].$$

证明 因为

$$\frac{d}{dx}\int_{-\infty}^{x}f(y)dy=f(x),$$

所以

$$\mathscr{F}\left[\frac{d}{dx}\int_{-\infty}^{x}f(y)dy\right]=\mathscr{F}[f].$$

另一方面, 由傅里叶变换的微分性质得

$$\mathscr{F}\left[\frac{d}{dx}\int_{-\infty}^{x}f(y)dy\right]=i\lambda\mathscr{F}\left[\int_{-\infty}^{x}f(y)dy\right].$$

于是

$$\mathscr{F}\left[\int_{-\infty}^{x}f(y)dy\right]=-\frac{i}{\lambda}\mathscr{F}[f].$$

对于多元函数的傅里叶变换及逆变换也有上述的类似性质, 这里不再列举了.

例 5.1.2 求函数 $g(x)=e^{-a|x|}$ 的傅里叶变换, 其中 a 是正常数.

解 令 $f(x)=e^{-|x|}$, 则有 $g(x)=f(ax)$, 利用伸缩性质及例 5.1.1 得

$$\mathscr{F}[g(x)](\lambda)=\frac{1}{a}\mathscr{F}[f]\left(\frac{\lambda}{a}\right)=\frac{1}{a}\frac{2}{1+\left(\dfrac{\lambda}{a}\right)^2}=\frac{2a}{a^2+\lambda^2}.$$

例 5.1.3 求函数 $f(\lambda)=e^{-t|\lambda|}$ 的傅里叶逆变换, 其中 $t>0$ 为参数.

解 利用上例的结论知

$$\mathscr{F}[e^{-t|\lambda|}](x)=\frac{2t}{t^2+x^2}.$$

利用对称性质, 得

$$\mathscr{F}^{-1}[e^{-t|\lambda|}](x)=\frac{1}{2\pi}\mathscr{F}[e^{-t|\lambda|}](-x)=\frac{1}{2\pi}\frac{2t}{t^2+(-x)^2}=\frac{t}{\pi(t^2+x^2)}.$$

例 5.1.4 求函数 $f(x)=e^{-x^2}$ 的傅里叶变换.

解 根据傅里叶变换的定义和乘多项式性质, 得

$$\begin{aligned}
\hat{f}(\lambda) &= \int_{-\infty}^{+\infty} e^{-x^2} e^{-i\lambda x} dx \\
&= -\frac{1}{i\lambda} e^{-x^2} e^{-i\lambda x}\Big|_{-\infty}^{+\infty} + \frac{2i}{\lambda} \int_{-\infty}^{+\infty} x e^{-x^2} e^{-i\lambda x} dx \\
&= \frac{2i}{\lambda} \mathscr{F}[xf(x)](\lambda) \\
&= \frac{2i}{\lambda} i \frac{d}{d\lambda} \hat{f}(\lambda) \\
&= -\frac{2}{\lambda} \frac{d}{d\lambda} \hat{f}(\lambda),
\end{aligned}$$

而

$$\hat{f}(0) = \int_{-\infty}^{+\infty} e^{-x^2} dx = \sqrt{\pi}.$$

于是, $f(x)$ 的傅里叶变换 $\hat{f}(\lambda)$ 满足如下常微分方程的初值问题

$$\begin{cases} \dfrac{d}{d\lambda} \hat{f}(\lambda) + \dfrac{\lambda}{2} \hat{f}(\lambda) = 0, \\ \hat{f}(0) = \sqrt{\pi}. \end{cases}$$

解之得

$$\hat{f}(\lambda) = \sqrt{\pi} e^{-\frac{\lambda^2}{4}}.$$

利用伸缩性质, 对于任意的正常数 c, 有

$$\mathscr{F}[e^{-cx^2}](\lambda) = \sqrt{\frac{\pi}{c}} e^{-\frac{\lambda^2}{4c}}.$$

特别地, 对于 $a > 0$ 和 $t > 0$, 取 $c = (4a^2t)^{-1}$, 得

$$\mathscr{F}[e^{-\frac{x^2}{4a^2t}}](\lambda) = 2a\sqrt{\pi t} e^{-(a\lambda)^2 t}.$$

于是

$$\mathscr{F}^{-1}[e^{-(a\lambda)^2 t}](x) = \frac{1}{2a\sqrt{\pi t}} e^{-\frac{x^2}{4a^2t}}. \tag{5.1.5}$$

由此又可以得到, 当 $\lambda \in \mathbb{R}^n$ 时,

$$\mathscr{F}^{-1}[e^{-(a|\lambda|)^2 t}](x) = \frac{1}{(2\pi)^n} \int_{\mathbb{R}^n} e^{-(a|\lambda|)^2 t} e^{i\lambda \cdot x} d\lambda$$

$$
\begin{aligned}
&= \mathscr{F}^{-1}[e^{-(a\lambda_1)^2 t}](x_1)\cdots\mathscr{F}^{-1}[e^{-(a\lambda_n)^2 t}](x_n) \\
&= \left(\frac{1}{2a\sqrt{\pi t}}\right)^n \exp\left(-\frac{x_1^2}{4a^2 t}\right)\cdots\exp\left(-\frac{x_n^2}{4a^2 t}\right) \\
&= \left(\frac{1}{2a\sqrt{\pi t}}\right)^n \exp\left(-\frac{|x|^2}{4a^2 t}\right), \quad \forall x \in \mathbb{R}^n. \qquad (5.1.6)
\end{aligned}
$$

5.2 傅里叶变换的应用

5.2.1 一维热传导方程的柯西问题

首先考虑齐次方程的柯西问题

$$
\begin{cases} u_t - a^2 u_{xx} = 0, \quad x \in \mathbb{R}, \quad t > 0, \\ u(x,0) = \varphi(x), \quad x \in \mathbb{R}. \end{cases} \qquad (5.2.1)
$$

视 t 为参数, 对上述问题中的方程两边关于 x 进行傅里叶变换, 记

$$
\mathscr{F}[u(x,t)](\lambda) = \hat{u}(\lambda,t),
$$

$$
\mathscr{F}[\varphi(x)](\lambda) = \hat{\varphi}(\lambda).
$$

利用傅里叶变换的微分性质, 得到

$$
\begin{cases} \dfrac{d}{dt}\hat{u}(\lambda,t) = (i\lambda)^2 a^2 \hat{u} = -a^2\lambda^2\hat{u}, \quad t > 0, \\ \hat{u}(\lambda,0) = \hat{\varphi}(\lambda). \end{cases}
$$

再把 λ 看作参数, 从上面的初值问题解出

$$
\hat{u}(\lambda,t) = \hat{\varphi}(\lambda)e^{-(a\lambda)^2 t},
$$

利用卷积定理和 (5.1.5) 得

$$
\begin{aligned}
u(x,t) &= \mathscr{F}^{-1}[\hat{\varphi}(\lambda)e^{-(a\lambda)^2 t}] \\
&= \varphi * \mathscr{F}^{-1}[e^{-(a\lambda)^2 t}] \\
&= \frac{1}{2a\sqrt{\pi t}}\int_{-\infty}^{+\infty}\varphi(y)\exp\left(-\frac{(x-y)^2}{4a^2 t}\right)dy. \qquad (5.2.2)
\end{aligned}
$$

再求解非齐次热传导方程具有齐次初始条件的柯西问题

$$
\begin{cases} u_t - a^2 u_{xx} = f(x,t), \quad x \in \mathbb{R},\ t > 0, \\ u(x,0) = 0, \qquad\qquad x \in \mathbb{R}. \end{cases} \qquad (5.2.3)
$$

应用齐次化原理, 此柯西问题的解可写为

$$u(x,t)=\int_0^t w(x,t;\tau)d\tau,$$

其中 $w(x,t;\tau)$ 满足

$$\begin{cases} w_t-a^2w_{xx}=0, & x\in\mathbb{R},\ t>\tau, \\ w(x,\tau;\tau)=f(x,\tau), & x\in\mathbb{R}, \end{cases}$$

在这里 τ 为参数.

于是, 利用 (5.2.2), 易求得柯西问题 (5.2.3) 的解为

$$u(x,t)=\frac{1}{2a\sqrt{\pi}}\int_0^t\int_{-\infty}^{+\infty}\frac{f(y,\tau)}{\sqrt{t-\tau}}\exp\left(-\frac{(x-y)^2}{4a^2(t-\tau)}\right)dyd\tau. \tag{5.2.4}$$

最后求解非齐次热传导方程具有非齐次初值条件的柯西问题

$$\begin{cases} u_t-a^2u_{xx}=f(x,t), & x\in\mathbb{R},\ t>0, \\ u(x,0)=\varphi(x), & x\in\mathbb{R}. \end{cases} \tag{5.2.5}$$

由叠加原理, (5.2.2) 和 (5.2.4) 就得到柯西问题 (5.2.5) 的解为

$$\begin{aligned} u(x,t)=&\frac{1}{2a\sqrt{\pi t}}\int_{-\infty}^{+\infty}\varphi(y)\exp\left(-\frac{(x-y)^2}{4a^2t}\right)dy \\ &+\frac{1}{2a\sqrt{\pi}}\int_0^t\int_{-\infty}^{+\infty}\frac{f(y,\tau)}{\sqrt{t-\tau}}\exp\left(-\frac{(x-y)^2}{4a^2(t-\tau)}\right)dyd\tau. \end{aligned} \tag{5.2.6}$$

注 5.2.1 从上面求解过程可以看出, 柯西问题 (5.2.5) 的解可以由 (5.2.6) 表示, 这只是形式解: 如果 $\varphi(x)$ 在 $(-\infty,+\infty)$ 上连续有界, $f(x,t)$ 在 $(-\infty,+\infty)\times[0,+\infty)$ 上连续有界, 则 (5.2.6) 右端表示的函数一定是问题 (5.2.5) 的经典解.

5.2.2 高维热传导方程的柯西问题

先考虑 n 维齐次热传导方程的柯西问题

$$\begin{cases} u_t-a^2\Delta u=0, & x\in\mathbb{R}^n,\ t>0, \\ u(x,0)=\varphi(x), & x\in\mathbb{R}^n. \end{cases} \tag{5.2.7}$$

同样视 t 为参数, 对上述问题中的方程两边关于 x 进行傅里叶变换, 则有

$$\begin{cases} \dfrac{d}{dt}\hat{u}(\lambda,t)=-a^2|\lambda|^2\hat{u}, & t>0, \\ \hat{u}(\lambda,0)=\hat{\varphi}(\lambda), \end{cases}$$

其中 $|\lambda|^2=\sum_{i=1}^n\lambda_i^2$. 再把 λ 看作参数, 从上面的初值问题解出

$$\hat{u}(\lambda,t)=\hat{\varphi}(\lambda)e^{-(a|\lambda|)^2t},$$

利用卷积定理和 (5.1.6) 得

$$\begin{aligned}u(x,t)&=\mathscr{F}^{-1}[\hat{\varphi}(\lambda)\exp(-(a|\lambda|)^2t)]\\&=\varphi*\mathscr{F}^{-1}[e^{-(a|\lambda|)^2t}]\\&=\left(\frac{1}{2a\sqrt{\pi t}}\right)^n\int_{\mathbb{R}^n}\exp\left(-\frac{|x-y|^2}{4a^2t}\right)\varphi(y)dy.\end{aligned}\tag{5.2.8}$$

再利用齐次化原理和叠加原理可求得非齐次热传导方程具有非齐次初始条件的柯西问题

$$\begin{cases}u_t-a^2\Delta u=f(x,t), & x\in\mathbb{R}^n,t>0,\\ u(x,0)=\varphi(x), & x\in\mathbb{R}^n\end{cases}\tag{5.2.9}$$

的解为

$$\begin{aligned}u(x,t)=&\left(\frac{1}{2a\sqrt{\pi t}}\right)^n\int_{\mathbb{R}^n}\exp\left(-\frac{|x-y|^2}{4a^2t}\right)\varphi(y)dy\\&+\left(\frac{1}{2a\sqrt{\pi}}\right)^n\int_0^t\int_{\mathbb{R}^n}\frac{f(y,\tau)}{(t-\tau)^{\frac{n}{2}}}\exp\left(-\frac{|x-y|^2}{4a^2(t-\tau)}\right)dyd\tau.\end{aligned}\tag{5.2.10}$$

5.2.3　一维弦振动方程的柯西问题

首先求解一维齐次弦振动方程的柯西问题

$$\begin{cases}u_{tt}-a^2u_{xx}=0, & x\in\mathbb{R},\quad t>0,\\ u(x,0)=\varphi(x),\quad u_t(x,0)=\psi(x), & x\in\mathbb{R}.\end{cases}\tag{5.2.11}$$

令 $\hat{u}(\lambda,t)=\mathscr{F}[u(x,t)](\lambda)$, $\hat{\varphi}=\mathscr{F}[\varphi](\lambda)$, $\hat{\psi}=\mathscr{F}[\psi](\lambda)$, 对方程和初始条件关于 x 进行傅里叶变换, 得

$$\begin{cases}\dfrac{d^2\hat{u}}{dt^2}=-a^2\lambda^2\hat{u}, & t>0,\\ \hat{u}(\lambda,0)=\hat{\varphi}(\lambda), & \dfrac{d\hat{u}}{dt}(\lambda,0)=\hat{\psi}(\lambda).\end{cases}\tag{5.2.12}$$

上述问题是带参数的常微分方程的初值问题, 它的解为

$$\begin{aligned}\hat{u}(\lambda,t)&=\hat{\varphi}(\lambda)\cos a\lambda t+\frac{\hat{\psi}(\lambda)}{a\lambda}\sin a\lambda t\\&=\frac{\hat{\varphi}(\lambda)}{2}(e^{ia\lambda t}+e^{-ia\lambda t})-\frac{i}{2a\lambda}\hat{\psi}(e^{ia\lambda t}-e^{-ia\lambda t}).\end{aligned}\tag{5.2.13}$$

利用

$$\mathscr{F}^{-1}[\hat{\varphi}(\lambda)e^{\pm ia\lambda t}] = \frac{1}{2\pi}\int_{-\infty}^{+\infty}\hat{\varphi}e^{i\lambda(x\pm at)}d\lambda = \varphi(x\pm at),$$

可得

$$\mathscr{F}^{-1}\left[\frac{\hat{\varphi}(\lambda)}{2}(e^{ia\lambda t}+e^{-ia\lambda t})\right] = \frac{[\varphi(x+at)+\varphi(x-at)]}{2},$$

$$\begin{aligned}
&\mathscr{F}^{-1}\left[-\frac{i}{2a\lambda}\hat{\psi}(\lambda)(e^{ia\lambda t}-e^{-ia\lambda t})\right]\\
=&-\frac{1}{2\pi}\int_{-\infty}^{+\infty}\frac{i}{2a\lambda}\hat{\psi}(\lambda)(e^{ia\lambda t}-e^{-ia\lambda t})e^{i\lambda x}d\lambda\\
=&-\frac{1}{2\pi}\int_{-\infty}^{+\infty}\frac{i}{2a\lambda}\hat{\psi}\int_{x-at}^{x+at}\frac{d}{dy}e^{i\lambda y}dyd\lambda\\
=&\frac{1}{2\pi}\int_{-\infty}^{+\infty}\frac{\hat{\psi}}{2a}\int_{x-at}^{x+at}e^{i\lambda y}dyd\lambda\\
=&\frac{1}{2a}\int_{x-at}^{x+at}\left(\frac{1}{2\pi}\int_{-\infty}^{+\infty}\hat{\psi}e^{i\lambda y}d\lambda\right)dy\\
=&\frac{1}{2a}\int_{x-at}^{x+at}\psi(y)dy.
\end{aligned}$$

所以

$$u(x,t) = \frac{[\varphi(x+at)+\varphi(x-at)]}{2} + \frac{1}{2a}\int_{x-at}^{x+at}\psi(y)dy. \tag{5.2.14}$$

此式就是第 4 章中的达朗贝尔公式.

再求解一维非齐次弦振动方程具有非齐次初始条件的柯西问题

$$\begin{cases} u_{tt}-a^2u_{xx}=f(x,t), & x\in\mathbb{R},\ t>0,\\ u(x,0)=\phi(x),\ u_t(x,0)=\psi(x), & x\in\mathbb{R}. \end{cases} \tag{5.2.15}$$

对上述问题关于 x 进行傅里叶变换, 得

$$\begin{cases} \hat{u}_{tt}+a^2\lambda^2\hat{u}=\hat{f}(\lambda,t), & t>0,\\ \hat{u}(\lambda,0)=\hat{\phi}(\lambda),\ \hat{u}_t(\lambda,0)=\hat{\psi}(\lambda). \end{cases}$$

此为二阶线性非齐次常微分方程的初值问题, 应用常数变易公式可以解出

$$\hat{u}(\lambda,t)=\hat{\phi}(\lambda)\cos a\lambda t+\frac{1}{a\lambda}\hat{\psi}(\lambda)\sin a\lambda t+\int_0^t\hat{f}(\lambda,s)\frac{\sin a\lambda(t-s)}{a\lambda}ds.$$

对上式取逆变换得

$$u(x,t)=\frac{\phi(x+at)+\phi(x-at)}{2}+\frac{1}{2a}\int_{x-at}^{x+at}\psi(y)dy$$

$$+\frac{1}{2a}\int_0^t\int_{x-a(t-s)}^{x+a(t-s)} f(\xi,s)d\xi ds. \tag{5.2.16}$$

例 5.2.1 求解

$$\begin{cases} u_{tt}-a^2u_{xx}=x+t, & x>0,\ t>0,\\ u(x,0)=\sin x, u_t(x,0)=-a\cos x, & x\geqslant 0,\\ u(0,t)=0, & t\geqslant 0. \end{cases}$$

解 令 $f(x,t)=x+t,\varphi(x)=\sin x,\psi(x)=-a\cos x$. 由于上述问题描述的是半无界弦的振动问题, 因此它的求解不能直接应用前面公式 (5.2.16), 在这里首先利用对称延拓法把原来问题转化为无界弦的振动问题, 然后再利用公式 (5.2.16) 求解. 要使 $u(0,t)=0$, 只需 $u(x,t)$ 是 x 的奇函数, 因此要求延拓后 f,φ 和 ψ 都是 x 的奇函数, 所以令

$$F(x,t)=\begin{cases} f(x,t)=x+t, & x\geqslant 0,\ t\geqslant 0,\\ -f(-x,t)=x-t, & x<0,\ t\geqslant 0, \end{cases}$$

$$\Phi(x)=\begin{cases} \varphi(x)=\sin x, & x\geqslant 0,\\ -\varphi(-x)=\sin x, & x<0, \end{cases}$$

$$\Psi(x)=\begin{cases} \psi(x)=-a\cos x, & x\geqslant 0,\\ -\psi(-x)=a\cos x, & x<0. \end{cases}$$

与 $F(x,t),\Phi(x)$ 和 $\Psi(x)$ 相对应的初值问题的解为

$$\begin{aligned} U(x,t)=&\frac{[\Phi(x+at)+\Phi(x-at)]}{2}+\frac{1}{2a}\int_{x-at}^{x+at}\Psi(y)dy\\ &+\frac{1}{2a}\int_0^t\int_{x-a(t-s)}^{x+a(t-s)}F(y,s)dyds. \end{aligned}$$

当 $x\geqslant 0$ 时, $U(x,t)$ 就是原问题的解, 记为 $u(x,t)$, 当 $x\geqslant at$ 时, 则 $x-at\geqslant 0$,

$x+at\geqslant 0$. 所以当 $x\geqslant at$ 时,

$$
\begin{aligned}
u(x,t)=&\frac{[\varphi(x+at)+\varphi(x-at)]}{2}+\frac{1}{2a}\int_{x-at}^{x+at}\psi(y)dy\\
&+\frac{1}{2a}\int_0^t\int_{x-a(t-s)}^{x+a(t-s)}f(y,s)dyds\\
=&\frac{\sin(x+at)+\sin(x-at)}{2}-\frac{1}{2a}\int_{x-at}^{x+at}a\cos ydy\\
&+\frac{1}{2a}\int_0^t\int_{x-a(t-s)}^{x+a(t-s)}(y+s)dyds\\
=&\sin(x-at)+\frac{xt^2}{2}+\frac{t^3}{6}.
\end{aligned}
$$

当 $0\leqslant x\leqslant at$ 时,

$$
\begin{aligned}
u(x,t)=&\frac{[\varphi(x+at)-\varphi(at-x)]}{2}\\
&+\frac{1}{2a}\int_{x-at}^{0}[-\psi(-y)]dy+\frac{1}{2a}\int_0^{x+at}\psi(y)dy\\
&+\frac{1}{2a}\int_0^{t-\frac{x}{a}}\left[\int_{x-at+as}^{0}-f(-y,s)dyds+\int_0^{x+at-as}f(y,s)dyds\right]\\
&+\frac{1}{2a}\int_{t-\frac{x}{a}}^{t}\int_{x-at+as}^{x+at-as}f(y,s)dyds\\
=&\frac{\sin(x+at)+\sin(x-at)}{2}\\
&+\frac{1}{2a}\int_{x-at}^{0}a\cos ydy-\frac{1}{2a}\int_0^{x+at}a\cos ydy\\
&+\frac{1}{2a}\int_0^{t-\frac{x}{a}}\left[\int_{x-at+as}^{0}(y-s)dyds+\int_0^{x+at-as}(y+s)dyds\right]\\
&+\frac{1}{2a}\int_{t-\frac{x}{a}}^{t}\int_{x-at+as}^{x+at-as}(y+s)dyds\\
=&-\frac{x^2t}{2}+\frac{\left(t-\frac{x}{a}\right)^3}{6}+\frac{t^3}{6}.
\end{aligned}
$$

5.2.4 无界区域上的拉普拉斯方程的边值问题

利用傅里叶变换也可以求解无界区域上的拉普拉斯方程的边值问题.

例 5.2.2　求下列在半平面 $y>0$ 上的 Dirichlet 问题的解:

$$
\begin{cases}
u_{xx}+u_{yy}=0, & -\infty<x<+\infty,\ y>0,\\
u(x,0)=f(x), & -\infty<x<+\infty,\\
\lim\limits_{x^2+y^2\to+\infty} u(x,y)=0, & \\
\lim\limits_{|x|\to+\infty} u_x(x,y)=0, & y>0.
\end{cases}
\tag{5.2.17}
$$

解　令 $\hat{u}(\lambda,y)=\mathscr{F}[u(x,y)](\lambda)$, $\hat{f}=\mathscr{F}[f](\lambda)$, 对方程和边值条件关于 x 进行傅里叶变换, 得

$$
\begin{cases}
\dfrac{d^2\hat{u}}{dy^2}-\lambda^2\hat{u}=0, \quad y>0,\\
\hat{u}(\lambda,0)=\hat{f}(\lambda).
\end{cases}
\tag{5.2.18}
$$

上述问题的解为

$$
\hat{u}(\lambda,y)=a(\lambda)e^{\lambda y}+b(\lambda)e^{-\lambda y}, \quad \lambda\neq 0,
$$

其中 $a(\lambda),b(\lambda)$ 是两个仅依赖 λ 的函数.

因为当 $y\to+\infty$ 时, u 趋于零, 所以 $\hat{u}(\lambda,y)$ 也趋于零. 于是当 $\lambda>0$ 时, 必须有 $a(\lambda)=0$, 而且

$$
\hat{u}(\lambda,0)=b(\lambda).
$$

当 $\lambda<0$ 时, 必须有 $b(\lambda)=0$ 且

$$
\hat{u}(\lambda,0)=a(\lambda).
$$

当 $\lambda=0$ 时, 上述常微分方程的初值问题的解为

$$
\hat{u}(\lambda,y)=a(\lambda)y+b(\lambda).
$$

同样由于当 $y\to+\infty$ 时, $\hat{u}(\lambda,y)$ 也趋于零, 所以此时也有

$$
\hat{u}(\lambda,0)=b(\lambda).
$$

因此对任何 λ, 都有

$$
\hat{u}(\lambda,y)=\hat{u}(\lambda,0)e^{-|\lambda|y}.
$$

注意到

$$
\hat{u}(\lambda,0)=\hat{f},
$$

由此可得

$$\hat{u}(\lambda, y) = \int_{-\infty}^{+\infty} f(x)e^{-i\lambda x}e^{-|\lambda|y}dx.$$

对上式两边取逆变换, 可得

$$\begin{aligned} u(x,y) &= \frac{1}{2\pi}\int_{-\infty}^{+\infty}\left(\int_{-\infty}^{+\infty} f(\xi)e^{-i\lambda\xi}e^{-|\lambda|y}d\xi\right)e^{i\lambda x}d\lambda \\ &= \frac{1}{2\pi}\int_{-\infty}^{+\infty} f(\xi)d\xi\int_{-\infty}^{+\infty} e^{\lambda[i(x-\xi)]-|\lambda|y}d\lambda. \end{aligned} \tag{5.2.19}$$

另外可计算出

$$\int_{-\infty}^{+\infty} e^{\lambda[i(x-\xi)]-|\lambda|y}d\lambda = \frac{2y}{(x-\xi)^2+y^2}.$$

由此原问题的解为

$$u(x,y) = \frac{y}{\pi}\int_{-\infty}^{+\infty}\frac{f(\xi)}{(x-\xi)^2+y^2}d\xi. \tag{5.2.20}$$

5.3 拉普拉斯变换的定义及性质

前面已经讲了傅里叶变换, 对一个函数进行傅里叶变换时要求该函数在整个实数轴上有定义, 但在实际问题中有些函数只在半轴内有定义, 或者它不是绝对可积的, 这时对这个函数就不能作傅里叶变换了, 只能对它作另一种积分变换, 即拉普拉斯变换.

定义 5.3.1 设函数 $f(t)$ 在 $[0,+\infty)$ 上有定义, 对于复数 p, 称

$$\int_{0}^{+\infty} f(t)e^{-pt}dt \tag{5.3.1}$$

为 $f(t)$ 的**拉普拉斯变换**, 通常记为 $\mathscr{L}[f]$ 或者 $\widetilde{f}$.

另外

$$f(x) = \frac{1}{2\pi i}\int_{\beta-i\infty}^{\beta+i\infty}\tilde{f}(p)e^{tp}dp, \quad \forall t>0, \tag{5.3.2}$$

其中 $\widetilde{f}(p)$ 定义在半平面 $\mathrm{Re}\, p>\beta$ 上, 此式称为 $\mathcal{L}[f](p)$ 的**拉普拉斯逆变换**, 记为 $\mathscr{L}^{-1}[\mathscr{L}[f]]$ 或者 $\mathscr{L}^{-1}[\widetilde{f}]$.

注 5.3.1 若 $f(t)$ 在 $[0,+\infty)$ 上分段连续且存在两常数 $M>0$ 和 $\alpha\geqslant 0$ 使得 $|f(t)|\leqslant Me^{\alpha t}$, 则易证 $f(t)$ 的拉普拉斯变换对于满足 $\mathrm{Re}\, p>\alpha$ 的所有 p 都存在.

例 5.3.1 求下面初等函数的拉普拉斯变换:

(1) 若 $f(x) \equiv c$(常数), 则 $\mathscr{L}[c] = \dfrac{c}{p}, \mathrm{Re} p > 0$.

解　事实上 $\mathscr{L}[c](p) = \displaystyle\int_0^{+\infty} ce^{-pt}dt = -\dfrac{ce^{-pt}}{p}\Big|_0^{+\infty} = \dfrac{c}{p}$.

(2) 若 $f(t) = e^{\alpha t}$(α 是常数), 则 $\mathscr{L}[e^{\alpha t}](p) = \dfrac{1}{p-\alpha}, \mathrm{Re} p > \alpha$.

解　$\mathscr{L}[e^{\alpha t}](p) = \displaystyle\int_0^{+\infty} e^{\alpha t}e^{-pt}dt = \dfrac{e^{\alpha - pt}}{\alpha - p}\Big|_0^{+\infty} = \dfrac{1}{p-\alpha}$.

(3) 若 $f(t) = t^2$, 则 $\mathscr{L}[t^2](p) = \dfrac{2}{p^3}, \mathrm{Re}\, p > 0$. 一般情形, $\mathscr{L}[t^n](p) = \dfrac{n!}{p^{n+1}}$, n 为非负整数.

解　$\mathscr{L}[t^2] = \displaystyle\int_0^{+\infty} t^2 e^{-pt}dt = \dfrac{2}{p^3}$;

$$\mathscr{L}[t^n](p) = \frac{n}{p}\int_0^{+\infty} t^{n-1}e^{-pt}dt = \cdots = \frac{n!}{p^{n+1}}.$$

(4) 若 $f(t) = \sin\omega t$, 则 $\mathscr{L}[\sin\omega t](p) = \dfrac{\omega}{p^2+\omega^2}$,　$\mathrm{Re}\, p > 0$.

解

$$\begin{aligned}
\mathscr{L}[\sin\omega t] &= \int_0^{+\infty} \sin\omega t e^{-pt}dt \\
&= -\frac{e^{-pt}}{p}\sin\omega t|_0^{+\infty} + \int_0^{+\infty} \omega\frac{e^{-pt}}{p}\cos\omega t dt \\
&= -\frac{\omega}{p}\int_0^{+\infty} \frac{\cos\omega t}{p} de^{-pt} \\
&= \frac{\omega}{p}\left[-\frac{\cos\omega t e^{-pt}}{p}\right]\Big|_0^{+\infty} - \frac{\omega}{p}\int_0^{+\infty} \frac{\sin\omega t\omega e^{-pt}}{p}dt \\
&= \frac{\omega}{p^2} - \frac{\omega^2}{p^2}\int_0^{+\infty} \sin\omega t e^{-pt}dt \\
&= \frac{\omega}{p^2+\omega^2}.
\end{aligned}$$

例 5.3.2　单位阶梯函数 (称为 Heaviside 函数) 定义为

$$H(t) = \begin{cases} 1, & t > 0, \\ 0, & t \leqslant 0. \end{cases}$$

则根据定义, 对于任意正常数 a, 有

$$\mathscr{L}[H(t-a)](p) = \int_0^{a} H(t-a)e^{-pt}dt + \int_a^{+\infty} H(t-a)e^{-pt}dt = \frac{e^{-ap}}{p},\quad \mathrm{Re}\, p > 0.$$

下面给出拉普拉斯变换及逆变换的基本性质.

性质 1 (线性性质)

$$\mathscr{L}[\alpha f_1+\beta f_2]=\alpha\mathscr{L}[f_1]+\beta\mathscr{L}[f_2],$$

$$\mathscr{L}^{-1}[\alpha\widetilde{f}_1+\beta\widetilde{f}_2]=\alpha\mathscr{L}^{-1}[\widetilde{f}_1]+\beta\mathscr{L}^{-1}[\widetilde{f}_2],$$

其中 α 和 β 是任意常数.

性质 2 (第一位移性质)

$$\mathscr{L}[e^{\alpha t}f(t)](p)=\widetilde{f}(p-\alpha),\quad \mathrm{Re}p>\alpha,$$

由此可知

$$\mathscr{L}[t^n e^{\alpha t}](p)=\frac{n!}{(p-\alpha)^{n+1}},\quad \mathrm{Re}p>\alpha.$$

证明

$$\mathscr{L}[e^{\alpha t}f(t)](p)=\int_0^{+\infty}e^{\alpha t}f(t)e^{-pt}dt=\int_0^{+\infty}f(t)e^{-(p-\alpha)t}dt=\widetilde{f}(p-\alpha).$$

取 $f(t)=t^n$, 再利用例 5.3.1(3) 就可得到第二等式.

性质 3 (相似性质)

$$\mathscr{L}[f(ct)](p)=\frac{1}{c}\widetilde{f}\left(\frac{p}{c}\right),\quad c>0.$$

证明

$$\mathscr{L}[f(ct)](p)=\int_0^{+\infty}f(ct)e^{-pt}dt\overset{\xi=ct}{=}\frac{1}{c}\int_0^{+\infty}f(\xi)e^{-\frac{p}{c}\xi}d\xi=\frac{1}{c}\widetilde{f}\left(\frac{p}{c}\right).$$

性质 4 (微分性质) 如果在 $[0,+\infty)$ 上, $f'(t)$ 分段连续, $f(t)$ 连续且不超过指数型增长, 则当 $\mathrm{Re}p>\alpha$ 时,

$$\mathscr{L}[f'(t)](p)=p\widetilde{f}(p)-f(0).$$

另外对于高阶导数, 如果在 $[0,+\infty)$ 上, $f^{(n)}(t)$ 分段连续, $f(t),f'(t),\cdots,f^{(n-1)}(t)$ 连续, 且不超过指数型增长, 则 $f^{(n)}(t)$ 的拉普拉斯变换存在, 且成立

$$\mathscr{L}[f^n(t)](p)=p^n\widetilde{f}(p)-p^{n-1}f(0)-p^{n-2}f'(0)-\cdots-f^{(n-1)}(0),\quad \mathrm{Re}p>\alpha.$$

证明 由分部积分可得

$$\mathscr{L}[f'(t)](p)=\int_0^{+\infty}f'(t)e^{-pt}dt=[f(t)e^{-pt}]|_0^{+\infty}+p\int_0^{+\infty}f(t)e^{-pt}dt.$$

因为对于充分的 t, 存在常数 $a>0$ 和 $M>0$, 使得 $|f(t)|\leqslant Me^{\alpha t}$, 所以

$$|f(t)e^{-pt}|\leqslant Me^{-(\mathrm{Re}p-\alpha)t}.$$

这样,

$$\lim_{t\to+\infty}f(t)e^{-pt}=0.$$

因此

$$\mathscr{L}[f'(t)](p)=p\widetilde{f}(p)-f(0).$$

对于高阶导数情况, 可重复应用上式就可导出高阶导数的拉普拉斯变换公式.

性质 5 (积分性质)

$$\mathscr{L}\left[\int_0^t f(s)ds\right]=\frac{\widetilde{f}(p)}{p}.$$

证明 $\mathscr{L}\left[\int_0^t f(s)ds\right]=\int_0^{+\infty}\left[\int_0^t f(s)ds\right]e^{-pt}dt$

$$=\left(-\frac{e^{-pt}}{p}\int_0^t f(s)ds\right)\Big|_0^{+\infty}+\frac{1}{p}\int_0^{+\infty}f(t)e^{-pt}dt$$

$$=\frac{\widetilde{f}(p)}{p}.$$

性质 6 (乘多项式性质)

$$\mathscr{L}[t^nf(t)]=(-1)^n\frac{d^n}{dp^n}\widetilde{f}(p)=(-1)^n\widetilde{f}^{(n)}(p),$$

$$\mathscr{L}^{-1}[\widetilde{f}^{(n)}(p)]=(-1)^nt^nf(t),\quad n=1,2,3,\cdots.$$

性质 7 (延迟性质或第二位移性质)

$$\mathscr{L}[f(t-s)H(t-s)]=e^{-sp}\widetilde{f}(p),\quad \mathscr{L}^{-1}[e^{-sp}\widetilde{f}(p)]=f(t-s)H(t-s).$$

定义 5.3.2 称

$$f*g(t)=\int_0^t f(t-s)g(s)ds$$

为函数 $f(t)$ 与 $g(t)$ 的卷积.

我们注意到, 这里定义的卷积与傅里叶变换中定义的卷积是不同的, 原因是函数的定义域不同. 同样这里定义的卷积也满足交换律和结合律及分配律.

性质 8 (卷积性质)

$$\mathscr{L}[f*g](p)=\widetilde{f}(p)\widetilde{g}(p),\quad \mathscr{L}^{-1}[\widetilde{f}(p)\widetilde{g}(p)]=f*g(t).$$

证明
$$\begin{aligned}\mathscr{L}[f*g](p)&=\int_0^{+\infty}\int_0^t f(t-\xi)g(\xi)d\xi e^{-pt}dt\\&=\int_0^{+\infty}g(\xi)\int_\xi^{+\infty}f(t-\xi)e^{-pt}dtd\xi\\&=\int_0^{+\infty}g(\xi)\int_0^{+\infty}f(t')e^{-pt'}dt'e^{-p\xi}d\xi\\&=\int_0^{+\infty}g(\xi)e^{-p\xi}d\xi\int_0^{+\infty}f(t')e^{-pt'}dt'\\&=\widetilde{g}(p)\widetilde{f}(p).\end{aligned}$$

在 $\mathscr{L}[f*g](p)=\widetilde{f}(p)\widetilde{g}(p)$ 两边取逆变换得

$$f*g(t)=\mathscr{L}^{-1}[\widetilde{f}\widetilde{g}](t).$$

例 5.3.3 设

$$f(t)=\begin{cases}t-2, & t>2,\\ 0, & t\leqslant 2.\end{cases}$$

求 $\mathscr{L}[f]$.

解 由延迟性质知

$$\mathscr{L}[f](p)=\mathscr{L}[H(t-2)(t-2)]=e^{-2p}\mathscr{L}[t]=\frac{e^{-2p}}{p^2}.$$

例 5.3.4 求 $\mathscr{L}^{-1}\left[\dfrac{1+e^{-2p}}{p^2}\right]$.

解
$$\begin{aligned}\mathscr{L}^{-1}\left[\frac{1+e^{-2p}}{p^2}\right](t)&=\mathscr{L}^{-1}\left[\frac{1}{p^2}+\frac{e^{-2p}}{p^2}\right](t)\\&=\mathscr{L}^{-1}\left[\frac{1}{p^2}\right](t)+\mathscr{L}^{-1}\left[\frac{e^{-2p}}{p^2}\right](t)\\&=t+H(t-2)(t-2)\\&=\begin{cases}2(t-1), & t>2,\\ t, & 0\leqslant t\leqslant 2.\end{cases}\end{aligned}$$

例 5.3.5　设函数

$$f(t)=\begin{cases}h, & 0\leqslant t\leqslant c,\\ -h, & c<t<2c.\end{cases}$$

且 $f(t+2c)=f(t)$, 求 $\mathscr{L}[f(t)]$.

解

$$\begin{aligned}F_1(p)&=\int_0^{2c}e^{-pt}f(t)dt\\&=\int_0^{c}e^{-pt}hdt+\int_0^{2c}e^{-pt}(-h)dt\\&=\frac{h}{p}(1-e^{-pc})^2.\end{aligned}$$

于是

$$\begin{aligned}\mathscr{L}[f(t)]&=\sum_{k=0}^{\infty}\int_{2kc}^{2(k+1)c}e^{-pt}f(t)dt\\&=\sum_{k=0}^{\infty}\int_0^{2c}e^{-2kcp}e^{-pt'}f(2kc+t')dt'\\&=\sum_{k=0}^{\infty}\int_0^{2c}e^{-2kcp}e^{-pt'}f(t')dt'\\&=\sum_{k=0}^{\infty}F_1(p)e^{-2kcp}\\&=\frac{h(1-e^{-pc})}{p(1+e^{-cp})}\\&=\frac{h}{p}\tanh\frac{pc}{2}.\end{aligned}$$

5.4　拉普拉斯变换的应用

本节主要给出几个例子来说明如何应用拉普拉斯变换求定解问题的解.

例 5.4.1 求半直线上热传导方程的定解问题

$$\begin{cases} u_t - a^2 u_{xx} = 0, & x > 0,\ t > 0, \\ u(x,0) = 0, & x \geqslant 0, \\ u(0,t) = f(t), & t \geqslant 0, \\ \lim\limits_{x \to +\infty} |u(x,t)| < +\infty, & t \geqslant 0, \end{cases} \tag{5.4.1}$$

其中 $f(t)$ 是 $[0,+\infty)$ 上分段连续且不超过指数型增长的函数.

解 因为变量 x, t 的变化范围都是 $[0,+\infty)$, 所以应用拉普拉斯变换来求解, 又因为方程关于 t 是一阶偏导数, 关于 x 是二阶偏导数, 而且没有给出 u_x 在 $x=0$ 处的值, 故只能关于 t 取拉普拉斯变换.

令 $\widetilde{u}(x,p) = \mathscr{L}[u(x,t)], \widetilde{f}(p) = \mathscr{L}[f(t)], p > 0$. 对原问题关于 t 取拉普拉斯变换, 得

$$\begin{cases} p\widetilde{u}(x,p) - a^2 \widetilde{u}_{xx}(x,p) = 0, & x > 0, \\ \widetilde{u}(0,p) = \widetilde{f}(p), \end{cases}$$

其通解为

$$\widetilde{u}(x,p) = c_1(p) e^{-\frac{\sqrt{p}}{a}x} + c_2(p) e^{\frac{\sqrt{p}}{a}x}.$$

由于 u 满足自然边界条件, 即当 $x \to +\infty$ 时, $|u(x,t)| < +\infty$, 所以 $\widetilde{u}$ 也满足自然边界条件, 故 $c_2(p) = 0$, 再由 $\widetilde{u}(0,p) = \widetilde{f}(p)$ 知 $c_1(p) = \widetilde{f}(p)$. 因而

$$\widetilde{u}(x,p) = \widetilde{f}(p) e^{-\frac{\sqrt{p}}{a}x},$$

所以

$$u(x,t) = \mathscr{L}^{-1}[\widetilde{u}(x,p)] = \mathscr{L}^{-1}\left[\widetilde{f}(p) e^{-\frac{\sqrt{p}}{a}x}\right] = f * \mathscr{L}^{-1}\left[e^{-\frac{\sqrt{p}}{a}x}\right].$$

由拉普拉斯变换表知

$$\mathscr{L}^{-1}\left[\frac{1}{p} e^{-\frac{\sqrt{p}}{a}x}\right] = \frac{2}{\sqrt{\pi}} \int_{\frac{x}{2a\sqrt{t}}}^{+\infty} e^{-y^2} dy.$$

利用微分性质得

$$\mathscr{L}^{-1}[e^{-\frac{\sqrt{p}}{a}x}] = \mathscr{L}^{-1}\left[p \cdot \frac{1}{p} e^{-\frac{\sqrt{p}}{a}x}\right] = \frac{d}{dt}\left(\frac{2}{\sqrt{\pi}} \int_{\frac{x}{2a\sqrt{t}}}^{+\infty} e^{-y^2} dy\right),$$

而

$$\frac{d}{dt}\left(\frac{2}{\sqrt{\pi}} \int_{\frac{x}{2a\sqrt{t}}}^{+\infty} e^{-y^2} dy\right) = \frac{x}{2a\sqrt{\pi} t^{\frac{3}{2}}} \exp\left(-\frac{x^2}{4a^2 t}\right).$$

最后由卷积性质得原问题的解为

$$u(x,t)=\frac{x}{2a\sqrt{\pi}}\int_0^t \frac{f(\tau)}{(t-\tau)^{\frac{3}{2}}}\exp\left(-\frac{x^2}{4a^2(t-\tau)}\right)d\tau. \tag{5.4.2}$$

例 5.4.2 利用拉普拉斯变换求下面问题的解:

$$\begin{cases} u_{tt}=u_{xx}, & 0<x<1,\ t>0,\\ u(0,t)=u(1,t)=0, & t>0,\\ u(x,0)=u_t(x,0)=0, & 0\leqslant x\leqslant 1, \end{cases} \tag{5.4.3}$$

其中 k 为正常数.

解 令 $\widetilde{u}(x,p)=\mathscr{L}[u(x,t)]$. 对方程两边关于 t 取拉普拉斯变换得

$$p^2\widetilde{u}(x,p)-pu(x,0)-u_t(x,0)-\frac{d^2}{dx^2}\widetilde{u}(x,p)=\frac{k}{p}\sin\pi x.$$

由原问题的初始条件可得到

$$\frac{d^2}{dx^2}\widetilde{u}(x,p)=p^2\widetilde{u}(x,p)-\frac{k}{p}\sin\pi x,$$

其中 p 作为参数. 解之

$$\widetilde{u}(x,p)=c_1(p)e^{-px}+c_2(p)e^{px}+\frac{k}{p(p^2+\pi^2)}\sin\pi x,$$

其中 $c_1(p)$, $c_2(p)$ 为积分常数. 再由原问题的边界条件可知 $c_1(p)=c_2(p)=0$. 这样

$$\widetilde{u}(x,p)=\frac{k}{p(p^2+\pi^2)}\sin\pi x=\frac{k}{\pi^2}\left(\frac{1}{p}-\frac{p}{p^2+\pi^2}\right)\sin\pi x.$$

于是取逆变换得原问题的解为

$$u(x,t)=\frac{k}{\pi^2}(1-\cos\pi t)\sin\pi x. \tag{5.4.4}$$

例 5.4.3 设有一长为 l 的均匀杆, 其一端固定, 另一端由静止状态开始受力 $F=A\sin\omega t$ 的作用, 力 F 的方向和杆的轴线一致, 求杆在 $t>0$ 时的纵向位移.

解 由 1.1 节知, 杆作纵振动的方向与横振动的方向相同, 因此该问题可由如下定解问题来描述:

$$\begin{cases} u_{tt}=a^2u_{xx}, & 0<x<l,\ t>0,\\ u(0,t)=0, & t>0,\\ u_x(l,t)=\dfrac{A}{E}\sin\omega t, & t>0,\\ u(x,0)=u_t(x,0)=0, & 0\leqslant x\leqslant l, \end{cases} \tag{5.4.5}$$

其中 A, E, ω 都为正常数, 且 E 表示杨氏模量.

令 $\widetilde{u}(x,p) = \mathscr{L}[u(x,t)]$. 对方程两边关于 t 取拉普拉斯变换得

$$p^2\widetilde{u}(x,p) - pu(x,0) - u_t(x,0) - a^2\frac{d^2}{dx^2}\widetilde{u}(x,p) = 0.$$

由条件 $u(x,0) = u_t(x,0) = 0$ 知上述方程又写为

$$\frac{d^2}{dx^2}\widetilde{u}(x,p) = \frac{p^2}{a^2}\widetilde{u}(x,p),$$

其中 p 作为参数. 解之得

$$\widetilde{u}(x,p) = c_1(p)e^{-\frac{p}{a}x} + c_2(p)e^{\frac{p}{a}x}.$$

其中 $c_1(p), c_2(p)$ 为任意的.

对原问题的边界条件进行拉普拉斯变换, 得

$$\widetilde{u}(0,p) = 0, \quad \widetilde{u}_x(l,p) = \frac{A}{E}\frac{\omega}{p^2+\omega^2}.$$

由此

$$\widetilde{u}(x,p) = \frac{Aa\omega\sinh\dfrac{p}{a}x}{Ep(p^2+\omega^2)\cosh\dfrac{p}{a}l}.$$

求上式的逆变换, 即得原问题的解为

$$u(x,t) = \mathscr{L}^{-1}\left[\frac{Aa\omega\sinh\dfrac{p}{a}x}{Ep(p^2+\omega^2)\cosh\dfrac{p}{a}l}\right] = \sum_m \operatorname*{Res}_{p=p_m}\left[\frac{Aa\omega\sinh\dfrac{p}{a}x}{Ep(p^2+\omega^2)\cosh\dfrac{p}{a}l}e^{pt}\right]. \tag{5.4.6}$$

其中 p_m 是 $\widetilde{u}(x,p)$ 的极点.

由于 $\widetilde{u}(x,p)$ 的极点是使

$$p(p^2+\omega^2)\cosh\frac{p}{a}l = 0$$

的点, 这些点分别为

$$0, \quad \pm i\omega, \quad \pm i\frac{a}{l}\left(k-\frac{1}{2}\right)\pi, \quad k = 1, 2, \cdots.$$

由于这些点 p_m 都是一阶极点, 所以

$$
\begin{aligned}
&u(x,t)\\
=&\sum_m \frac{Aa\omega\sinh\frac{p}{a}x}{[Ep(p^2+\omega^2)\cosh\frac{p}{a}l]'}e^{pt}\bigg|_{p=p_m}\\
=&\frac{Aa\omega}{E}\sum_m \frac{e^{p_m t}\sinh\frac{p_m}{a}x}{(p_m^2+\omega^2)\cosh\frac{p_m}{a}l+2p_m^2\cosh\frac{p_m}{a}l+p_m(p_m^2+\omega^2)\frac{l}{a}\sinh\frac{p_m}{a}l}.
\end{aligned}
$$

令

$$
F(p_m,x,t)=\frac{e^{p_m t}\sinh\frac{p_m}{a}x}{(p_m^2+\omega^2)\cosh\frac{p_m}{a}l+2p_m^2\cosh\frac{p_m}{a}l+p_m(p_m^2+\omega^2)\frac{l}{a}\sinh\frac{p_m}{a}l}.
$$

则

$$
u(x,t)=\frac{Aa\omega}{E}\sum_m F(p_m,x,t),
$$

其中

$$
\begin{aligned}
F(0,x,t)&=0,\\
F(i\omega,x,t)&=-\frac{i\sin\frac{\omega}{a}x}{2\omega^2\cos\frac{\omega}{a}l}e^{i\omega t},\\
F(-i\omega,x,t)&=\frac{i\sin\frac{\omega}{a}x}{2\omega^2\cos\frac{\omega}{a}l}e^{-i\omega t},\\
F\left[i\frac{a}{l}\left(k-\frac{1}{2}\right)\pi,x,t\right]&=\frac{(-1)^k i8l^2\sin\frac{(2k-1)\pi x}{2l}e^{i\frac{(2k-1)a\pi}{2l}t}}{(2k-1)\pi[4l^2\omega^2-(2k-1)^2a^2\pi^2]},\\
F\left[-i\frac{a}{l}\left(k-\frac{1}{2}\right)\pi,x,t\right]&=\frac{(-1)^{k-1} i8l^2\sin\frac{(2k-1)\pi x}{2l}e^{-i\frac{(2k-1)a\pi}{2l}t}}{(2k-1)\pi[4l^2\omega^2-(2k-1)^2a^2\pi^2]}.
\end{aligned}
$$

所以

$$
u(x,t)=\frac{Aa}{\omega E}\frac{1}{\cos\frac{\omega}{a}l}\sin\omega t\sin\frac{\omega}{a}x
$$

$$+\sum_{k=1}^{\infty}\frac{(-1)^{k-1}16a\omega Al^2\sin\dfrac{(2k-1)\pi x}{2l}\sin\dfrac{(2k-1)a\pi t}{2l}}{E\pi(2k-1)[4l^2\omega^2-(2k-1)^2a^2\pi^2]}. \tag{5.4.7}$$

习 题 5

5.1 求下列函数的傅里叶变换.

(1) $f(x)=\begin{cases}|x|, & |x|\leqslant a,\\ 0, & |x|>a>0.\end{cases}$

(2) $f(x)=\begin{cases}\sin\lambda_0 x, & |x|\leqslant a,\\ 0, & |x|>a>0.\end{cases}$

(3) $f(x)=xe^{-a|x|},\quad a>0.$

(4) $f(x)=\begin{cases}e^{ax}, & |x|\leqslant a,\\ 0, & |x|>a>0.\end{cases}$

(5) $f(x)=e^{-a|x|}\sin\lambda_0 x,\quad a>0.$

5.2 求函数 $f(x)=e^{-t|\lambda|}$ 的傅里叶逆变换, 其中 $t>0$ 为参数.

5.3 求 $f(x)*g(x)$, 其中

$$f(x)=\begin{cases}0, & x<0,\\ e^{-x}, & x\geqslant 0,\end{cases}\qquad g(x)=\begin{cases}\sin x, & 0\leqslant x\leqslant\dfrac{\pi}{2},\\ 0, & x\in\mathbb{R}\Big\backslash\left[0,\dfrac{\pi}{2}\right].\end{cases}$$

5.4 求热传导方程 $u_t-a^2u_{xx}=0,\ \ x\in\mathbb{R},\ \ t>0$ 的柯西问题的解, 已知初始条件为 (1) $u(x,0)=\cos x$; (2) $u(x,0)=\sin x$; (3) $u(x,0)=x+x^2$.

5.5 试求如下热传导方程边值问题.

$$\begin{cases}u_t=a^2u_{xx}+f(x,t), & x>0,\ t>0,\\ u(x,0)=\varphi(x), & x>0,\end{cases}$$

而在 $x=0$ 处的边界条件, 则为下述两种形式之一:

(1) $u(0,t)=0$; (2) $u_x(0,t)=0$,

其中 $f(x,t),\varphi(x)$ 是已知函数.

5.6 求半无界弦的强迫振动问题.

$$\begin{cases}u_{tt}=a^2u_{xx}+f(x,t), & x>0,\ t>0,\\ u(x,0)=\varphi(x), & x>0,\\ u_t(x,0)=\psi(x), & x>0,\end{cases}$$

而在 $x=0$ 处的边界条件, 则为下述两种形式之一:

(1) $u(0,t)=0$; (2) $u_x(0,t)=0$,

其中 $f(x,t),\varphi(x),\psi(x)$ 是已知函数.

5.7 利用傅里叶变换求解以下定解问题.

(1) $\begin{cases} u_t - a^2 u_{xx} - b u_x - c u = f(x,t), & x\in\mathbb{R},\ t>0, \\ u(x,0)=\varphi(x), & x\in\mathbb{R}, \end{cases}$

其中 $a>0,b,c$ 是常数, $f(x,t),\varphi(x)$ 是已知函数.

(2) $\begin{cases} u_{xx}+u_{yyyy}=0, & x>0,\ y\in\mathbb{R}, \\ u(0,y)=e^{-y^2}, & y\in\mathbb{R}, \\ u_x(0,y)=e^{y}, & y\in\mathbb{R}. \end{cases}$

(3) $\begin{cases} u_t - a^2 u_{xx} - 2tu = f(x,t), & x\in\mathbb{R},\ t>0, \\ u(x,0)=0, & x\in\mathbb{R}, \end{cases}$

其中 a 是正常数, $f(x,t)$ 是已知函数.

5.8 求下面函数的拉普拉斯变换 (常数 $a\neq 0$).

(1) $f(t)=\cos at$;

(2) $f(t)=\dfrac{\sin at}{t}$;

(3) $f(t)=te^{-3t}\sin 2t$;

(4) $f(t)=e^{at}\cos at$;

(5) $f(t)=\sinh at$;

(6) $f(t)=\dfrac{1}{t}(e^{-at}-e^{-bt})$;

(7) $f(t)=t^{\alpha},\alpha>-1$;

(8) $f(t)=\begin{cases} t, & 0\leqslant t<a, \\ 2a-t, & a\leqslant t\leqslant 2a, \end{cases}\quad f(t+2a)=f(t),\quad \forall t\geqslant 0$;

(9) $f(t)=n,\quad n\leqslant t<n+1,\quad n=0,1,2,\cdots$.

5.9 求下面函数的拉普拉斯逆变换.

(1) $f(p)=\dfrac{p}{(p^2+1)(p^2+2)}$;

(2) $f(p)=\dfrac{1}{(p^2+1)(p^2+2)}$;

(3) $f(p)=\dfrac{1}{(p-1)(p-2)}$;

(4) $f(p)=\dfrac{1}{p(p+1)^2}$;

(5) $f(p)=\dfrac{p+3}{(p+1)(p-3)}$;

(6) $f(p) = \dfrac{1}{(p+1)^4}$;

(7) $f(p) = \ln\left(1 + \dfrac{3}{p^2}\right)$.

5.10 求半直线上热传导方程的定解问题

$$
\begin{cases}
u_t - a^2 u_{xx} = 0, & x > 0,\ t > 0, \\
u(0,t) = f(t), & t \geqslant 0, \\
\lim\limits_{x \to +\infty} u(x,t) = f_0, & t \geqslant 0, \\
u(x,0) = f_0, & x \geqslant 0,
\end{cases}
$$

其中 $f(t)$ 是 $[0,+\infty)$ 上分段连续且不超过指数型增长的函数, f_0 是常数.

5.11 求解半无界问题

$$
\begin{cases}
u_{tt} - a^2 u_{xx} = 0, & x > 0,\ t > 0, \\
u(0,t) = f(t), & t \geqslant 0, \\
\lim\limits_{x \to +\infty} |u(x,t)| < +\infty, & t \geqslant 0, \\
u(x,0) = u_t(x,0) = 0, & x \geqslant 0,
\end{cases}
$$

其中 $f(t)$ 是 $[0,+\infty)$ 上分段连续且不超过指数型增长的函数.

5.12 利用拉普拉斯变换求解下列定解问题

$$
\begin{cases}
u_{xy} = x^2 y, & x > 1,\ y > 0, \\
u(x,0) = x^2, & x \geqslant 1, \\
u(1,y) = \cos y, & y \geqslant 0.
\end{cases}
$$

第 6 章　格林函数法

格林函数在求解数学物理方程初边值问题和边值问题中起着重要的作用, 格林函数法的主要特点就是把具有非齐次项和任意边值的定解问题转化为一个特定的边值问题, 此问题仅依赖于方程、边界条件的形式和区域的形状, 一旦求得了相应的格林函数, 就可以通过叠加原理给出原定解问题的解.

6.1　广义函数与 δ 函数

6.1.1　广义函数的物理背景

在物理上经常会遇到一些集中分布的量, 如集中质量、点电荷、点热源和单位瞬时脉冲等等. 以集中质量为例, 设在一直线上, 有一单位质量集中在原点附近, 如果其集中程度很大, 即其分布的范围与在同一问题中所遇到的长度来比较小得可以忽略, 这时, 简单地说质量集中在原点, 另外, 一个物体中的质量分布是与密度分布相对应的. 若有一直线棒, 其线密度分布为 $\rho=\rho(x)$, 则 $\int_{x_1}^{x_2}\rho(x)dx$ 就表示在 $[x_1,x_2]$ 中一段棒的质量; 反之, 若已知每一段棒的质量, 则对一个固定的点 x 来说, 取一包含 x 的区间 Δl, 并记该段棒的质量为 ΔM, 则 $\rho(x)=\lim\limits_{\Delta l\to 0}\dfrac{\Delta M}{\Delta l}$. 若质量集中在原点, 则当 $x\neq 0$ 时, $\rho(x)=0$, 而当 $x=0$ 时, $\rho(x)=\lim\limits_{\Delta l\to 0}\dfrac{\Delta M}{\Delta l}=\infty$, 这时, 用经典的 "每点对应一个函数值" 的函数的概念就无法表达集中质量相应的密度分布, 那么, 相应于集中质量的密度分布是什么呢? 在 20 世纪 30 年代, 人们已在物理上广泛地使用这种集中分布量来讨论各种问题, 但直到四五十年代, 人们才逐步建立了严格的数学基础.

6.1.2　广义函数的定义与 δ 函数

为了引出广义函数的定义, 先考察 $[a,b]$ 上的 p 次可积函数全体所构成的空间 $L^p[a,b]$, $1<p<+\infty$, 则对每个空间 $L^q[a,b]$ $\left(\text{其中 } \dfrac{1}{p}+\dfrac{1}{q}=1\right)$ 中的函数 $f(x)$ 按下列方式

$$F[\varphi]=\langle f,\varphi\rangle=\int_a^b f(x)\varphi(x)dx,\quad \forall\varphi\in L^p[a,b] \tag{6.1.1}$$

定义了 $L^p[a,b]$ 上的一个线性连续泛函; 反之, 根据泛函分析的知识知道, 每个空间 $L^p[a,b]$ 中的线性连续泛函也必可表示为空间 $L^q[a,b]$ 中的一个函数. 当 $p>2$ 时, 有 $q<2<p$, 这样, 空间 $L^p[a,b]$ 上的线性连续泛函就比原空间的函数类更广, 或者说, 我们用定义泛函的方式得到了一些不属于原函数空间的函数.

另外, 对于 $[a,b]$ 上连续函数全体所构成的空间 $C[a,b]$, 由 $L^1[a,b]$ 中的任一函数 $f(x)$, 仍可类似于 (6.1.1) 定义一个 $C[a,b]$ 上的线性连续泛函, 但反过来, $C[a,b]$ 上的线性连续泛函却不一定可用某个常义函数表示为 (6.1.1) 中积分的形式. 例如, 若 $0\in(a,b)$, 则对任何给定的 $\varphi\in C[a,b]$, 定义

$$F[\varphi]=\varphi(0), \tag{6.1.2}$$

(6.1.2) 定义了空间 $C[a,b]$ 上的一个线性连续泛函, 但却找不到一个通常的可积函数, 使泛函 (6.1.2) 表示成 (6.1.1) 中的积分形式. 事实上, 假如有这样的函数存在, 则可以证明它在任一不含原点的区间上必几乎处处为零, 从而在整个区间 $[a,b]$ 上几乎处处为零, 这样就与 (6.1.2) 矛盾. 通常人们称由 (6.1.2) 表达的泛函为**狄拉克 (Dirac)** δ **函数**, 并形式地记为 $F(\varphi)=\langle\delta,\varphi\rangle$.

为了更直观地了解 δ 函数, 取 $\varepsilon<\min\{|a|,b\}$, 并引进如下函数列

$$f_\varepsilon(x)=\begin{cases}\dfrac{1}{2\varepsilon}, & |x|\leqslant\varepsilon,\\ 0, & a\leqslant x<-\varepsilon \text{ 或 } \varepsilon<x\leqslant b.\end{cases}$$

显然 $\displaystyle\int_a^b f_\varepsilon(x)dx=\int_{-\varepsilon}^{\varepsilon} f_\varepsilon(x)dx=1$. 对 $\forall\varphi\in C[a,b]$, 则由积分中值定理得

$$\int_a^b f_\varepsilon\varphi(x)dx=\frac{1}{2\varepsilon}\int_{-\varepsilon}^{\varepsilon}\varphi(x)dx=\varphi(\xi),\quad \xi\in(-\varepsilon,\varepsilon).$$

当 $\varepsilon\to0$ 时, $\varphi(\xi)\to\varphi(0)$, 于是

$$\lim_{\varepsilon\to0}\int_a^b f_\varepsilon(x)\varphi(x)dx=\varphi(0)=F(\varphi),\quad \forall\varphi\in C[a,b].$$

所以 δ 函数可看成是由 $f_\varepsilon(x)$ 当 $\varepsilon\to0$ 时按下述意义的极限,

$$\lim_{\varepsilon\to0}\langle f_\varepsilon,\varphi\rangle=\langle\delta,\varphi\rangle.$$

作为 $f_\varepsilon(x)$ 的极限, 我们就可以想象 $\delta(x)$ 是在 $x\neq0$ 时为 $0, x=0$ 时为无穷大的一个 "函数", 且其积分值为 1 (注意, 这种描述不能作为 δ 的严格数学定义). 这样

按 (6.1.2) 定义的 $\delta(x)$ 就是前面所说的集中在原点的单位质量的密度分布的数学表达.

今后就将定义在某些特定函数空间上的线性连续泛函, 称为**广义函数**. 广义函数作为一个线性连续泛函与它作用于的函数空间密切相关. 为了一般地定义广义函数, 首先要将 $\varphi(x)$ 所属的函数空间描述清楚, 称 $\varphi(x)$ 所属的函数空间为**基本函数空间或试验函数空间**. 下面介绍几个常用的基本函数空间. 首先假设 $\Omega \subseteq \mathbb{R}^n (n \geqslant 1)$ 是一开集, 另外在下面的多重指标均指非负整数重指标, 即重指标的每一个分量都是非负整数.

(1) 空间 $C^\infty(\Omega)$: 由 Ω 中无穷次连续可微函数的全体组成的空间, 其中极限关系定义如下: 若 $\{\varphi_\nu(x)\}$ 是一 $C^\infty(\Omega)$ 函数列, 且对任一紧集 (即有界闭集)$K \subset \Omega$ 和任一多重指标 α, 使得

$$\sup_{x \in K} |\partial^\alpha \varphi_\nu(x)| \to 0,$$

则称 $\varphi_\nu \to 0(C^\infty(\Omega))$. $C^\infty(\Omega)$ 也记为 $\mathscr{E}(\Omega)$.

(2) 空间 $C_0^\infty(\Omega)$: 由 Ω 中无穷次连续可微且具有紧支集的函数全体组成的空间. 给定 $\varphi(x) \in C^\infty(\Omega)$, 其支集定义为 Ω 中使 $\varphi(x)$ 不等于零的点 x 全体组成的点集的闭包, 记为 $\mathrm{supp}\varphi$, 即

$$\mathrm{supp}\varphi = \overline{\{x \in \Omega | \varphi(x) \neq 0\}}.$$

$C_0^\infty(\Omega)$ 中的极限关系: 若 $\{\varphi_v(x)\}$ 是 $C_0^\infty(\Omega)$ 函数列, 且它们的支集 $\mathrm{supp}\varphi_v$ 在一个共同的紧集 $K \subset \Omega$ 内, 对于任意的重指标 α, 在上述紧集内

$$\sup_{x \in K} |\partial^\alpha \varphi_\nu(x)| \to 0,$$

则称 $\varphi_\nu \to 0(C_0^\infty(\Omega))$. $C_0^\infty(\Omega)$ 也记为 $\mathscr{D}(\Omega)$.

(3) 空间 $\mathscr{S}(\mathbb{R}^n)$: 若函数 $\varphi \in C^\infty(\mathbb{R}^n)$ 且对任意的重指标 α, p, 成立

$$\lim_{|x| \to \infty} |x^\alpha \partial^p \varphi(x)| = 0,$$

其中 $x^\alpha \partial^p \varphi(x)$ 表示 $x_1^{\alpha_1} \cdots x_n^{\alpha_n} \partial_{x_1}^{p_1} \cdots \partial_{x_n}^{p_n} \varphi(x)$, 则称 $\varphi(x)$ 是 $\mathbb{R}^n$ 上的**速降函数**, 记 $\mathbb{R}^n$ 上速降函数全体所组成的空间为速降函数空间, 记为 $\mathscr{S}(\mathbb{R}^n)$.

$\mathscr{S}(\mathbb{R}^n)$ 中的极限关系定义为: 若 $\{\varphi_\nu\}$ 是 $\mathscr{S}(\mathbb{R}^n)$ 中的一函数列, 若对任意的重指标 α, p,

$$\sup_{x \in \mathbb{R}^n} |x^\alpha \partial^p \varphi_\nu(x)| \to 0, \quad \nu \to \infty,$$

则称 $\varphi_\nu \to 0(\mathscr{S}(\mathbb{R}^n))$.

上面所引进的三个基本函数空间之间的包含关系为

$$\mathscr{D}(\Omega) \subset \mathscr{E}(\Omega), \quad \mathscr{D}(\mathbb{R}^n) \subset \mathscr{S}(\mathbb{R}^n) \subset \mathscr{E}(\mathbb{R}^n), \tag{6.1.3}$$

并且每一个在其后面一个中稠密.

定义 6.1.1 称 $C_0^\infty(\Omega)(\mathscr{D}(\Omega))$ 上的线性连续泛函为 $\mathscr{D}'(\Omega)$ 广义函数, 称 $C^\infty(\Omega)(\mathscr{E}(\Omega))$ 上的线性连续泛函为 $\mathscr{E}'(\Omega)$ 广义函数, 称 $\mathscr{S}(\mathbb{R}^n)$ 上的线性连续泛函为 $\mathscr{S}'(\mathbb{R}^n)$ 广义函数.

由 (6.1.3) 以及每个空间在后续空间中稠密的性质可知,

$$\mathscr{D}'(\Omega) \supset \mathscr{E}'(\Omega), \quad \mathscr{D}'(\mathbb{R}^n) \supset \mathscr{S}'(\mathbb{R}^n) \supset \mathscr{E}'(\mathbb{R}^n). \tag{6.1.4}$$

对在确定的基本函数空间上定义的广义函数 F, 作用在该基本函数空间中任一给定元素 φ 的值可记为 $F(\varphi)$ 或 $\langle F, \varphi\rangle$.

例 6.1.1 区域 Ω 上任一局部可积函数都是 $\mathscr{D}'(\Omega)$ 广义函数.

局部可积函数是指在 Ω 的任一紧集上均为可积的函数. 若 $f(x)$ 是 Ω 上一局部可积函数, 即 $f \in L^1_{\text{loc}}(\Omega)$, 则对任意 $\varphi \in C_0^\infty(\Omega)$, 令

$$\langle f, \varphi\rangle = \int_\Omega f(x)\varphi(x)dx.$$

显然该积分是有意义的, 易证其定义了一个 $C_0^\infty(\Omega)$ 上的一个线性泛函. 当 $\varphi_\nu \to 0(C_0^\infty(\Omega))$ 时, 由于 $\varphi_\nu(x)$ 的支集都包含在紧集 $K \subset \Omega$ 中,

$$|\langle f, \varphi_\nu\rangle| \leqslant \max_K |\varphi_\nu| \int_K |f(x)|dx \to 0,$$

所以 $\langle f, \varphi\rangle$ 为连续泛函, 于是 f 就定义了一个 $C_0^\infty(\Omega)$ 上的 $\mathscr{D}'(\Omega)$ 广义函数, 即 $f \in \mathscr{D}'(\Omega)$.

例 6.1.2 δ 函数既是 $\mathscr{D}'(\mathbb{R}^n)$ 广义函数又是 $\mathscr{S}'(\mathbb{R}^n)$ 和 $\mathscr{E}'(\mathbb{R}^n)$ 广义函数, 而且 $\delta(x) = \delta(x_1)\delta(x_2)\cdots\delta(x_n)$, $\forall x = (x_1, x_2, \cdots, x_n) \in \mathbb{R}^n$.

事实上, 由前面关于 δ 函数的定义可知, δ 函数作用于基本空间的任一给定函数 $\varphi(x)$ 上得到的值为 $\langle \delta, \varphi\rangle = \varphi(0)$. 显然, 这是一个线性连续泛函, 且无论按 $C_0^\infty(\mathbb{R}^n)$, $\mathscr{S}(\mathbb{R}^n)$ 还是 $C^\infty(\mathbb{R}^n)$ 的极限定义, 当 $\varphi_\nu(x) \to 0$ 时, 都有 $\varphi_\nu(0) \to 0$, 所以 δ 函数为 $\mathscr{D}'(\mathbb{R}^n)$, $\mathscr{S}'(\mathbb{R}^n)$, $\mathscr{E}'(\mathbb{R}^n)$ 广义函数. 后者很容易由 δ 函数的定义推出.

6.1.3　广义函数的性质与运算

1. 广义函数的支集

对于广义函数来说, 一般不能说它在一特定点的取值, 但是它在任一开子集上的值 (或称它在任一开子集上的限制) 是有确切意义的.

定义 6.1.2　若有一广义函数 $T \in \mathscr{D}'(\Omega)$, 对任一函数 $\varphi \in C_0^\infty(\Omega_1)(\Omega_1 \subset \Omega)$ 都成立

$$\langle T, \varphi \rangle = 0, \tag{6.1.5}$$

则称 T 在 Ω_1 中为零, 或者说 T 在 Ω_1 中取零值.

据此定义, 若广义函数 T_1, T_2 在 Ω_1 中使 $T_1 - T_2$ 取零值, 则称 T_1, T_2 在 Ω_1 中相等. 于是一个广义函数可以在 $\mathbb{R}^n$ 的某个开子集上等于一个常义函数, 甚至是 C^∞ 光滑函数. 例如, δ 函数仅在含原点的开集内是 "广义" 的, 而在不含原点的任一开集上, 取值为零.

利用广义函数在开子集中取值的概念, 可以定义广义函数的支集.

定义 6.1.3　使广义函数 T 取零值的最大开集的余集, 称为**广义函数 T 的支集**, 记为 $\operatorname{supp} T$.

由此定义可知, 对于广义函数 T 与基本函数 φ, 当 $\operatorname{supp} T$ 与 $\operatorname{supp} \varphi$ 不相交时, 必有 $\langle T, \varphi \rangle = 0$. 如果 $f(x)$ 为连续函数, 则按常义函数定义的支集与它作为广义函数时的支集是相同的. 显然, δ 函数的支集为原点 $\{O\}$. 此外, 还可以证明任一 $\mathscr{E}'(\Omega)$ 广义函数 T, 其支集都是紧的: 反之, 任一 $\mathscr{D}'(\Omega)$ 广义函数 T, 若其支集为紧的, 则其必为 $\mathscr{E}'(\Omega)$ 广义函数.

2. 广义函数的极限

广义函数的极限可以有多种定义, 这里仅介绍一种常用的弱极限, 并简称为极限.

定义 6.1.4　若有属于某一基本函数空间的广义函数列 $\{T_k\}$, 对于基本函数空间中任一给定的元素 φ, 当 $k \to \infty$ 时, 成立

$$\langle T_k, \varphi \rangle \to 0, \tag{6.1.6}$$

则称 T_k **弱收敛**于零或简称 T_k **收敛**于零或 T_k 以零为**极限**. 如果 $T_k - T$ 的极限是零, 则称 T_k 的**极限**为 T, 记为 $T_k \to T$.

根据这一定义就可以知道前面的 $f_\varepsilon(x)$ 极限为 $\delta(x)$.

例 6.1.3　设 $f_\nu(x) = \dfrac{1}{\pi}\dfrac{\sin \nu x}{x}, x \in \mathbb{R}$, 则当 $\nu \to \infty$ 时有 $f_\nu \to \delta$.

事实上, 对任一给定的 $C_0^\infty(\mathbb{R})$ 函数 $\varphi(x)$, 利用黎曼-勒贝格引理知

$$\langle f_\nu,\varphi\rangle=\frac{1}{\pi}\int_{-\infty}^{+\infty}\frac{\sin\nu x}{x}\varphi(x)dx\to\varphi(0)=\langle\delta,\varphi\rangle.$$

例 6.1.4 当 $t\to 0$ 时, $(4\pi t)^{-\frac{1}{2}}e^{-\frac{x^2}{4t}}(x\in\mathbb{R})$ 按广义函数极限的意义收敛于 $\delta(x)$.

证明 对任一 $\varphi\in C_0^\infty(\mathbb{R})$, 有

$$\left|\int_{-\infty}^{+\infty}(4\pi t)^{-\frac{1}{2}}e^{-\frac{x^2}{4t}}\varphi(x)dx-\varphi(0)\right|\leqslant\int_{-\infty}^{+\infty}(4\pi t)^{-\frac{1}{2}}e^{-\frac{x^2}{4t}}|\varphi(x)-\varphi(0)|dx.$$

上式利用了积分 $\displaystyle\int_{-\infty}^{+\infty}e^{-y^2}dy=\sqrt{\pi}$. 对任意给定的 $\varepsilon>0$, 取 λ 充分小, 使得当 $|x|<\lambda$ 时, $|\varphi(x)-\varphi(0)|<\dfrac{\varepsilon}{2}$, 则

$$\begin{aligned}\text{上式右端}&\leqslant\frac{\varepsilon}{2}\int_{-\lambda}^{\lambda}(4\pi t)^{-\frac{1}{2}}e^{-\frac{x^2}{4t}}dx+\int_{-\infty}^{-\lambda}(4\pi t)^{-\frac{1}{2}}e^{-\frac{x^2}{4t}}dx\\&\quad+\int_{\lambda}^{+\infty}(4\pi t)^{-\frac{1}{2}}e^{-\frac{x^2}{4t}}dx\\&=\frac{\varepsilon}{2}+\int_{-\infty}^{-(4t)^{-\frac{1}{2}}\lambda}\pi^{-\frac{1}{2}}e^{-y^2}dy+\int_{(4t)^{-\frac{1}{2}}\lambda}^{+\infty}\pi^{-\frac{1}{2}}e^{-y^2}dy.\end{aligned}$$

于是可取 t 充分小, 使上式第二、三项都小于 $\dfrac{\varepsilon}{4}$, 故有

$$\int_{-\infty}^{+\infty}(4\pi t)^{-\frac{1}{2}}e^{-\frac{x^2}{4t}}\varphi(x)dx\to\varphi(0)=\langle\delta,\varphi\rangle.$$

3. 广义函数的乘子

定义 6.1.5 设 T 为 $\mathscr{D}'(\Omega)$ 广义函数, $\alpha\in C^\infty(\Omega)$, 则 α 与 T 的乘积 αT 定义为

$$\langle\alpha T,\varphi\rangle=\langle T,\alpha\varphi\rangle,\quad\forall\varphi\in C_0^\infty(\Omega).\tag{6.1.7}$$

由于从 $\alpha\in C^\infty(\Omega)$ 可以推出 $\alpha\varphi\in C_0^\infty(\Omega)$, 又从 $\varphi_k\to 0(C_0^\infty(\Omega))$ 可推断出 $\alpha\varphi_k\to 0(C_0^\infty(\Omega))$, 所以 (6.1.7) 式确实定义了一个 $\mathscr{D}'(\Omega)$ 广义函数, $\alpha(x)$ 称为 $\mathscr{D}'(\Omega)$ **广义函数的乘子**.

对 $\mathscr{E}'(\Omega)$ 与 $\mathscr{S}'(\mathbb{R}^n)$ 广义函数也可定义与 C^∞ 函数的乘积. 任一 $C^\infty(\Omega)$ 也定义为 $\mathscr{E}'(\Omega)$ 广义函数的乘子, 但对 $\mathscr{S}'(\mathbb{R}^n)$ 广义函数来说, 则不然.

例 6.1.5 假设 $\alpha \in C^\infty(\mathbb{R}^n)$, 则有 $\alpha(x)\delta(x-y) = \alpha(y)\delta(x-y)$, 特别, $x\delta(x) = 0 \cdot \delta(x) = 0$.

事实上, 对任意给定的函数 $\varphi \in C_0^\infty(\mathbb{R}^n)$, 成立

$$\begin{aligned}\langle \alpha(x)\delta(x-y), \varphi(x)\rangle &= \langle \delta(x-y), \alpha(x)\varphi(x)\rangle = \alpha(y)\varphi(y)\\ &= \langle \alpha(y)\delta(x-y), \varphi(x)\rangle.\end{aligned}$$

4. *广义函数的导数*

定义 6.1.6 设 T 为 $\mathscr{D}'(\Omega)$ 广义函数, 定义 T 关于 x_k 的偏导数 (**广义导数或导数**) $\dfrac{\partial T}{\partial x_k}$ 为

$$\left\langle \frac{\partial T}{\partial x_k}, \varphi \right\rangle = -\left\langle T, \frac{\partial \varphi}{\partial x_k} \right\rangle, \quad \forall \varphi \in C_0^\infty(\Omega). \tag{6.1.8}$$

由于从 $\varphi \in C_0^\infty(\Omega)$ 可以推出 $\dfrac{\partial \varphi}{\partial x_k} \in C_0^\infty(\Omega)$, 且从 $\varphi_\nu \to 0(C_0^\infty(\Omega))$ 可得

$$\frac{\partial \varphi_\nu}{\partial x_k} \to 0 \quad (C_0^\infty(\Omega)),$$

所以 (6.1.8) 左端确实定义了一个 $C_0^\infty(\Omega)$ 上的线性连续泛函, 即 $\dfrac{\partial T}{\partial x_k}$ 也是 $\mathscr{D}'(\Omega)$ 广义函数. 易证, 当 T 具有一阶连续偏导数时, 这一定义与普通偏导数是一致的, 因为 (6.1.8) 就相当于一个分部积分公式.

类似地, 可以定义广义函数的高阶导数. 对重指标 α 有

$$\langle \partial^\alpha T, \varphi\rangle = (-1)^\alpha \langle T, \partial^\alpha \varphi\rangle, \quad \forall \varphi \in C_0^\infty(\Omega), \tag{6.1.9}$$

其中重指标 α 满足 $|\alpha| = \alpha_1 + \alpha_2 + \cdots + \alpha_n, \alpha_i (1 \leqslant i \leqslant n)$ 为非负整数.

$\mathscr{E}'(\Omega)$ 与 $\mathscr{S}'(\mathbb{R}^n)$ 广义函数的导数或高阶导数也可类似地定义.

由广义导数的定义可知

性质 1 广义函数的任意阶导数存在.

性质 2 广义函数的导数与求导的次序无关. 例如, 就二阶导数而言, 有

$$\frac{\partial^2 T}{\partial x_j \partial x_k} = \frac{\partial^2 T}{\partial x_k \partial x_j},$$

这是因为对任一给定的 $\varphi \in C_0^\infty(\Omega)$ 成立

$$\left\langle \frac{\partial^2 T}{\partial x_j \partial x_k}, \varphi \right\rangle = \left\langle T, \frac{\partial^2 \varphi}{\partial x_k \partial x_j} \right\rangle = \left\langle T, \frac{\partial^2 \varphi}{\partial x_j \partial x_k} \right\rangle = \left\langle \frac{\partial^2 T}{\partial x_k \partial x_j}, \varphi \right\rangle.$$

性质 3 若广义函数列 $\{f_\nu\}$ 以 f 为极限, 则对于任意重指标 α, 成立 $\partial^\alpha f_\nu \to \partial^\alpha f$.

例 6.1.6 求 Heaviside 函数

$$H(x) = \begin{cases} 1, & x \geqslant 0, \\ 0, & x < 0 \end{cases}$$

的导数.

作为一个常义函数来说, $H(x)$ 在 $x=0$ 处不存在导数, 但作为广义函数, 它在 $\mathbb{R}$ 上可导. 事实上, 对于任一 $\varphi \in C_0^\infty(\mathbb{R})$, 成立

$$\left\langle \frac{dH}{dx}, \varphi \right\rangle = -\left\langle H, \frac{d\varphi}{dx} \right\rangle = -\int_0^{+\infty} \frac{d\varphi}{dx} = \varphi(0) = \langle \delta, \varphi \rangle,$$

所以 $\dfrac{dH}{dx} = \delta(x)$.

例 6.1.7 设 $f(x)$ 在 $(-\infty, x_0) \cup (x_0, +\infty)$ 上连续可微, x_0 是不连续点, 求其广义导数.

解 对于任一 $\varphi \in C_0^\infty(\mathbb{R})$, 则有

$$\begin{aligned}
\langle f', \varphi \rangle &= -\langle f, \varphi' \rangle \\
&= -f(x)\varphi(x)\Big|_{-\infty}^{x_0} + \int_{-\infty}^{x_0} f'(x)\varphi(x)dx \\
&\quad - f(x)\varphi(x)\Big|_{x_0}^{+\infty} + \int_{x_0}^{+\infty} f'(x)\varphi(x)dx \\
&= [f(x)]|_{x=x_0}\varphi(x_0) + \int_{-\infty}^{x_0} f'(x)\varphi(x)dx + \int_{x_0}^{+\infty} f'(x)\varphi(x)dx \\
&= \langle [f(x)]|_{x=x_0}\delta(x-x_0), \varphi(x) \rangle + \langle f'(x), \varphi(x) \rangle|_{x \neq x_0},
\end{aligned}$$

其中 $[f(x)]|_{x=x_0} = f(x_0+0) - f(x_0-0)$. 这样就得到

$$f'(x) = [f(x)]|_{x=x_0}\delta(x-x_0) + f'(x)|_{x \neq x_0}.$$

例 6.1.8 设 $f(x) = |x| + 1$, 求 $f'(x)$, $f''(x)$.

解 由于 $f(x)=|x|+1$ 在区间 $(-\infty,0)$ 和 $(0,+\infty)$ 上分段连续可导, 0 是不可导点, 按常义函数来求导, 则

$$f'(x)=\begin{cases}1, & x>0,\\ -1, & x<0.\end{cases}$$

但作为广义函数, $f(x)=|x|+1$ 在 $\mathbb{R}$ 上可导, 易验证其广义导数为上式. 对于 $f''(x)$, 则由例 6.1.7 知 $f''(x)=[f'(x)]|_{x=0}\delta(x)+f''(x)|_{x\neq0}=2\delta(x)$.

结合定义 6.1.5 和定义 6.1.6, 以 C^∞ 函数为系数的线性偏微分算子

$$P(x,\partial)=\sum_{|\alpha|\leqslant m}a_\alpha(x)\partial^\alpha \tag{6.1.10}$$

作用于广义函数是有意义的, 从而我们可以在广义函数的意义下考察偏微分方程(如波动方程、热传导方程和拉普拉斯方程)

$$P(x,\partial)u=f. \tag{6.1.11}$$

如果广义函数 u 满足 (6.1.11)(即 u 为 (6.1.11) 的广义解), 就表示对任一给定的 C_0^∞ 函数 $\varphi(x)$, 成立

$$\langle u,P^*(x,\partial)\varphi\rangle=\langle f,\varphi\rangle, \tag{6.1.12}$$

其中 $P^*(x,\partial)\varphi=\sum_{|\alpha|\leqslant m}(-1)^{|\alpha|}\partial^\alpha(a_\alpha(x)\varphi)$.

5. 广义函数的自变量变换

对于一个常义函数来说, 可以通过可逆的自变量变换, 导出一个关于新变量的函数, 而且在每点上都有对应的函数值. 对于一个广义函数来说, 虽然不能按每点给一个函数值的方式去理解它, 但相应于自变量变换, 仍然可以定义广义函数, 它正是常义函数自变量变换概念的扩充.

定义 6.1.7 设 $\Omega_x\subseteq\mathbb{R}^n(n\geqslant1)$ 是一开集, 若存在一 C^∞ 可逆自变量变换 $y=\psi(x)$, 将 Ω_x 与 $\Omega_y\subseteq\mathbb{R}^n$ 构成一一对应, 对于给定的 $\mathscr{D}'(\Omega_x)$ 广义函数 T, 定义由它诱导出的广义函数 $S\in\mathscr{D}'(\Omega_y)$ 为

$$\langle S,\varphi\rangle=\langle T,\varphi(\psi(x))|\det(\psi'(x))|\rangle,\quad \forall\varphi\in C_0^\infty(\Omega_y), \tag{6.1.13}$$

其中 $\det(\psi'(x))$ 是 ψ 在点 $x\in\Omega_x$ 的**雅可比 (Jacobi) 行列式**.

上面的定义是合理的, 这是因为在变换 $y=\psi(x)$ 及逆变换下, Ω_x 中的紧集变为 Ω_y 中的紧集, 反之亦然, 又因为 $y=\psi(x)$ 是 C^∞ 函数, 故 $|\det(\psi'(x))|$ 及其各阶偏导数在 Ω_x 中的任一紧集都是有界的, 若有函数列 $\varphi_\nu\in C_0^\infty(\Omega_y)$, 满

足 $\varphi_\nu \to 0(C_0^\infty(\Omega_y))$, 则有 $\varphi_\nu(\psi(x))|\det(\psi'(x))| \to 0(C_0^\infty(\Omega_x))$. 因此, 若 T 为 $\mathscr{D}'(\Omega_x)$ 广义函数, 即可知 S 为 $\mathscr{D}'(\Omega_y)$ 广义函数.

例 6.1.9 验证 $\delta(ax+by)\delta(cx+dy) = \dfrac{1}{|ad-bc|}\delta(x)\delta(y), \forall x, y \in \mathbb{R}^n$, a, b, c 和 d 是常数且 $ad \neq bc$.

事实上, 取变换 $\psi(x,y): \xi = ax+by, \eta = cx+dy$, 这是一个无穷次可微的可逆变换, 其雅可比行列式为 $\dfrac{\partial(\xi,\eta)}{\partial(x,y)} = ad-bc \neq 0$. 记 $\psi(x,y)$ 的逆变换为 $\psi^{-1}(\xi,\eta)$. 对任意 $\Phi \in C_0^\infty(\mathbb{R}^{2n}_{(x,y)})$, 令 $\varphi(\xi,\eta) = \Phi(\psi^{-1}(\xi,\eta))$, 由 (6.1.13) 知 $\langle\delta(x)\delta(y), \Phi(x,y)\rangle = \Phi(0,0) = \varphi(0,0) = \langle\delta(\xi)\delta(\eta), \varphi(\xi,\eta)\rangle = \langle\delta(ax+by)\delta(cx+dy), \Phi(x,y)|ad-bc|\rangle$, 这样就得到 $\delta(ax+by)\delta(cx+dy) = \dfrac{1}{|ad-bc|}\delta(x)\delta(y)$.

例 6.1.10 设 $g(x)$ 是 $\mathbb{R}$ 上无穷次可微的函数且只有一个零点 x_0, 另外对所有 $x \in \mathbb{R}$ 恒成立 $g'(x) > 0(<0)$. 则 $\delta(g(x)) = \dfrac{1}{g'(x_0)}\delta(x-x_0)$.

解 显然 $g(x)$ 存在反函数, 记为 $g^{-1}(\xi)$. 对任意 $\Phi \in C_0^\infty(\mathbb{R}_x)$, 令 $\varphi(\xi) = \Phi(g^{-1}(\xi))$, 由 (6.1.13) 知 $\langle\delta(x-x_0), \Phi(x)\rangle = \Phi(x_0) = \varphi(0) = \langle\delta(\xi), \varphi(\xi)\rangle = \langle\delta(g(x)), \Phi(x)|g'(x)|\rangle = \langle|g'(x_0)|\delta(g(x)), \Phi(x)\rangle$, 这样就得到所求的结果.

6. 广义函数的卷积

若 $f(x), g(x)$ 为 $\mathbb{R}$ 上的两个绝对可积函数, 回顾第 5 章卷积的定义可知

$$f*g(x) = \int_{-\infty}^{+\infty} f(x-y)g(y)dy.$$

当 x, y 在 $\mathbb{R}^n$ 中变化, f, g 在 $\mathbb{R}^n$ 是绝对可积的, 也可相应地定义它们的卷积,

$$f*g(x) = \int_{\mathbb{R}^n} f(x-y)g(y)dy.$$

如果将 $f*g$ 看为 $\mathscr{D}'(\mathbb{R}^n)$ 广义函数, 则对任一 $\varphi \in C_0^\infty(\mathbb{R}^n)$,

$$\begin{aligned}
\langle f*g(x), \varphi(x)\rangle &= \int_{\mathbb{R}^n} \varphi(x) \int_{\mathbb{R}^n} f(x-y)g(y)dydx \\
&= \int_{\mathbb{R}^n} g(y)dy \int_{\mathbb{R}^n} \varphi(x)f(x-y)dx \\
&= \int_{\mathbb{R}^n} g(y)dy \int_{\mathbb{R}^n} \varphi(z+y)f(z)dz \\
&= \int_{\mathbb{R}^n} g(y)dy \int_{\mathbb{R}^n} \varphi(x+y)f(x)dx
\end{aligned}$$

$$
\begin{aligned}
&= \langle g(y), \langle f(x), \varphi(x+y)\rangle\rangle \\
&= \int_{\mathbb{R}^n} f(x)dx \int_{\mathbb{R}^n} \varphi(x+y)g(y)dy \\
&= \langle f(x), \langle g(y), \varphi(x+y)\rangle\rangle.
\end{aligned}
$$

相应地, 可以定义两个广义函数的卷积.

定义 6.1.8 设 S,T 为两个 $\mathscr{D}'(\mathbb{R}^n)$ 广义函数, 其卷积定义为

$$
\langle S*T,\varphi\rangle = \langle S_x, \langle T_y, \varphi(x+y)\rangle\rangle, \quad \forall \varphi \in C_0^\infty(\mathbb{R}^n), \tag{6.1.14}
$$

其中右边 S_x 和 T_y 是分别作用在 $C_0^\infty(\mathbb{R}_x^n)$ 和 $C_0^\infty(\mathbb{R}_y^n)$ 上的广义函数.

在上述定义中并非任何两个广义函数都可求卷积, 但只要两个广义函数中有一个是 $(\mathscr{E})'(\mathbb{R}^n)$ 广义函数, 它们的卷积就存在. 如果两个广义函数可以求卷积的话, 求卷积的次序是可以变换的, 即 $S*T=T*S$.

广义函数的卷积有如下性质:

(1) $(R*S)*T=R*(S*T)$.

(2) $\delta*T=T$.

(3) $\partial_k T=(\partial_k\delta)*T$.

(4) $\partial_k(S*T)=(\partial_k S)*T=S*\partial_k T$.

根据上述性质 (4), 如果有一个常系数的线性偏微分算子 $P(\partial)=\sum_{|\alpha|\leqslant m} a_\alpha\partial^\alpha$ 作用于两个广义函数的卷积上, 那么只需将其作用于其中之一, 即

$$
P(\partial)(E*T)=(P(\partial)E)*T=E*(P(\partial)T).
$$

7. 广义函数的傅里叶变换

在本节我们要介绍广义函数的傅里叶变换, 它是第 5 章常义函数的傅里叶变换的推广, 使傅里叶变换成为更灵活更有力的工具. 在这里只讨论 $\mathscr{S}'(\mathbb{R}^n)$ 广义函数的傅里叶变换, 它是通过对偶的方式由 $\mathscr{S}(\mathbb{R}^n)$ 中的傅里叶变换导出的.

由第 5 章知, 若 $f\in\mathscr{S}(\mathbb{R}^n)$, 则 $f(x)$ 的傅里叶变换定义为

$$
\mathscr{F}[f](\lambda)=\int_{\mathbb{R}^n} f(x)e^{-i\lambda\cdot x}dx,
$$

其中 $\lambda\cdot x=\lambda_1x_1+\lambda_2x_2+\cdots+\lambda_nx_n$.

同样, 对 $g\in\mathscr{S}(\mathbb{R}^n)$, 定义其傅里叶逆变换为

$$
\mathscr{F}^{-1}[g](x)=\frac{1}{(2\pi)^n}\int_{\mathbb{R}^n} g(\lambda)e^{i\lambda\cdot x}d\lambda.
$$

定义 6.1.9 对于任一给定的 $(\mathscr{S})'(\mathbb{R}^n)$ 广义函数 T, 定义它的傅里叶变换为

$$\langle \mathscr{F}[T], \varphi \rangle = \langle T, \mathscr{F}[\varphi] \rangle, \quad \forall \varphi \in \mathscr{S}(\mathbb{R}^n). \tag{6.1.15}$$

同样, 可定义广义函数 T 的傅里叶逆变换为

$$\langle \mathscr{F}^{-1}[T], \varphi \rangle = \langle T, \mathscr{F}^{-1}[\varphi] \rangle, \quad \forall \varphi \in \mathscr{S}(\mathbb{R}^n). \tag{6.1.16}$$

如果 T 是 $\mathbb{R}^n$ 上的绝对可积函数, 则对任意函数 $\varphi \in \mathscr{S}(\mathbb{R}^n)$, 成立

$$\begin{aligned}\langle \mathscr{F}[T], \varphi \rangle = \langle T, \mathscr{F}[\varphi] \rangle &= \int_{\mathbb{R}^n} \left(\int_{\mathbb{R}^n} \varphi(\lambda) e^{-i\lambda \cdot x} d\lambda \right) T(x) dx \\ &= \int_{\mathbb{R}^n} \left(\int_{\mathbb{R}^n} T(x) e^{-i\lambda \cdot x} dx \right) \varphi(\lambda) d\lambda,\end{aligned}$$

所以

$$\mathscr{F}[T](\lambda) = \int_{\mathbb{R}^n} T(x) e^{-i\lambda \cdot x} dx.$$

这说明按经典意义可以进行傅里叶变换的函数, 也可以按广义函数意义作傅里叶变换, 而且二者相等. 这样, 定义 6.1.9 就扩充了傅里叶变换的概念与应用范围.

$\mathscr{S}'(\mathbb{R}^n)$ 广义函数的傅里叶变换和逆变换也有如下性质:

性质 1 广义函数的傅里叶变换也是线性变换, 即对于任意的两个 $\mathscr{S}'(\mathbb{R}^n)$ 广义函数 T_1, F_2 和常数 α, β, 成立

$$\mathscr{F}[\alpha T_1 + \beta T_2] = \alpha \mathscr{F}[T_1] + \beta \mathscr{F}[T_2].$$

性质 2 如果 T 是 $\mathscr{S}'(\mathbb{R}^n)$ 广义函数, 则成立

$$\mathscr{F}^{-1}[\mathscr{F}[T]] = T.$$

证明 事实上, 对任意函数 $\varphi \in \mathscr{S}(\mathbb{R}^n)$, 成立

$$\langle \mathscr{F}^{-1}[\mathscr{F}[T]], \varphi \rangle = \langle \mathscr{F}[T], \mathscr{F}^{-1}[\varphi] \rangle = \langle T, \mathscr{F}[\mathscr{F}^{-1}[\varphi]] \rangle = \langle T, \varphi \rangle.$$

性质 3 广义函数的傅里叶变换将求导运算变为乘以幂函数的运算, 反过来也将乘以幂函数的运算变为求导运算, 即对任意 $\mathscr{S}'(\mathbb{R}^n)$ 广义函数 T 成立

$$\mathscr{F}[\partial_j T] = i\lambda_j \mathscr{F}[T], \quad \mathscr{F}[\partial^\alpha T] = i^{|\alpha|} \lambda^\alpha \mathscr{F}[T],$$

$$\mathscr{F}[-ix_j T] = \frac{\partial}{\partial \lambda_j} \mathscr{F}[T], \quad \mathscr{F}[(-i)^{|\alpha|} x^\alpha T] = \partial^\alpha \mathscr{F}[T].$$

证明　对任意函数 $\varphi \in \mathscr{S}(\mathbb{R}^n)$, 有

$$\langle \mathscr{F}[\partial_j T], \varphi\rangle = \langle \partial_j T, \mathscr{F}[\varphi]\rangle = -\langle T, \partial_j \mathscr{F}[\varphi]\rangle$$
$$= -\langle T, \mathscr{F}[-i\lambda_j \varphi]\rangle = -\langle \mathscr{F}[T], -i\lambda_j\varphi\rangle = \langle i\lambda_j \mathscr{F}[T], \varphi\rangle,$$

从而 $\mathscr{F}[\partial_j T] = i\lambda_j \mathscr{F}[T]$. 其他几式类似证明.

性质 4　在一定条件下, 广义函数的傅里叶变换将卷积运算变为乘法运算, 反之, 将乘法运算变为卷积运算, 即成立

$$\mathscr{F}[S * T] = \mathscr{F}[S]\cdot\mathscr{F}[T], \quad \mathscr{F}[S\cdot T] = \mathscr{F}[S] * \mathscr{F}[T].$$

由于任意两个 $\mathscr{S}'(\mathbb{R}^n)$ 广义函数的卷积和乘积不一定存在, 所以上述性质 4 要在一定条件下成立. 例如: 如果 $\varphi \in \mathscr{S}(\mathbb{R}^n), T \in \mathscr{S}'(\mathbb{R}^n)$, 则

$$\mathscr{F}[\varphi * T] = \mathscr{F}[\varphi]\cdot\mathscr{F}[T];$$

如果 $R \in \mathscr{E}'(\Omega), T \in \mathscr{S}'(\mathbb{R}^n)$, 则

$$\mathscr{F}[R\cdot T] = \mathscr{F}[R] * \mathscr{F}[T].$$

性质 5　傅里叶变换建立了一个从 $\mathscr{S}'(\mathbb{R}^n)$ 到 $\mathscr{S}'(\mathbb{R}^n)$ 的同构对应.

例 6.1.11　对任意的 $\varphi(\mathbb{R}^n)$, 成立

$$\langle F[\delta(x-a)], \varphi\rangle = \langle \delta(x-a), F[\varphi]\rangle = \left\langle \delta(x-a), \int_{R^n} \varphi(\lambda) e^{-i\lambda\cdot x} d\lambda \right\rangle$$
$$= \int_R \varphi(\lambda) e^{-ia\cdot\lambda} d\lambda = \langle e^{-ia\cdot\lambda}, \varphi(\lambda)\rangle.$$

所以 $F[\delta(x-a)](\lambda) = e^{-ia\cdot\lambda}$. 特别取 $a = 0$, 则

$$F[\delta(x)](\lambda) = 1.$$

例 6.1.12　求 1 的傅里叶变换.

解　对任意的 $\varphi(\mathbb{R}^n)$, 记 $F[\varphi] = \hat{\varphi}$, 则 $F^{-1}[\hat{\varphi}] = \varphi$, 且有

$$\langle F[1], \varphi\rangle = \langle 1, F[\varphi]\rangle = \int_{R^n} \hat{\varphi}(\lambda) d\lambda = \frac{(2\pi)^n}{(2\pi)^n}\int_{R^n} \hat{\varphi}(\lambda) e^{i0\cdot\lambda} d\lambda$$
$$= (2\pi)^n \varphi(0) = \langle (2\pi)^n \delta, \varphi\rangle,$$

因此, 有 $F[1] = (2\pi)^n \delta$.

6.1.4 基本解

基本解的概念在数学物理方程中十分重要, 它的物理意义是热传导问题中点热源所产生的温度场与静电学中点电荷所产生的电势.

设

$$Lu = \sum_{|\alpha| \leqslant m} a_\alpha(x) D^{|\alpha|} u = 0 \tag{6.1.17}$$

为一个全空间 $\mathbb{R}^n (n \geqslant 1)$ 上的 $m(m \geqslant 1)$ 阶常系数线性微分方程, 其中 $\alpha = (\alpha_1, \alpha_2, \cdots, \alpha_n)$, $\alpha_1 + \alpha_2 + \cdots + \alpha_n = |\alpha|$, 且 α_i 为非负整数. 如果存在一广义函数 u, 使

$$Lu = \delta(x - \xi) \tag{6.1.18}$$

成立, 其中 $\xi \in \mathbb{R}^n$ 是一固定点, 则称 u 为方程 (6.1.17) 的**基本解**或微分算子 L 的基本解, 也称为全空间 $\mathbb{R}^n (n \geqslant 1)$ 上微分算子 L 的**格林函数**, 记为 $\Gamma(x; \xi)$.

如果 $\Gamma(x; \xi)$ 是微分方程 (6.1.17) 的基本解, 则对于非齐次方程

$$Lu = f. \tag{6.1.19}$$

当 $f \in \mathcal{E}'(\mathbb{R}^n)$ 时, $\Gamma * f$ 就是方程 (6.1.19) 的解. 事实上,

$$L(\Gamma * f) = (L\Gamma) * f = \delta * f = f.$$

当 f 不是具有紧支集的广义函数时, 也可以在局部区域上用卷积形式表示方程 (6.1.19) 的解. 例如一阶常系数常微分方程

$$\frac{dy}{dx} + ay = \delta(x). \tag{6.1.20}$$

将它写成

$$\frac{d}{dx}(e^{ax} y) = e^{ax} \delta(x).$$

由于 $e^{ax}\delta(x) = \delta(x)$, 可得

$$\frac{d}{dx}(e^{ax} y) = \delta(x).$$

故基本解为

$$y(x) = e^{-ax} H(x), \tag{6.1.21}$$

其中 $H(x)$ 为 Heaviside 函数.

6.2 椭圆方程的格林函数

6.2.1 格林公式

假设 $\Omega \subset \mathbb{R}^n (n \geqslant 2)$ 是一个具有分段光滑边界 $\partial\Omega$ 的有界区域, 如果 $\mathbf{w} = (w_1, w_2, \cdots, w_n)$ 在 $\bar{\Omega}$ 上连续且在 Ω 内有连续的偏导数, 则由散度定理知

$$\int_\Omega \mathrm{div}\mathbf{w}\, dx = \int_{\partial\Omega} \mathbf{w} \cdot \mathbf{n}\, dS, \tag{6.2.1}$$

其中 $\mathbf{n} = (\nu_1, \nu_2, \cdots, \nu_n)$ 是边界 $\partial\Omega$ 的单位外法向量, dS 是 $\partial\Omega$ 上的面积微元.

对固定 $1 \leqslant i \leqslant n$, 如果在 (6.2.1) 中令 $\mathbf{w} = (0, 0, \cdots, uv, \cdots, 0)$, 即 $w_i = uv, w_j = 0, j \neq i, u, v \in C^1(\Omega) \cup C^0(\bar{\Omega})$, 则有

$$\int_\Omega u\frac{\partial v}{\partial x_i}\, dx = -\int_\Omega v\frac{\partial u}{\partial x_i} dx + \int_{\partial\Omega} uv\nu_i\, dS. \tag{6.2.2}$$

上式称为 n 元函数的**分部积分公式**.

如果在 (6.2.2) 中用 $\dfrac{\partial v}{\partial x_i}$ 代替 v, 在这里假定 $v \in C^2(\Omega) \cup C^1(\bar{\Omega})$, 然后相对于 i 从 1 到 n 求和, 就得到

$$\int_\Omega u\Delta v dx = -\int_\Omega \nabla u \nabla v dx + \int_{\partial\Omega} u\frac{\partial v}{\partial \mathbf{n}} dS. \tag{6.2.3}$$

(6.2.3) 称为**格林第一公式**.

对任意 $u, v \in C^2(\Omega) \cup C^1(\bar{\Omega})$, 在 (6.2.3) 中对调 u 和 v 的位置, 然后相减得

$$\int_\Omega u\Delta v - v\Delta u dx = \int_{\partial\Omega} \left(u\frac{\partial v}{\partial \mathbf{n}} - v\frac{\partial u}{\partial \mathbf{n}}\right) dS. \tag{6.2.4}$$

该式称为**格林第二公式**.

注 6.2.1 若 (6.2.3) 和 (6.2.4) 中的积分都收敛, 则格林第一、二公式对于无界区域 Ω 也成立.

6.2.2 共轭微分算子与广义解

定义 6.2.1 设 L 为一般的二阶线性偏微分算子, 其定义为

$$L = \sum_{i,j=1}^n a_{ij}(x)\frac{\partial^2}{\partial x_i \partial x_j} + \sum_{i=1}^n b_i(x)\frac{\partial}{\partial x_i} + c(x), \tag{6.2.5}$$

其中 $a_{ij}(x), b_i(x), c(x)$ 是区域 $\Omega \subset \mathbb{R}^n (n \geqslant 2)$ 上的已知函数且 $a_{ij} = a_{ji} (1 \leqslant i, j \leqslant n)$.

如果存在算子 L^* 满足

$$\int_\Omega (\varphi L\psi - \psi L^*\varphi) dx = 0, \quad \forall \varphi, \psi \in C_0^\infty(\Omega), \tag{6.2.6}$$

则称算子 L^* 为 L 的共轭微分算子.

定义 6.2.2 若 $L^* = L$, 则称 L 为自共轭微分算子.

例如, $L = -\sum_{i=1}^n \dfrac{\partial}{\partial x_i}\left(p(x)\dfrac{\partial}{\partial x_i}\right) + q(x), p(x) > 0$, $q(x) \geqslant 0$, 拉普拉斯算子 $L = -\Delta$ 和亥姆霍兹 (Helmholtz) 算子 $L = -\Delta + \lambda$(常数) 都是自共轭微分算子.

注 6.2.2 通过直接计算得到

$$L^* = \sum_{i,j=1}^n \frac{\partial^2}{\partial x_i \partial x_j} a_{ij}(x) - \sum_{i=1}^n \frac{\partial}{\partial x_i} b_i(x) + c(x). \tag{6.2.7}$$

另外也有

$$vLu - uL^*v = \sum_{i=1}^n \frac{\partial}{\partial x_i} \left\{ \sum_{j=1}^n \left[a_{ij} v \frac{\partial u}{\partial x_j} - u \frac{\partial (a_{ij} v)}{\partial x_j} \right] + uvb_i \right\}.$$

应用散度定理知对任意 $u, v \in C^2(\Omega) \cup C^1(\overline{\Omega})$,

$$\int_\Omega vLu - uL^*v dx = \sum_{i=1}^n \int_{\partial\Omega} \sum_{j=1}^n \left[a_{ij} v \frac{\partial u}{\partial x_j} \nu_i - u \frac{\partial (a_{ij} v)}{\partial x_j} \nu_i \right] + uvb_i\nu_i dS, \tag{6.2.8}$$

其中 $\mathbf{n} = (\nu_1, \nu_2, \cdots, \nu_n)$ 为边界 $\partial\Omega$ 上的单位外法向量. 令

$$b = \sum_{i=1}^n \left(b_i - \sum_{j=1}^n \frac{\partial a_{ij}}{\partial x_j} \right) \nu_i, \tag{6.2.9}$$

$$P = \sum_{i,j=1}^n a_{ij} \nu_i \frac{\partial}{\partial x_j} + \beta I, \tag{6.2.10}$$

$$Q = \sum_{i,j=1}^n a_{ij} \nu_i \frac{\partial}{\partial x_j} - (b - \beta) I, \tag{6.2.11}$$

其中 I 是恒等算子, β 是一非负常数.

这样 (6.2.8) 可写成

$$\int_{\Omega}(vLu - uL^*v)dx = \int_{\partial\Omega}(vPu - uQv)dS. \tag{6.2.12}$$

定义 6.2.3　如果对任意 $v \in \{v \in C^{\infty}(\Omega) \mid Qv|_{\partial\Omega} = 0\}$ 都成立

$$\int_{\Omega} uL^*vdx = \int_{\Omega} fvdx - \int_{\partial\Omega} \varphi vdS, \tag{6.2.13}$$

则称 $u(x)$ 是下面问题

$$\begin{cases} Lu = f(x), & x \in \Omega, \\ Pu = \varphi(x), & x \in \partial\Omega \end{cases} \tag{6.2.14}$$

的广义解, 其中 $\beta \to +\infty$ 对应 Dirichlet 边值问题; $\beta = 0$ 对应于 Neumann 边值问题; $\beta > 0$ 对应于第三类边值问题.

6.2.3　椭圆方程边值问题的格林函数

在这里我们考虑 (6.2.5) 中的微分算子 L 为如下椭圆算子

$$L = -\sum_{i=1}^{n} \frac{\partial}{\partial x_i}\left(p(x)\frac{\partial}{\partial x_i}\right) + q(x), \tag{6.2.15}$$

其中 $p(x)$ 为正函数, $q(x)$ 为非负函数.

在这里引进格林函数的主要目的就是来求解椭圆方程边值问题

$$\begin{cases} Lu = f(x), & x \in \Omega, \\ \alpha(x)\dfrac{\partial u}{\partial \mathbf{n}} + \beta(x)u = g(x), & x \in \partial\Omega, \end{cases} \tag{6.2.16}$$

其中 $\Omega \subset \mathbb{R}^n (n \geqslant 2)$ 是一光滑区域, 边界为 $\partial\Omega$, $f(x), g(x), \alpha(x) \geqslant 0$, $\beta(x) \geqslant 0$ 为已知函数, 且 $\alpha(x) + \beta(x) > 0$. 当 $\alpha(x) = 0, \beta(x) \neq 0$ 时, 上述边界条件是 Dirichlet 边界条件; 当 $\alpha(x) \neq 0, \beta(x) = 0$ 时, 上述边界条件是 Neumann 边界条件; 当 $\alpha(x) \neq 0, \beta(x) \neq 0$ 时, 上述边界条件是第三类边界条件.

设 u, v 是 Ω 上的任意两个光滑函数, 由 (6.2.12) 得

$$\int_{\Omega}(vLu - uLv)dx = \int_{\partial\Omega} p\left(u\frac{\partial v}{\partial \mathbf{n}} - v\frac{\partial u}{\partial \mathbf{n}}\right)dS. \tag{6.2.17}$$

定义 6.2.4 对任意给定的 $\xi \in \Omega$, 称边值问题

$$\begin{cases} Lv(x) = \delta(x-\xi), & x \in \Omega, \\ \alpha(x)\dfrac{\partial v}{\partial \mathbf{n}} + \beta(x)v = 0, & x \in \partial\Omega \end{cases} \tag{6.2.18}$$

的广义解 $v(x)$ 为 n 维**椭圆方程边值问题** (6.2.16) **在** Ω **上的格林函数**, 记为 $G(x;\xi)$.

注 6.2.3 由 (6.2.17) 知定义 6.2.4 定义的格林函数是对称的, 即 $G(x;\xi) = G(\xi;x)$.

在 (6.2.17) 中形式地取 $v(x) = G(x;\xi)$, 而 u 是问题 (6.2.16) 的解, 则

$$u(\xi) = \int_\Omega G(x;\xi)f(x)dx + \begin{cases} \displaystyle\int_{\partial\Omega} \frac{pgG}{\alpha}dS, & \alpha \neq 0, \\ \displaystyle-\int_{\partial\Omega} \frac{pg}{\beta}\frac{\partial G}{\partial \mathbf{n}}dS, & \alpha = 0. \end{cases} \tag{6.2.19}$$

习惯上用 x 代替 ξ, 则问题 (6.2.16) 的解又写为

$$u(x) = \int_\Omega G(\xi;x)f(\xi)d\xi + \begin{cases} \displaystyle\int_{\partial\Omega} \frac{pgG}{\alpha}dS, & \alpha \neq 0, \\ \displaystyle-\int_{\partial\Omega} \frac{pg}{\beta}\frac{\partial G}{\partial \mathbf{n}}dS, & \alpha = 0. \end{cases} \tag{6.2.20}$$

下面利用特征函数展开法求解 $G(x;\xi)$. 考虑椭圆方程特征值问题

$$\begin{cases} Lu = \lambda u, & x \in \Omega, \\ \alpha\dfrac{\partial u}{\partial \mathbf{n}} + \beta u = 0, & x \in \partial\Omega. \end{cases} \tag{6.2.21}$$

由于 (6.2.15) 定义的算子 L 是自伴的, 所以特征值问题 (6.2.21) 的特征值都是实的, 而且对应不同特征值的特征函数都是正交的. 进一步还可以证明上述问题存在一列非负可数并以无穷大为聚点的特征值列.

我们首先假设特征值问题 (6.2.21) 的特征值都是正的, 记为 $\{\lambda_k\}_{k=1}^\infty$, 其对应的标准特征函数列为 $\{M_k(x)\}_{k=1}^\infty$ 并在 Ω 上正交. 令

$$G(x;\xi) = \sum_{k=1}^\infty N_k(\xi)M_k(x), \tag{6.2.22}$$

其中 $\{N_k(\xi)\}_{k=1}^\infty$ 是一列仅依赖 ξ 的函数列.

在 (6.2.17) 中令 $v(x)=G(x;\xi),u(x)=M_k(x)$, 则有

$$M_k(\xi)=\int_\Omega \delta(x-\xi)M_k(x)dx=\lambda_k N_k(\xi),\quad \forall\xi\in\Omega,k=1,2,\cdots. \tag{6.2.23}$$

这样 n 维椭圆方程边值问题 (6.2.16) 的格林函数为

$$G(x;\xi)=\sum_{k=1}^{\infty}\frac{M_k(\xi)M_k(x)}{\lambda_k}. \tag{6.2.24}$$

当特征值问题 (6.2.21) 有零特征值时, 记为 λ_0, 则可以证明此时在 (6.2.15) 中 $q(x)=0$ 和 (6.2.21) 中的边界条件为 Neumann 边界条件, 即 $\beta(x)=0$, 对应的特征函数 $M_0(x)$ 为非零常数. 在这种情况下, 不能像无零特征值情形一样, 直接利用特征函数展开法求出按定义 6.2.4 给出的格林函数, 这是因为如果按上述方法, (6.2.22) 和 (6.2.23) 中的 k 可以取 0, 因此就有 $\lambda_0 N_0=0=M_0(\xi)$, 这是矛盾的.

在 (6.2.15) 中, 令 $q(x)=0$, 并记为

$$\hat{L}=-\sum_{i=1}^{n}\frac{\partial}{\partial x_i}\left(p(x)\frac{\partial}{\partial x_i}\right). \tag{6.2.25}$$

在问题 (6.2.16) 中用 $\hat{L}$ 代替 L, 并令 $\beta(x)=0$, 则 (6.2.16) 变成

$$\begin{cases}\hat{L}u=f(x), & x\in\Omega,\\ \alpha(x)\dfrac{\partial u}{\partial \mathbf{n}}=g(x), & x\in\partial\Omega.\end{cases} \tag{6.2.26}$$

对应问题 (6.2.26) 的特征值问题为

$$\begin{cases}\hat{L}v=\lambda v, & x\in\Omega,\\ \dfrac{\partial v}{\partial \mathbf{n}}=0, & x\in\partial\Omega,\end{cases} \tag{6.2.27}$$

其存在零特征值 λ_0, 对应非零常值特征函数 $M_0(x)$.

在等式 (6.2.17) 中用 $\hat{L}$ 代替 L, 并取 u 是问题 (6.2.26) 的解, $v(x)=M_0(x)$, 则得

$$\int_\Omega f(x)M_0(x)dx+\int_{\partial\Omega}\frac{p(x)}{\alpha(x)}M_0(x)g(x)dS=0.$$

由于 $M_0(x)$ 是非零常数, 所以

$$\int_\Omega f(x)dx+\int_{\partial\Omega}\frac{p(x)}{\alpha(x)}g(x)dS=0. \tag{6.2.28}$$

(6.2.28) 称为问题 (6.2.26) 有解的相容性条件. 在下面的论述中我们假设 (6.2.28) 成立. 令

$$\hat{G}(x;\xi)=\sum_{k=1}^{\infty}N_k(\xi)M_k(x), \tag{6.2.29}$$

其中 $\{N_k(\xi)\}_{k=1}^{\infty}$ 是一列仅依赖 ξ 的函数列, $M_k(x),k=1,2,\cdots$ 是特征问题 (6.2.27) 对应正特征值 $\lambda_k,k=1,2,\cdots$ 的特征函数.

由于 $\{M_k(x)\}_{k=0}^{\infty}$ 构成一个完备的标准正交特征函数列, 因此

$$\delta(x-\xi)=\sum_{k=0}^{\infty}\langle\delta(x-\xi),M_k(x)\rangle M_k(x)=\sum_{k=0}^{\infty}M_k(\xi)M_k(x). \tag{6.2.30}$$

这样就得到

$$\hat{L}\hat{G}(x;\xi)=\sum_{k=1}^{\infty}N_k(\xi)\hat{L}M_k(x)=\sum_{k=1}^{\infty}\lambda_kN_k(\xi)M_k(x). \tag{6.2.31}$$

比较 (6.2.30) 和 (6.2.31) 就可以看出, 如果取 $\lambda_kN_k(\xi)=M_k(\xi),k=1,2,\cdots$, 则

$$\hat{L}\hat{G}(x;\xi)=\sum_{k=1}^{\infty}M_k(\xi)M_k(x)=\delta(x-\xi)-M_0(\xi)M_0(x). \tag{6.2.32}$$

此时 (6.2.29) 可以写成

$$\hat{G}(x;\xi)=\sum_{k=1}^{\infty}\frac{M_k(\xi)M_k(x)}{\lambda_k}. \tag{6.2.33}$$

注意到 $\hat{G}(x;\xi)$ 也满足齐次 Neumann 边界条件,

$$\left.\frac{\partial\hat{G}(x;\xi)}{\partial\mathbf{n}}\right|_{\partial\Omega}=0. \tag{6.2.34}$$

由 (6.2.32) 可知, $\hat{G}(x;\xi)$ 不是问题 (6.2.26) 按定义 6.2.4 意义下的格林函数, 因而需对椭圆方程 Neumann 边值问题 (6.2.26) 的格林函数重新定义.

定义 6.2.5 对任意给定的 $\xi\in\Omega$, 称边值问题

$$\begin{cases}\hat{L}v=\delta(x-\xi)-M_0(\xi)M_0(x), & x\in\Omega,\\ \dfrac{\partial v}{\partial\mathbf{n}}=0, & x\in\partial\Omega\end{cases} \tag{6.2.35}$$

的广义解为 n **维椭圆方程 Neumann 边值问题** (6.2.26) **在** Ω **上的格林函数**, 也记为 $G(x;\xi)$, 其中 $M_0(x)(M_0(\xi))$ 为特征值问题 (6.2.27) 的零特征值对应的非零常值特征函数.

注 6.2.4 当 $|\Omega|$(表示区域 Ω 的体积或面积) 有限时, 根据椭圆方程 Neumann 边值问题 (6.2.26) 有解的相容性条件 (6.2.28) (取 $f(x)=\delta(x-\xi)-M_0(\xi)M_0(x), g(x)=0, \alpha(x)=1$), 应有

$$\int_\Omega \delta(x-\xi)dx-\int_\Omega M_0(\xi)M_0(x)dx=0,$$

即定义 6.2.5 中的 $M_0(x)=|\Omega|^{-1/2}$.

对 (6.2.32)—(6.2.34) 及定义 6.2.5 的分析可知, 椭圆方程 Neumann 边值问题 (6.2.26) 的格林函数 $G(x;\xi)=\hat{G}(x;\xi)$. 在等式 (6.2.17) 中用 $\hat{L}$ 代替 L, 并取 u 是问题 (6.2.26) 的解, $v(x)=\hat{G}(x;\xi)$, 则有

$$u(\xi)=\int_\Omega f(x)\hat{G}(x;\xi)dx+\int_{\partial\Omega}\frac{p(x)}{\alpha(x)}\hat{G}(x;\xi)g(x)dS+M_0(\xi)\int_\Omega u(x)M_0(x)dx.$$

在上式中 x 和 ξ 相互交换, 则问题 (6.2.26) 有一解

$$u(x)=\int_\Omega f(\xi)\hat{G}(\xi;x)d\xi+\int_{\partial\Omega}\frac{p(\xi)}{\alpha(\xi)}\hat{G}(\xi;x)g(\xi)dS+M_0(x)\int_\Omega u(\xi)M_0(\xi)d\xi. \tag{6.2.36}$$

此问题 (6.2.26) 的其他解与 (6.2.36) 给出的解相差一个常数.

例 6.2.1 求矩形区域上拉普拉斯方程 Dirichlet 边值问题的格林函数, 即求边值问题

$$\begin{cases}-\dfrac{\partial^2 G}{\partial x^2}-\dfrac{\partial^2 G}{\partial y^2}=\delta(x-\xi)\delta(y-\eta), & (x,y)\in\Omega,\\ G(x,y;\xi,\eta)=0, & (x,y)\in\partial\Omega\end{cases} \tag{6.2.37}$$

的广义解, 其中 $\Omega=(0,l)\times(0,\hat{l})$, $0<\xi<l, 0<\eta<\hat{l}$.

解 我们首先考虑特征值问题

$$\begin{cases}-\dfrac{\partial^2 u(x,y)}{\partial x^2}-\dfrac{\partial^2 u(x,y)}{\partial y^2}=\lambda u(x,y), & (x,y)\in\Omega,\\ u(x,y)=0, & (x,y)\in\partial\Omega.\end{cases} \tag{6.2.38}$$

下面用分离变量法求解特征值问题 (6.2.38). 令 $u(x,y)=X(x)Y(y)$, 并代入 (6.2.38) 中的方程, 则得

$$X''(x)Y(y)+X(x)Y''(y)+\lambda X(x)Y(y)=0.$$

对上式两边同除以 $X(x)Y(y)$, 然后分离变量得

$$\frac{X''(x)}{X(x)}+\lambda=-\frac{Y''(y)}{Y(y)}=\kappa,$$

其中 κ 是常数.

再结合问题 (6.2.37) 中的边界条件, 就得到两个常微分方程特征值问题

$$\begin{cases}X''(x)+(\lambda-\kappa)X(x)=0, \quad 0<x<l,\\ X(0)=X(l)=0\end{cases} \tag{6.2.39}$$

和

$$\begin{cases}Y''(y)+\kappa Y(y)=0, \quad 0<y<\hat{l},\\ Y(0)=Y(\hat{l})=0.\end{cases} \tag{6.2.40}$$

求解常微分方程特征值问题 (6.2.40), 得到特征值及相应特征函数如下:

$$\kappa_k=\left(\frac{k\pi}{\hat{l}}\right)^2, \quad Y_k(y)=\sin\frac{k\pi y}{\hat{l}}, \quad k=1,2,\cdots. \tag{6.2.41}$$

把 (6.2.41) 中的 κ_k 代替问题 (6.2.39) 中的 κ, 然后求解 (6.2.39) 得特征值及特征函数

$$\lambda_{mk}-\kappa_k=\left(\frac{m\pi}{l}\right)^2, \quad X_m(x)=\sin\frac{m\pi x}{l}, \quad m,k=1,2,\cdots. \tag{6.2.42}$$

这样, 就得到问题 (6.2.38) 的特征值及特征函数

$$\lambda_{mk}=\left(\frac{m\pi}{l}\right)^2+\left(\frac{k\pi}{\hat{l}}\right)^2, \quad \tilde{u}_{mk}=\sin\frac{m\pi x}{l}\sin\frac{k\pi y}{\hat{l}}, \quad m,k=1,2,\cdots. \tag{6.2.43}$$

对任意 (m,k) 和 (i,j) 且 $(m,k)\neq(i,j)$, 就有

$$\int_0^{\hat{l}}\sin\frac{k\pi y}{\hat{l}}\sin\frac{j\pi y}{\hat{l}}dy\int_0^{l}\sin\frac{m\pi x}{l}\sin\frac{i\pi x}{l}dx=0. \tag{6.2.44}$$

另外,

$$\int_0^{\hat{l}}\sin^2\frac{k\pi y}{\hat{l}}dy\int_0^{l}\sin^2\frac{m\pi x}{l}dx=\frac{l\hat{l}}{4}. \tag{6.2.45}$$

这样就得到问题 (6.2.38) 的标准正交特征函数列

$$M_{mk}(x,y)=\frac{2}{\sqrt{l\hat{l}}}\sin\frac{m\pi x}{l}\sin\frac{k\pi y}{\hat{l}},\quad m,k=1,2,\cdots. \tag{6.2.46}$$

由 (6.2.43) 和 (6.2.46) 及 (6.2.24) 知, 格林函数

$$G(x,y;\xi,\eta)=\frac{4}{l\hat{l}}\sum_{m,k=1}^{\infty}\frac{\sin\dfrac{m\pi x}{l}\sin\dfrac{k\pi y}{\hat{l}}\sin\dfrac{m\pi\xi}{l}\sin\dfrac{k\pi\eta}{\hat{l}}}{(m\pi/l)^2+(k\pi/\hat{l})^2}. \tag{6.2.47}$$

例 6.2.2 求矩形区域上拉普拉斯方程 Neumann 边值问题的格林函数, 即求边值问题

$$\begin{cases}-\dfrac{\partial^2 G}{\partial x^2}-\dfrac{\partial^2 G}{\partial y^2}=\delta(x-\xi)\delta(y-\eta)-M_0(x,y)M_0(\xi,\eta), & (x,y)\in\Omega,\\ \dfrac{\partial G}{\partial \mathbf{n}}=0, & (x,y)\in\partial\Omega\end{cases} \tag{6.2.48}$$

的广义解, 其中 $\Omega=(0,l)\times(0,\hat{l})$, $0<\xi<l, 0<\eta<\hat{l}$.

解 与例 6.2.1 的求解过程一样, 首先考虑特征值问题

$$\begin{cases}-\dfrac{\partial^2 u(x,y)}{\partial x^2}-\dfrac{\partial^2 u(x,y)}{\partial y^2}=\lambda u(x,y), & (x,y)\in\Omega,\\ \dfrac{\partial u(x,y)}{\partial \mathbf{n}}=0, & (x,y)\in\partial\Omega.\end{cases} \tag{6.2.49}$$

用分离变量法可得到两个常微分方程特征值问题

$$\begin{cases}X''(x)+(\lambda-\kappa)X(x)=0, & 0<x<l,\\ X'(0)=X'(l)=0\end{cases} \tag{6.2.50}$$

和

$$\begin{cases}Y''(y)+\kappa Y(y)=0, & 0<y<\hat{l},\\ Y'(0)=Y'(\hat{l})=0.\end{cases} \tag{6.2.51}$$

求解常微分方程特征值问题 (6.2.51) 得

$$\kappa_k=\left(\frac{k\pi}{\hat{l}}\right)^2,\quad Y_k(y)=\cos\frac{k\pi y}{\hat{l}},\quad k=0,1,2,\cdots. \tag{6.2.52}$$

把 (6.2.52) 中的 κ_k 代替问题 (6.2.50) 中的 κ, 然后求解 (6.2.50), 就得到问题 (6.2.49) 的特征值及特征函数

$$\lambda_{mk} = \left(\frac{m\pi}{l}\right)^2 + \left(\frac{k\pi}{\hat{l}}\right)^2, \quad \tilde{u}_{mk} = \cos\frac{m\pi x}{l}\cos\frac{k\pi y}{\hat{l}}, \quad m,k = 0,1,2,\cdots. \tag{6.2.53}$$

通过计算得到问题 (6.2.49) 的标准正交特征函数列

$$M_{mk}(x,y) = \begin{cases} \dfrac{1}{\sqrt{l\hat{l}}}, & m=k=0, \\ \dfrac{\sqrt{2}}{\sqrt{l\hat{l}}}\cos\dfrac{k\pi y}{\hat{l}}, & m=0, k=1,2,\cdots, \\ \dfrac{\sqrt{2}}{\sqrt{l\hat{l}}}\cos\dfrac{m\pi x}{l}, & k=0, m=1,2,\cdots, \\ \dfrac{2}{\sqrt{l\hat{l}}}\cos\dfrac{m\pi x}{l}\cos\dfrac{k\pi y}{\hat{l}}, & m,k=1,2,\cdots. \end{cases} \tag{6.2.54}$$

注意到 $\lambda_{00} = 0$ 是问题 (6.2.49) 的零特征值, 其对应的特征函数 $M_{00}(x,y)$ 是非零常数. 这样 (6.2.48) 的广义解为

$$\begin{aligned} G(x,y;\xi,\eta) = {} & \frac{2}{l\hat{l}}\sum_{k=1}^{\infty}\frac{\cos\dfrac{k\pi y}{\hat{l}}\cos\dfrac{k\pi\eta}{\hat{l}}}{(k\pi/\hat{l})^2} + \frac{2}{l\hat{l}}\sum_{m=1}^{\infty}\frac{\cos\dfrac{m\pi x}{l}\cos\dfrac{m\pi\xi}{l}}{(m\pi/l)^2} \\ & + \frac{4}{l\hat{l}}\sum_{m,k=1}^{\infty}\frac{\cos\dfrac{m\pi x}{l}\cos\dfrac{k\pi y}{\hat{l}}\cos\dfrac{m\pi\xi}{l}\cos\dfrac{k\pi\eta}{\hat{l}}}{(m\pi/l)^2+(k\pi/\hat{l})^2}. \end{aligned} \tag{6.2.55}$$

6.2.4 椭圆方程边值问题的格林函数的结构与基本解

由前面的 6.1.4 节可知, 全空间上的椭圆方程的格林函数与基本解是一致的, 而对椭圆型方程边值问题来说, 由于所研究区域有一定的边界不是全空间, 因此需要讨论边值问题的格林函数与基本解的关系.

设 $G(x,\xi)$ 是定义 6.2.4 或定义 6.2.5 中的格林函数, $\Gamma(x;\xi)$ 是全空间 $\mathbb{R}^n$ 上由 (6.2.15) 定义的二阶椭圆算子 L 的基本解. 通常 $G(x;\xi)$ 可分解为奇异部分 $\Gamma(x;\xi)$ 和正则部分 $g(x;\xi)$, 即

$$G(x;\xi) = \Gamma(x;\xi) + g(x;\xi). \tag{6.2.56}$$

由于 $\Gamma(x;\xi)$ 只满足问题 (6.2.18) 或问题 (6.2.35) 中的方程, 但不一定满足问题相应的边界条件, 因此正则部分 $g(x;\xi)$ 需满足如下边值问题

$$\begin{cases} Lg(x;\xi)=0, & x\in\Omega, \\ \alpha(x)\dfrac{\partial g}{\partial \mathbf{n}}+\beta(x)g=-\alpha(x)\dfrac{\partial \Gamma}{\partial \mathbf{n}}-\beta(x)\Gamma, & x\in\partial\Omega \end{cases} \tag{6.2.57}$$

或

$$\begin{cases} \hat{L}g(x;\xi)=-M_0(\xi)M_0(x), & x\in\Omega, \\ \dfrac{\partial g}{\partial \mathbf{n}}=-\dfrac{\partial \Gamma}{\partial \mathbf{n}}, & x\in\partial\Omega. \end{cases} \tag{6.2.58}$$

把 $G(x;\xi)$ 分解为 $\Gamma(x;\xi)$ 和 $g(x;\xi)$ 的优点在于 $\Gamma(x;\xi)$ 易求解, 并包含 $G(x;\xi)$ 的奇性, 而 $g(x;\xi)$ 则可用级数展开法求得.

下面考虑两个特殊椭圆微分算子的基本解.

1. 拉普拉斯算子 $L=-\Delta$

根据基本解的定义, 即求下面方程的广义解

$$-\Delta\Gamma(x;\xi)=\delta(x-\xi),\quad x,\xi\in\mathbb{R}^n\quad (n\geqslant 2). \tag{6.2.59}$$

不妨设 $\xi=0$, 记 $u(x)=\Gamma(x;0)$. 对方程 (6.2.59) 两边作傅里叶变换得

$$|\lambda|^2\,\widehat{u}(\lambda)=1,\quad \forall\lambda\in\mathbb{R}^n,$$

即

$$\widehat{u}(\lambda)=\frac{1}{|\lambda|^2},\quad \forall\lambda\in\mathbb{R}^n. \tag{6.2.60}$$

两边取傅里叶逆变换得

$$u(x)=\frac{1}{(2\pi)^n}\int_{\mathbb{R}^n}\frac{e^{ix\cdot\lambda}}{|\lambda|^2}d\lambda=\frac{1}{(2\pi)^n}\lim_{R\to+\infty}\int_{|\lambda|\leqslant R}\frac{e^{ix\cdot\lambda}}{|\lambda|^2}d\lambda. \tag{6.2.61}$$

当 $n=3$ 时, 由于对称性, 在 λ 空间中作坐标旋转, 上面的积分不变. 因此不妨设 λ 坐标空间中的 λ_3 轴正向与 x 的方向一致, 于是在球坐标 (r,θ,ϕ) 下有 $\lambda\cdot x=|\lambda||x|\cos\theta=r\cos\theta|x|$. 这样当 $x\neq 0$ 时,

$$u(x)=\frac{1}{(2\pi)^3}\lim_{R\to+\infty}\int_0^R dr\int_0^{2\pi}d\varphi\int_0^{\pi}\frac{e^{i|x|r\cos\theta}}{r^2}r^2\sin\theta d\theta$$

$$
\begin{aligned}
&= \frac{1}{(2\pi)^2} \lim_{R\to+\infty} \int_0^R \frac{e^{i|x|r} - e^{-i|x|r}}{ir\,|x|} dr \\
&= \frac{1}{2\pi^2\,|x|} \int_0^{+\infty} \frac{\sin|x|\,r}{r} dr \\
&= \frac{1}{2\pi^2\,|x|} \int_0^{+\infty} \frac{\sin z}{z} dz \\
&= \frac{1}{4\pi\,|x|}.
\end{aligned} \tag{6.2.62}
$$

对于 $\xi \neq 0$, 当 $n = 3$ 时拉普拉斯算子的基本解为

$$\Gamma(x;\xi) = \Gamma(|x-\xi|) = u(x-\xi) = \frac{1}{4\pi\,|x-\xi|}. \tag{6.2.63}$$

另外, 也可以得到当 $n = 2$ 时的基本解

$$\Gamma(x;\xi) = \Gamma(|x-\xi|) = \frac{1}{2\pi} \ln \frac{1}{|x-\xi|}. \tag{6.2.64}$$

一般 $n(n \geqslant 3)$ 维拉普拉斯算子的基本解

$$\Gamma(x;\xi) = \Gamma(|x-\xi|) = \frac{1}{(n-2)\omega_n\,|x-\xi|^{n-2}}, \tag{6.2.65}$$

其中 $\omega_n = \dfrac{2\pi^{n/2}}{\Gamma(n/2)}$ 是 n 维单位球面的面积.

2. 二维空间上的亥姆霍兹算子 $L = -\Delta - \lambda,\quad \lambda > 0$

根据基本解的定义

$$-\Delta\Gamma(x,y;\xi,\eta) - \lambda\Gamma(x,y;\xi,\eta) = \delta(x-\xi)\delta(y-\eta), \quad (x,y),(\xi,\eta) \in \mathbb{R}^2. \tag{6.2.66}$$

令 $r = \sqrt{(x-\xi)^2 + (y-\eta)^2}$, 考虑上述方程只依赖 r 的径向解, 所以当 $r > 0$ 时, 有

$$\Gamma'' + \frac{\Gamma'}{r} + \lambda\Gamma = 0,$$

即

$$r^2\Gamma'' + r\Gamma' + \lambda r^2\Gamma = 0, \tag{6.2.67}$$

其中 Γ' 表示 Γ 关于 r 求一阶导数, Γ'' 表示 Γ 关于 r 求二阶导数. 方程 (6.2.67) 是零阶贝塞尔方程, 它的通解为

$$\Gamma(r) = AJ_0(\sqrt{\lambda}r) + BY_0(\sqrt{\lambda}r), \tag{6.2.68}$$

其中 A, B 为任意常数. 因为 $r = 0$ 不是 J_0 的奇点, 所以可取 $A = 0$. 于是,

$$\Gamma(r) = BY_0(\sqrt{\lambda}r), \tag{6.2.69}$$

但对很小的 r, 有

$$Y_0(\sqrt{\lambda}r) \approx \frac{2}{\pi}\ln r. \tag{6.2.70}$$

对 (6.2.66) 两边在 $B_\varepsilon(\xi,\eta)$ 上积分并利用格林第一公式 (6.2.3)($u = 1, v = \Gamma(x,y;\xi,\eta)$) 得

$$\int_{\partial B_\varepsilon(\xi,\eta)} \frac{\partial\Gamma}{\partial\mathbf{n}}dS + \lambda\iint_{B_\varepsilon(\xi,\eta)} \Gamma dxdy = -\iint_{B_\varepsilon(\xi,\eta)} \delta(x-\xi)\delta(y-\eta)dxdy = -1. \tag{6.2.71}$$

在上式中取 $\Gamma = \dfrac{2B}{\pi}\ln r$, 得

$$\int_{\partial B_\varepsilon(\xi,\eta)} \frac{2B}{\pi}\frac{\partial\ln r}{\partial r}dS + \frac{2B\lambda}{\pi}\int_{B_\varepsilon(\xi,\eta)} \ln r dx = 1, \tag{6.2.72}$$

即

$$4B + 4B\lambda\int_0^\varepsilon r\ln r dr = -1. \tag{6.2.73}$$

令 $\varepsilon \to 0$, 则得

$$B = -\frac{1}{4}.$$

于是

$$\Gamma(r) = -\frac{1}{4}Y_0(\sqrt{\lambda}r). \tag{6.2.74}$$

这样就得到二维空间上的亥姆霍兹算子的基本解

$$\Gamma(x,y;\xi,\eta) = -\frac{1}{4}Y_0\left(\sqrt{\lambda((x-\xi)^2+(y-\eta)^2)}\right), \tag{6.2.75}$$

其中 Y_0 为零阶第二类贝塞尔函数.

6.2.5 特殊区域上的椭圆方程边值问题的格林函数

6.2.3 节已经给出了椭圆方程边值问题格林函数的定义以及通过求解相应特征值问题的特征函数来求一般区域上的格林函数方法, 但是求解一般区域上的相应特征值问题的难度不低于直接求其格林函数. 在这部分我们主要利用格林函数的物理意义来求解特殊区域上椭圆方程边值问题的格林函数.

格林函数在静电学中有明显的物理意义: 设空间中的有界域 Ω 是由封闭的导电面 $\partial\Omega$ 所围的真空区域, 然后在 Ω 内取一固定点 y 并在此处放一单位正电荷, 其在任意点 $x(x \neq y)$ 处所产生的静电场的电势为 $\dfrac{1}{4\pi|x-y|} = \Gamma(x;y)$, 它在导电面 $\partial\Omega$ 内侧感应有一定分布密度的电荷 (感应), 该负电荷电势是 $g(x;y)$, 而在导电面 $\partial\Omega$ 外侧分布相应的正电荷. 如果导电面 $\partial\Omega$ 是接地的, 外侧正电荷就消失, 即电势为零, 因此在 Ω 内任一点 x 处的电势之和是 $\dfrac{1}{4\pi|x-y|} + g(x;y) = \Gamma(x;y) + g(x;y) = G(x;y)$ 且满足 $G(x;y)|_{\partial\Omega} = 0$.

由格林函数的结构可知要求出区域 Ω 上的格林函数归结为求函数 $g(x;y)$, 也就是求感应电荷所产生的电势. 当区域的边界具有特殊的对称性时, 就可利用**镜像法** (或静电源像法) 来求出. 镜像法的基本思想从数学角度来看, 就是利用奇偶函数的性质把区域适当地对称延拓到整个平面 (空间), 而使当所求得的解限制在原区域时, 它自然满足所给定的边界条件; 从物理意义上来看, 就是在物体外部虚设一些点源 (汇), 使得它们连同原来设置在物体内部的点源一起在整个平面 (空间) 所产生的温度场 (电场) 恰好使物体表面上的温度 (电势) 或热流量 (电流量) 等于零.

1. 球 (圆) 上的拉普拉斯方程边值问题的格林函数

设 $B_R(0)$ 是 $\mathbb{R}^3$ 中以原点为球心、R 为半径的球, 在 $B_R(0)$ 内取一固定点 y 并在此处放置一单位正电荷, 它在任意点 $x(x \neq y)$ 处所产生的静电场的电势为 $\dfrac{1}{4\pi|x-y|}$. 为了实现物理意义上的接地效应, 在点 y 关于球面 $\partial B_R(0)$ 的对称点 y^* 处放置 q 单位的负电荷 (见图 6.1), q 待定.

所谓对称点 y^* 就是要满足:

(1) 点 y 和 y^* 位于自原点出发的同一直线上;

(2) $|y^*|\,|y| = R^2$.

显然点 y^* 在球面 $\partial B_R(0)$ 之外, 而且表示为 $y^* = \dfrac{R^2}{|y|^2}y$. 该处的负电荷所产生的静电场在点 x 的电势是

$$g(x;y) = -\frac{q}{4\pi |x-y^*|}.$$

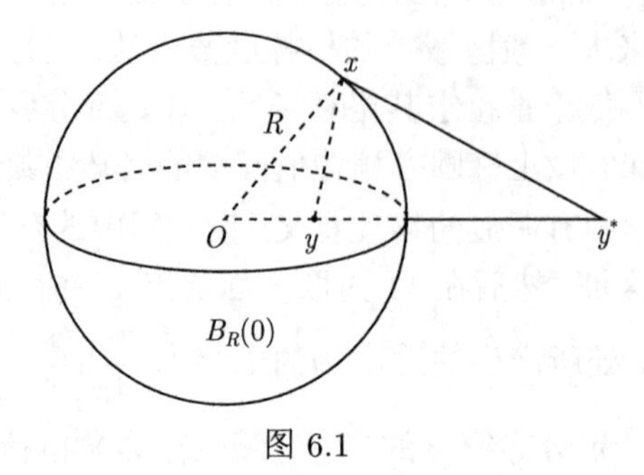

图 6.1

这两个电荷在每一点 $x(x \neq y, y^*)$ 处所产生的电势之和是

$$\frac{1}{4\pi |x-y|} - \frac{q}{4\pi |x-y^*|}.$$

选取适当的 q, 使得当点 x 在球面 $\partial B_R(0)$ 上时其和为零, 即

$$\frac{1}{4\pi |x-y|} = \frac{q}{4\pi |x-y^*|}, \quad \forall x \in \partial B_R(0).$$

所以

$$q = \frac{|x-y^*|}{|x-y|}, \quad \forall x \in \partial B_R(0). \tag{6.2.76}$$

由于三角形 xOy 与三角形 y^*Ox 在原点 O 处有公共夹角, 而此夹角的两边相应成比例 $\dfrac{R}{|y^*|} = \dfrac{|y|}{R}$, 所以这两个三角形相似, 故

$$\frac{|x-y^*|}{|x-y|} = \frac{R}{|y|}, \quad \forall x \in \partial B_R(0). \tag{6.2.77}$$

由 (6.2.76) 和 (6.2.77) 得

$$q = \frac{R}{|y|}.$$

从而

$$g(x;y) = -\frac{R}{4\pi |y| \, |x-y^*|}, \quad \forall x \in \mathbb{R}^3, x \neq y^*. \tag{6.2.78}$$

因此得到三维球上的拉普拉斯方程 Dirichlet 边值问题的格林函数

$$G(x;y)=\frac{1}{4\pi}\left(\frac{1}{|x-y|}-\frac{R}{|y|}\frac{1}{|x-y^*|}\right),\quad y^*=\frac{R^2}{|y|^2}y. \tag{6.2.79}$$

下面应用格林函数 (6.2.79) 来求解三维球 $B_R(0)$ 上的 Dirichlet 边值问题

$$\begin{cases}-\Delta u(x)=0, & x\in B_R(0),\\ u(x)=\varphi(x), & x\in\partial B_R(0),\end{cases} \tag{6.2.80}$$

其中 $\varphi(x)$ 在 $\partial B_R(0)$ 上连续.

根据公式 (6.2.20)($\alpha=0,\beta=1,f(x)=0,p(x)=1,g(x)=\varphi(x),\xi=y$), 需要计算 $\dfrac{\partial G(y;x)}{\partial \mathbf{n}_y}$ 在边界 $\partial B_R(0)$ 上的值, 其中 $\mathbf{n}_y=\left(\dfrac{y_1}{R},\dfrac{y_2}{R},\dfrac{y_3}{R}\right)$, 所以当 $y=(y_1,y_2,y_3)\in\partial B_R(0)$ 时, 利用 (6.2.77) 和 (6.2.79) 得

$$\begin{aligned}\frac{\partial G(y;x)}{\partial \mathbf{n}_y}&=\sum_{i=1}^{3}G_{y_i}\frac{y_i}{R}=\sum_{i=1}^{3}\frac{y_i}{4\pi R}\left(-\frac{y_i-x_i}{|y-x|^3}+\frac{R}{|x|}\frac{y_i-x_i^*}{|y-x^*|^3}\right)\\&=\frac{1}{4\pi R}\frac{1}{|y-x|^3}\sum_{i=1}^{3}\left(-y_i^2+x_iy_i+\frac{|x|^2}{R^2}(y_i^2-y_ix_i^*)\right)\\&=-\frac{R^2-|x|^2}{4\pi R|y-x|^3}.\end{aligned}$$

再利用公式 (6.2.20), 可得问题 (6.2.80) 的解

$$u(x)=\frac{R^2-|x|^2}{4\pi R}\int_{\partial B_R(0)}\frac{\varphi(y)}{|y-x|^3}dS,\quad \forall x\in B_R(0). \tag{6.2.81}$$

此式为三维球上的拉普拉斯方程 Dirichlet 边值问题的**泊松公式**. 利用球坐标, 泊松公式也可以写成

$$u(\rho_0,\theta_0,\phi_0)=\frac{R(R^2-\rho_0^2)}{4\pi}\int_0^{2\pi}\int_0^{\pi}\frac{\varphi(R,\theta,\phi)\sin\theta}{(R^2+\rho_0^2-2R\rho_0\cos\gamma)^{3/2}}d\theta d\phi, \tag{6.2.82}$$

其中 (ρ_0,θ_0,ϕ_0) 是球 $B_R(0)$ 内的点 x 的球坐标, (R,θ,ϕ) 是球面 $\partial B_R(0)$ 上的动点 y 的球坐标, γ 是向量 y 与 x 的夹角, 并且满足

$$\cos\gamma=\cos\theta\cos\theta_0+\sin\theta\sin\theta_0\cos(\phi-\phi_0).$$

类似当 $B_R(0)$ 是 $\mathbb{R}^2$ 中的圆时, 可得到圆域上的拉普拉斯方程 Dirichlet 边值问题的格林函数

$$G(x;y)=\frac{1}{2\pi}\left(\ln\frac{1}{|x-y|}-\ln\frac{R}{|y|\,|x-y^*|}\right),\quad y^*=\frac{R^2}{|y|^2}y. \tag{6.2.83}$$

如果圆域 $B_R(0)$ 上的调和函数 u 在圆周 $\partial B_R(0)$ 上取值 $\varphi(\theta)$, 利用极坐标可得圆域上的拉普拉斯方程 Dirichlet 边值问题的泊松公式

$$u(r,\theta)=\frac{1}{2\pi}\int_0^{2\pi}\frac{(R^2-r^2)\varphi(\phi)}{R^2+r^2-2Rr\cos(\phi-\theta)}d\phi, \tag{6.2.84}$$

其中 (r,θ) 是圆域 $B_R(0)$ 内的点 x 的极坐标, (R,ϕ) 是球面 $\partial B_R(0)$ 上动点 y 的极坐标.

受公式 (6.2.79) 和 (6.2.83) 的启发, 一般 $n(n\geqslant 2)$ 维空间中球 $B_R(0)$ 上的拉普拉斯方程 Dirichlet 边值问题的格林函数可写为

$$G(x;y)=\Gamma(|x-y|)-\Gamma\left(\frac{|y|}{R}|x-y^*|\right),\quad \forall x,y\in B_R(0), \tag{6.2.85}$$

其中 $y^*=\dfrac{R^2}{|y|^2}y$, $\Gamma(|x-y|)$ 由 (6.2.64) 和 (6.2.65) 定义, $\Gamma\left(\dfrac{|y|}{R}|x-y^*|\right)$ 的定义只需把 $\Gamma(|x-y|)$ 中的 $|x-y|$ 用 $\dfrac{|y|}{R}|x-y^*|$ 代替.

在 (6.2.85) 中, 如果取 $y\in\mathbb{R}^n\backslash\overline{B_R(0)}$, 则 $y^*=\dfrac{R^2}{|y|^2}y\in B_R(0)$. 这样得到的函数 $G(x;y)$ 是球 $B_R(0)$ 外的格林函数. 类似地, 可得到 n 维球域上的 Dirichlet 外边值问题

$$\begin{cases}-\Delta u(x)=0, & x\in\mathbb{R}^n\backslash\overline{B_R(0)},\\ u(x)=\varphi(x), & x\in\partial B_R(0),\\ \lim\limits_{|x|\to+\infty}|u(x)|=0\end{cases} \tag{6.2.86}$$

的求解公式

$$u(x)=\frac{|x|^2-R^2}{\omega_n R}\int_{\partial B_R(0)}\frac{\varphi(y)}{|y-x|^n}dS,\quad \forall x\in\mathbb{R}^n\backslash\overline{B_R(0)}. \tag{6.2.87}$$

上面讨论的是球 (圆) 域上的拉普拉斯方程 Dirichlet 边值问题的格林函数表达式, 下面将讨论 Neumann 边值问题的格林函数表达式.

根据定义 6.2.5 和注 6.2.4 知需求定解问题

$$
\begin{cases}
-\Delta G(x;y) = \delta(x-y) - \dfrac{3}{4\pi R^3}, & x, y \in B_R(0), \\
\dfrac{\partial G}{\partial \mathbf{n}} = 0, & x \in \partial B_R(0).
\end{cases}
\tag{6.2.88}
$$

令 $G(x;y)$ 镜像对称延拓到全空间上, 仍记为 $G(x;y)$, 使其满足

$$
-\Delta G(x;y) = \delta(x-y) + \delta(x-y^*) - \frac{3}{4\pi R^3}, \quad x, y \in \mathbb{R}^3. \tag{6.2.89}
$$

则有

$$
\begin{aligned}
G(x;y) &= \Gamma(|x-y|) + \Gamma\left(\frac{|y|}{R}|x-y^*|\right) - \frac{1}{4\pi R}\ln H + \frac{|x|^2}{8\pi R^3} \\
&= \frac{1}{4\pi|x-y|} + \frac{R}{4\pi|y|}\frac{1}{|x-y^*|} - \frac{1}{4\pi R}\ln H + \frac{|x|^2}{8\pi R^3} \\
&= \frac{1}{4\pi}\left(\frac{1}{|x-y|} + \frac{R}{|y|}\frac{1}{|x-y^*|}\right) - \frac{1}{4\pi R}\ln H + \frac{|x|^2}{8\pi R^3},
\end{aligned}
\tag{6.2.90}
$$

其中

$$
y^* = \frac{R^2}{|y|^2}y, \quad H(x,y) = \frac{(y^*-x)y}{|y|} + |y^*-x|. \tag{6.2.91}
$$

事实上只需验证由 (6.2.90) 定义的 $G(x;y)$ 满足问题 (6.2.88). 令 $h(x,y) = \dfrac{1}{4\pi R}$ $\times \ln H(x,y)$, 计算

$$
\begin{aligned}
4\pi R \nabla_x h(x,y) &= -\frac{1}{H}\left(\frac{y}{|y|} + \frac{y^*-x}{|y^*-x|}\right), \\
4\pi R \Delta_x h(x,y) &= \frac{2}{H|y^*-x|} - \frac{1}{H^2}\left(\frac{y}{|y|} + \frac{y^*-x}{|y^*-x|}\right)\left(\frac{y}{|y|} + \frac{y^*-x}{|y^*-x|}\right) \\
&= \frac{2}{H|y^*-x|} - \frac{2}{H^2}\left(1 + \frac{y^*-x}{|y^*-x|}\frac{y}{|y|}\right) = 0,
\end{aligned}
$$

进一步还有 $\Delta_x G(x;y) = \dfrac{3}{4\pi R^3}, x \neq y,\ y^*$. 此外当 $x \in \partial B_R(0), y \in B_R(0)$ 时, 利用 $y^* = \dfrac{R^2}{|y|^2}y$ 和 $\dfrac{|x-y^*|}{|x-y|} = \dfrac{R}{|y|}$, 通过计算得

$$
\frac{\partial h(x;y)}{\partial \mathbf{n}_x} = -\frac{1}{4\pi R^2 H}\left(\frac{y \cdot x}{|y|} + \frac{(y^*-x)\cdot x}{|y^*-x|}\right)
$$

$$
\begin{aligned}
&= \frac{1}{4\pi R^2 H}\left(\frac{-y\cdot x}{|y|} + \frac{(y^*-x)\cdot(y^*-x)}{|y^*-x|} - \frac{(y^*-x)\cdot y^*}{|y^*-x|}\right) \\
&= \frac{1}{4\pi R^2 H}\left(H - \frac{|y^*-x|\, y^*\cdot\dfrac{y}{|y|} + (y^*-x)\cdot y^*}{|y^*-x|}\right) \\
&= \frac{1}{4\pi R^2 H}\left(H - \frac{\left[|y^*-x| + (y^*-x)\cdot\dfrac{y}{|y|}\right]}{|y^*-x|}\frac{R^2}{|y|}\right) \\
&= \frac{1}{4\pi R^2}\left(1 - \frac{R}{|x-y|}\right) \\
&= \frac{1}{4\pi R^2} - \frac{1}{4\pi R\,|x-y|},
\end{aligned}
$$

$$
\left.\frac{\partial\Gamma(|x-y|)}{\partial\mathbf{n}_x}\right|_{\partial B_R(0)} + \left.\frac{\partial\Gamma\left(\dfrac{|y|}{R}\,|x-y^*|\right)}{\partial\mathbf{n}_x}\right|_{\partial B_R(0)} = -\frac{1}{4\pi R\,|x-y|},
$$

$$
\left.\frac{1}{8\pi R^3}\frac{\partial\,|x|^2}{\partial\mathbf{n}_x}\right|_{\partial B_R(0)} = \frac{1}{4\pi R^2}.
$$

这样就得到

$$
\left.\frac{\partial G(x,y)}{\partial\mathbf{n}_x}\right|_{\partial B_R(0)} = 0.
$$

所以由 (6.2.90) 定义的 $G(x;y)$ 为三维球上的拉普拉斯方程 Neumann 边界值问题的格林函数.

类似可求得圆域 $B_R(0)$ 上拉普拉斯方程 Neumann 边界值问题的格林函数

$$
G(x;y) = -\frac{1}{2\pi}\left(\ln|y-x| + \ln\frac{|y^*-x|\,|y|}{R}\right) + \frac{|x|^2}{4\pi R^2}. \tag{6.2.92}
$$

2. 上半空间上的格林函数

现在考察 $\mathbb{R}^n (n \geqslant 2)$ 拉普拉斯算子 Dirichlet 边值问题在上半空间 $\mathbb{R}^n_+ = \{x = (x', x_n) \in \mathbb{R}^n : x_n > 0\}$ 的格林函数, 即求解定解问题

$$\begin{cases} -\Delta G(x;y) = \delta(x-y), & x, y \in \mathbb{R}^n_+, \\ G(x;y) = 0, & x = (x', 0),\ x' \in \mathbb{R}^{n-1}, \\ \lim_{|x|\to+\infty} G(x;y) = 0. \end{cases} \tag{6.2.93}$$

取固定点 $y = (y', y_n) \in \mathbb{R}^n_+$ 关于超平面 $x_n = 0$ 的对称点 $y^* = (y', y_n^*) = (y', -y_n)$, 见图 6.2.

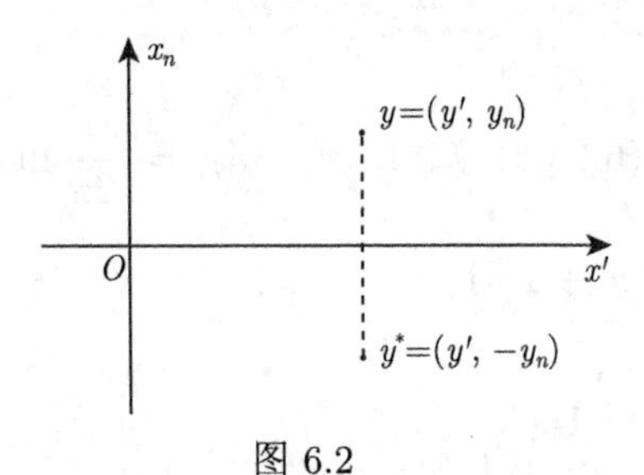

图 6.2

即把未知函数 $G(x;y)$ 关于超平面 $x_n = 0$ 奇延拓到全空间, 保持在超平面 $x_n = 0$ 上的函数值为零. 于是在延拓后的全空间上, 函数 $G(x;y)$ 应满足

$$-\Delta G(x;y) = \delta(x-y) - \delta(x-y^*), \quad x,\ y \in \mathbb{R}^n. \tag{6.2.94}$$

首先在全空间 $\mathbb{R}^n$ 上分别考虑下面两个方程

$$-\Delta G_1(x;y) = \delta(x-y),$$

$$-\Delta G_2(x;y) = \delta(x-y^*).$$

它们的解就是 n 维拉普拉斯方程的基本解, 即 $G_1(x;y) = \Gamma(|x-y|)$ 和 $G_2(x;y) = \Gamma(|x-y^*|)$. 令

$$G(x;y) = G_1(x;y) - G_2(x;y) = \Gamma(|x-y|) - \Gamma(|x-y^*|). \tag{6.2.95}$$

易证 $G((x',0);y) = 0$. 事实上,

$$\begin{aligned} G((x',0);y) &= \Gamma(|(x',0)-(y',y_n)|) - \Gamma(|(x',0)-(y',-y_n)|) \\ &= \Gamma(|(x'-y',-y_n)|) - \Gamma(|(x'-y',y_n)|) = 0, \end{aligned}$$

这是因为

$$|(x'-y',-y_n)| = \left(\sum_{i=1}^{n} (x_i - y_i)^2 + (-y_n)^2\right)^{\frac{1}{2}}$$

$$= \left(\sum_{i=1}^{n} (x_i - y_i)^2 + y_n^2 \right)^{\frac{1}{2}} = |(x' - y', y_n)|,$$

$$x' - y' = (x_1 - y_1, x_2 - y_2, \cdots, x_{n-1} - y_{n-1}).$$

当 $n \geqslant 3$ 时, 根据拉普拉斯算子基本解的表达式 (6.2.65), 易证

$$\lim_{|x| \to +\infty} G(x; y) = 0.$$

当 $n = 2$ 时, 由 (6.2.64) 知 $\Gamma(|x-y|) = \frac{1}{2\pi} \ln \frac{1}{|x-y|}$, $\Gamma(|x-y^*|) = \frac{1}{2\pi} \ln \frac{1}{|x-y^*|}$. 当 $|x| \geqslant |y| + 1$ 时,

$$|G(x; y)| = \frac{1}{2\pi} \left| \ln \frac{|x-y^*|}{|x-y|} \right| \leqslant \frac{1}{2\pi} \left| \ln \frac{1 + \frac{|y^*|}{|x|}}{1 - \frac{|y|}{|x|}} \right|.$$

由此可知

$$\lim_{|x| \to +\infty} G(x; y) = 0.$$

由此可得拉普拉斯算子 Dirichlet 边值问题在上半空间的格林函数

$$G(x; y) = \Gamma(|x-y|) - \Gamma(|x-y^*|), \quad x, \ y \in \mathbb{R}_+^n, \ y^* = (y', -y_n), \tag{6.2.96}$$

其中基本解 Γ 由 (6.2.65) 或 (6.2.64) 所表达.

利用格林函数 (6.2.96) 求解下述 Dirichlet 边值问题.

$$\begin{cases} -\Delta u(x) = f(x), & x \in \mathbb{R}_+^n, \\ u(x) = \varphi(x'), & x_n = 0, \ x' \in \mathbb{R}^{n-1}, \\ \lim_{|x| \to +\infty} u(x) = 0, & x \in \mathbb{R}_+^n, \end{cases} \tag{6.2.97}$$

其中 $f(x)$ 在 $\mathbb{R}_+^n (n \geqslant 3)$ 连续, $\varphi(x')$ 是 $\mathbb{R}^{n-1}$ 上的有界连续函数.

利用 (6.2.96) 和 (6.2.20) 知上述问题的解

$$u(x) = \int_{\mathbb{R}_+^n} f(y) G(y, x) dy - \int_{\mathbb{R}^{n-1}} \varphi(y') \frac{\partial G((y', 0), x)}{\partial \mathbf{n}_y} dy'. \tag{6.2.98}$$

为了求出 (6.2.98) 的表达式, 需要计算 $\dfrac{\partial G}{\partial \mathbf{n}_y}$ 在超平面 $y_n = 0$ 的值. 利用 $x = (x', x_n)$, $x^* = (x', -x_n)$, $y = (y', y_n)$, 直接计算得

$$
\begin{aligned}
\frac{\partial G\left((y',0),x\right)}{\partial \mathbf{n}_y} &= -\frac{\partial G\left((y',0),x\right)}{\partial y_n} = \frac{1}{\omega_n}\left[\frac{y_n - x_n}{|y-x|^n} - \frac{y_n + x_n}{|y-x^*|^n}\right]\Bigg|_{y_n=0} \\
&= -\frac{2x_n}{\omega_n\left(|y'-x'|^2 + x_n^2\right)^{\frac{n}{2}}}.
\end{aligned}
$$

将其代入公式 (6.2.98), 得到问题 (6.2.97) 的解

$$
\begin{aligned}
u(x) =& \frac{1}{(n-2)\omega_n}\int_{\mathbb{R}_+^n} f(y)\left[\frac{1}{|y-x|^{n-2}} - \frac{1}{|y-x^*|^{n-2}}\right]dy \\
&+ \frac{2x_n}{\omega_n}\int_{\mathbb{R}^{n-1}} \frac{\varphi(y')}{\left(|y'-x'|^2 + x_n^2\right)^{\frac{n}{2}}}dy', \quad \forall x \in \mathbb{R}_+^n.
\end{aligned} \tag{6.2.99}
$$

6.3　热传导方程的格林函数

6.3.1　热传导方程初值问题的基本解和格林函数

在 5.2 节我们利用傅里叶变换给出了 $n(n \geqslant 1)$ 维齐次热传导方程的初值问题解的泊松公式

$$
u(x,t) = \int_{\mathbb{R}^n} S(x-\xi,t)\varphi(\xi)d\xi, \quad x \in \mathbb{R}^n, \tag{6.3.1}
$$

其中核函数

$$
S(x-\xi,t) = \frac{1}{(4a^2\pi t)^{\frac{n}{2}}}e^{-\frac{|x-\xi|^2}{4a^2 t}}, \quad t > 0. \tag{6.3.2}
$$

当 t 趋于零时, 可以证明 $S(x-\xi,t)$ 在广义函数意义下收敛于 $\delta(x-\xi)$ 且

$$
\varphi(x) = \delta * \varphi(x) = \int_{\mathbb{R}^n} \delta(x-\xi)\varphi(\xi)d\xi. \tag{6.3.3}
$$

也可证得 $S(x-\xi,t)$ 在广义函数的意义下满足如下初值问题

$$
\begin{cases}
u_t - a^2\Delta u = 0, & x \in \mathbb{R}^n,\ t > 0, \\
u(x,0) = \delta(x-\xi), & x,\ \xi \in \mathbb{R}^n.
\end{cases} \tag{6.3.4}
$$

因此, 函数 $S(x-\xi,t)$ 的物理意义可看做是由在初始时刻 $t=0$ 时在点 $x=\xi$ 处的单位点热源 $\delta(x-\xi)$, 在 $t>0$ 以后时刻所产生的温度分布. 于是热源 $\delta(x-\xi)\varphi(\xi)d\xi$ 所引起的温度分布应为 $S(x-\xi,t)\varphi(\xi)d\xi$. 由于所讨论的问题是线性的, 具有叠加原理, 因此在初始时刻 $t=0$ 时热源 $\varphi(x)$ 所产生的温度分布就是泊松公式 (6.3.1). $S(x-\xi,t)$ 就是热传导方程在初始时刻 $t=0$ 时初值问题的基本解, 其具体定义如下.

定义 6.3.1 对于任意的 $\xi\in\mathbb{R}^n,\tau\geqslant 0$, 称满足下述初值问题

$$\begin{cases}u_t-a^2\Delta u=0, & x\in\mathbb{R}^n,\ t>\tau,\\ u(x,\tau)=\delta(x-\xi), & x\in\mathbb{R}^n\end{cases} \tag{6.3.5}$$

的广义解称为n **维热传导方程初值问题的基本解** (**格林函数**), 记为 $S(x,t;\xi,\tau)$ 或 $S(x-\xi,t-\tau)$. 其物理意义就是在初始时刻 $t=\tau$ 在点 $x=\xi$ 处放置单位点热源, $t=\tau$ 以后时刻所产生的温度分布. 特别当 $\tau=0$ 时,

$$S(x,t;\xi,0)=S(x-\xi,t)=\frac{1}{(4a^2\pi t)^{\frac{n}{2}}}e^{-\frac{|x-\xi|^2}{4a^2t}},\quad t>0. \tag{6.3.6}$$

一般地,

$$S(x,t;\xi,\tau)=\frac{1}{(4a^2\pi(t-\tau))^{\frac{n}{2}}}e^{-\frac{|x-\xi|^2}{4a^2(t-\tau)}},\quad t>\tau. \tag{6.3.7}$$

从物理意义看, 单位点热源 $\delta(x-\xi)\delta(t-\tau)$ 所产生的温度分布, 等价于在时刻 $t=\tau$ 给定热源 $\delta(x-\xi)$ 所产生的温度分布. 因此初始问题 (6.3.5) 的基本解也在广义函数的意义下满足下述初值问题

$$\begin{cases}u_t-a^2\Delta u=\delta(x-\xi)\delta(t-\tau), & x\in\mathbb{R}^n,\ t>0,\\ u(x,0)=0, & x\in\mathbb{R}^n.\end{cases} \tag{6.3.8}$$

因此我们也可以由初值问题 (6.3.8) 的广义解来定义热传导方程初值问题的基本解 (格林函数).

定义 6.3.2 对于任意的 $\xi\in\mathbb{R}^n,\tau\geqslant 0$, 称满足初值问题 (6.3.8) 的广义解为 n 维热传导方程初值问题的**基本解** (**格林函数**), 记为 $\Gamma(x,t;\xi,\tau)$ 或 $\Gamma(x-\xi,t-\tau)$.

注 6.3.1 定义 6.3.1 中的 $S(x,t;\xi,\tau)$ 与定义 6.3.2 中的 $\Gamma(x,t;\xi,\tau)$ 满足

$$\Gamma(x,t;\xi,\tau)=S(x,t;\xi,\tau)H(t-\tau), \tag{6.3.9}$$

其中 H 为 Heaviside 函数.

基本解 $S(x,t;\xi,\tau)$ 有如下性质:

(1) 当 $t>\tau$ 时, $S(x,t;\xi,\tau)>0$.

(2) $S(x,t;\xi,\tau)=S(\xi,t;x,\tau)$.

(3) 当 $t>\tau$ 时, $\displaystyle\int_{\mathbb{R}^n} S(x,t;\xi,\tau)d\xi=1$.

(4) 当 $t>\tau$, $x,\xi\in\mathbb{R}^n$ 时, 则

$$\left(\frac{\partial}{\partial t}-a^2\Delta_x\right)S(x,t;\xi,\tau)=0,$$

$$\left(\frac{\partial}{\partial \tau}+a^2\Delta_\xi\right)S(x,t;\xi,\tau)=0.$$

(5) 对任意 $\varphi\in C_0^\infty(\mathbb{R}^n)$, 成立

$$\lim_{t\to 0^+}\int_{\mathbb{R}^n} S(x,t;\xi,0)\varphi(\xi)d\xi=\varphi(x),\quad x\in\mathbb{R}^n.$$

(6) 当 $(x,t)\neq(\xi,\tau)$ 时, $S(x,t;\xi,\tau)$ 无穷次连续可微 (当 $t=\tau,x\neq\xi$ 时, $S(x,t;\xi,\tau)$ 为零), 且有估计

$$|S(x,t;\xi,\tau)|\leqslant\frac{1}{(2a\sqrt{\pi})^n}\frac{1}{(t-\tau)^{\frac{n}{2}}},\quad t>\tau.$$

利用上面定义的 n 维热传导方程初值问题的基本解 (格林函数)$S(x,t;\xi,\tau)$, 就可以写出非齐次热传导方程具有非齐次初始条件的初值问题

$$\begin{cases}u_t-a^2\Delta u=f(x,t), & x\in\mathbb{R}^n,t>0,\\ u(x,0)=\varphi(x), & x\in\mathbb{R}^n\end{cases}\tag{6.3.10}$$

的解, 在这里 $\varphi(x)$ 和 $f(x,t)$ 分别是 $\mathbb{R}^n$ 和 $\mathbb{R}^n\times(0,\infty)$ 上的连续函数.

$$\begin{aligned}u(x,t)=&\int_{\mathbb{R}^n} S(x,t;\xi,0)\varphi(\xi)d\xi\\ &+\int_0^t\int_{\mathbb{R}^n} S(x,t;\xi,\tau)f(\xi,\tau)d\xi d\tau\\ =&\frac{1}{(4a^2\pi t)^{\frac{n}{2}}}\int_{\mathbb{R}^n} e^{-\frac{|x-\xi|^2}{4a^2t}}\varphi(\xi)d\xi\\ &+\frac{1}{(4a^2\pi)^{\frac{n}{2}}}\int_0^t\int_{\mathbb{R}^n}\frac{f(\xi,\tau)}{(t-\tau)^{\frac{n}{2}}}e^{-\frac{|x-\xi|^2}{4a^2(t-\tau)}}d\xi d\tau.\end{aligned}\tag{6.3.11}$$

6.3.2 热传导方程初边值问题的格林函数

1. 有界区域情形

本节利用格林函数法求解热传导方程初边值问题

$$\begin{cases} u_t - a^2\Delta u = f(x,t), & x \in \Omega,\ t > 0, \\ \alpha(x,t)\dfrac{\partial u}{\partial \mathbf{n}} + \beta(x,t)u = g(x,t), & x \in \partial\Omega,\ t \geqslant 0, \\ u(x,0) = \varphi(x), & x \in \Omega, \end{cases} \tag{6.3.12}$$

其中 $\Omega \subset \mathbb{R}^n (n \geqslant 1)$ 是有界光滑区域, 其边界为 $\partial\Omega, f(x,t), g(x,t), \varphi(x), \alpha(x,t) \geqslant 0, \beta(x,t) \geqslant 0$ 为已知函数, 且 $\alpha + \beta > 0$. 当 $\alpha = 0,\ \beta \neq 0$ 时, 上述边界条件是 Dirichlet 边界条件; 当 $\alpha \neq 0,\ \beta = 0$ 时, 上述边界条件是 Neumann 边界条件; 当 $\alpha \neq 0, \beta \neq 0$ 时, 上述边界条件是第三类边界条件.

设 u, v 是 $\bar{\Omega} \times [0, +\infty)$ 上的任意两个光滑函数, 对任意给定的正数 T, 由格林第二公式 (6.2.4) 得

$$\begin{aligned} \int_0^T \int_\Omega (vLu - uL^*v)dxdt &= \int_0^T \int_\Omega (vu_t + uv_t)dxdt \\ &\quad - a^2 \int_0^T \int_\Omega (v\Delta u - u\Delta v)dxdt \\ &= \int_\Omega u(T)v(T)dx - \int_\Omega u(0)v(0)dx, \\ &\quad + a^2 \int_0^T \int_{\partial\Omega} \left[u\frac{\partial v}{\partial \mathbf{n}} - v\frac{\partial u}{\partial \mathbf{n}}\right] dSdt, \end{aligned} \tag{6.3.13}$$

在这里 $L = \dfrac{\partial}{\partial t} - a^2\Delta$ 为 n 维热传导算子, $L^* = -\dfrac{\partial}{\partial t} - a^2\Delta$ 为其共轭算子. 等式 (6.3.13) 称为n **维热传导方程初边值问题的格林公式**.

定义 6.3.3 对任意给定的正常数 T 和 $(\xi, \tau) \in \Omega \times (0, T)$, 称满足下述初边值问题

$$\begin{cases} -v_t - a^2\Delta v = \delta(x-\xi)\delta(t-\tau), & x \in \Omega,\ t < T, \\ \alpha\dfrac{\partial v}{\partial \mathbf{n}} + \beta v = 0, & x \in \partial\Omega,\ t < T, \\ v(x,T) = 0, & x \in \Omega \end{cases} \tag{6.3.14}$$

的广义解 $v(x,t)$ 为 n 维热传导方程初边值问题 (6.3.12) 的**格林函数**, 记为 $G(x,t;\xi,\tau)$.

在公式 (6.3.13) 中设 $u(x,t)$ 是问题 (6.3.12) 的解, $v(x,t)=G(x,t;\xi,\tau)$, 则

$$
\begin{aligned}
u(\xi,\tau)=&\int_0^T\int_\Omega G(x,t;\xi,\tau)fdxdt+\int_\Omega \varphi G(x,0;\xi,\tau)dx\\
&+\begin{cases}a^2\displaystyle\int_0^T\int_{\partial\Omega}\frac{gG}{\alpha}dSdt, & \alpha\neq 0,\\ -a^2\displaystyle\int_0^T\int_{\partial\Omega}\frac{g}{\beta}\frac{\partial G}{\partial\mathbf{n}}dSdt, & \alpha=0.\end{cases}
\end{aligned}
\tag{6.3.15}
$$

下面给出初边值问题 (6.3.12) 格林函数的等价定义.

定义 6.3.4 对任意给定的 $(\xi,\tau)\in\Omega\times(0,+\infty)$, 定义满足下述初边值问题

$$
\begin{cases}-w_t-a^2\Delta w=0, & x\in\Omega,t<\tau,\\ \alpha\dfrac{\partial w}{\partial\mathbf{n}}+\beta w=0, & x\in\partial\Omega,t<\tau,\\ w(x,\tau)=\delta(x-\xi), & x\in\Omega\end{cases}
\tag{6.3.16}
$$

的广义解 $w(x,t)$ 也称为n **维热传导方程初边值问题** (6.3.12) **的格林函数**, 记为 $K(x,t;\xi,\tau)$.

注 6.3.2 问题 (6.3.14) 和 (6.3.16) 是两个倒向热传导方程初边值问题, 显然 $G(x,t;\xi,\tau)=K(x,t;\xi,\tau)H(\tau-t)$. 另外易证 $G(x,t;\xi,\tau)=G(\xi,-\tau;x,-t)$, $K(x,t;\xi,\tau)=K(\xi,-\tau;x,-t)$, $G(x,t;\xi,\tau)$ 和 $K(x,t;\xi,\tau)$ 作为自变量 ξ,τ 的函数, 分别满足正向热传导方程初边值问题.

由注 6.3.2 可知 (6.3.15) 也可写为

$$
\begin{aligned}
u(\xi,\tau)=&\int_0^\tau\int_\Omega K(x,t;\xi,\tau)fdxdt+\int_\Omega \varphi K(x,0;\xi,\tau)dx\\
&+\begin{cases}a^2\displaystyle\int_0^\tau\int_{\partial\Omega}\frac{gK}{\alpha}dSdt, & \alpha\neq 0,\\ -a^2\displaystyle\int_0^\tau\int_{\partial\Omega}\frac{g}{\beta}\frac{\partial K}{\partial\mathbf{n}}dSdt, & \alpha=0.\end{cases}
\end{aligned}
\tag{6.3.17}
$$

为了利用特征函数展开法来求解 $G(x,t;\xi,\tau)$, 假定问题 (6.3.12) 中的 α 和 β 不依赖于时间变量 t. 首先假设特征值问题

$$
\begin{cases}-\Delta u=\lambda u, & x\in\Omega,\\ \alpha\dfrac{\partial u}{\partial\mathbf{n}}+\beta u=0, & x\in\partial\Omega\end{cases}
\tag{6.3.18}
$$

有一列正的特征值列 $\{\lambda_k\}_{k=1}^{\infty}$, 其对应的标准特征函数列为 $\{M_k(x)\}_{k=1}^{\infty}$ 并在 Ω 上正交. 令

$$G(x,t;\xi,\tau)=\sum_{k=1}^{\infty}N_k(t)M_k(x), \tag{6.3.19}$$

其中 $\{N_k(t)\}_{k=1}^{\infty}$ 是一列依赖于 (ξ,τ) 的关于变量 t 的函数.

首先用 $M_k(x)$ 乘以问题 (6.3.14) 中的方程, 然后在 Ω 上积分, 这样就得到

$$-N_k'(t)+a^2\lambda_k N_k(t)=M_k(\xi)\delta(t-\tau),\quad t,\tau<T,k=1,2,\cdots. \tag{6.3.20}$$

由问题 (6.3.14) 中的初始条件可得

$$N_k(T)=0,\quad k=1,2,\cdots. \tag{6.3.21}$$

由于 $\delta(t-\tau)=\delta(\tau-t)$ 和 $e^{-a^2\lambda_k t}\delta(\tau-t)=e^{-a^2\lambda_k\tau}\delta(\tau-t)$, 故 (6.3.20) 也可写为

$$\frac{d}{dt}[e^{-a^2\lambda_k t}N_k(t)]=-M_k(\xi)e^{-a^2\lambda_k\tau}\delta(\tau-t),\quad k=1,2,\cdots. \tag{6.3.22}$$

积分上式并利用初始条件 (6.3.21) 及 $\dfrac{dH(t)}{dt}=\delta(t)$ 得

$$N_k(t)=e^{a^2\lambda_k(t-\tau)}M_k(\xi)H(\tau-t),\quad t,\ \tau<T,\ k=1,2,\cdots. \tag{6.3.23}$$

因此 n 维热传导方程初边值问题 (6.3.12) 的格林函数为

$$G(x,t;\xi,\tau)=H(\tau-t)\sum_{k=1}^{\infty}e^{a^2\lambda_k(t-\tau)}M_k(\xi)M_k(x) \tag{6.3.24}$$

或

$$K(x,t;\xi,\tau)=\sum_{k=1}^{\infty}e^{a^2\lambda_k(t-\tau)}M_k(\xi)M_k(x),\quad t<\tau, \tag{6.3.25}$$

其中 $H(\tau-t)$ 为 Heaviside 函数.

如果特征值问题 (6.3.18) 还有零特征值, 假设其相应的标准特征函数为 $M_0(x)$, 则格林函数

$$G(x,t;\xi,\tau)=H(\tau-t)\sum_{k=0}^{\infty}e^{a^2\lambda_k(t-\tau)}M_k(\xi)M_k(x). \tag{6.3.26}$$

$$K(x,t;\xi,\tau)=\sum_{k=0}^{\infty}e^{a^2\lambda_k(t-\tau)}M_k(\xi)M_k(x),\quad t<\tau, \tag{6.3.27}$$

令 $\Gamma(x,t;\xi,\tau)=G(x,-t;\xi,-\tau),S(x,t;\xi,\tau)=K(x,-t;\xi,-\tau)$, 则

$$\Gamma(x,t;\xi,\tau)=H(t-\tau)\sum_{k=1}^{\infty}e^{a^2\lambda_k(\tau-t)}M_k(\xi)M_k(x), \tag{6.3.28}$$

$$S(x,t;\xi,\tau)=\sum_{k=1}^{\infty}e^{a^2\lambda_k(\tau-t)}M_k(\xi)M_k(x),\quad t>\tau \tag{6.3.29}$$

或

$$\Gamma(x,t;\xi,\tau)=H(t-\tau)\sum_{k=0}^{\infty}e^{a^2\lambda_k(\tau-t)}M_k(\xi)M_k(x), \tag{6.3.30}$$

$$S(x,t;\xi,\tau)=\sum_{k=0}^{\infty}e^{a^2\lambda_k(\tau-t)}M_k(\xi)M_k(x),\quad t>\tau. \tag{6.3.31}$$

易证 $\Gamma(x,t;\xi,\tau)$ 和 $S(x,t;\xi,\tau)$ 分别满足正向热传导方程初边值问题

$$\begin{cases}u_t-a^2\Delta u=\delta(x-\xi)\delta(t-\tau), & x\in\Omega,\ t>-T,\\ \alpha\dfrac{\partial u}{\partial \mathbf{n}}+\beta u=0, & x\in\partial\Omega,\ t>-T,\\ u(x,-T)=0, & x\in\Omega,\end{cases} \tag{6.3.32}$$

$$\begin{cases}v_t-a^2\Delta v=0, & x\in\Omega,\ t>\tau,\\ \alpha\dfrac{\partial u}{\partial \mathbf{n}}+\beta u=0, & x\in\partial\Omega,\ t>\tau,\\ u(x,\tau)=\delta(x-\xi), & x\in\Omega.\end{cases} \tag{6.3.33}$$

例 6.3.1 求一维热传导方程带有 Dirichlet 边界条件的初边值问题在区间 $[0,l]$ 上的格林函数.

解法一 我们求解按定义 6.3.3 来定义的格林函数, 即求倒向的热传导方程初边值问题

$$\begin{cases}-G_t-a^2G_{xx}=\delta(x-\xi)\delta(t-\tau), & 0<x<l,\ t<T,\\ G(0,t;\xi,\tau)=G(l,t;\xi,\tau)=0, & t<T,\\ G(x,T;\xi,\tau)=0, & 0\leqslant x\leqslant l\end{cases} \tag{6.3.34}$$

的广义解 $G(x,t;\xi,\tau)$, 其中 $0<\xi<l,\tau<T,\tau>0$.

由 (6.3.24) 知需要先求出 λ_k 和 $M_k(x)(0\leqslant x\leqslant l)$, 即求解特征值问题

$$\begin{cases}-u''=\lambda u, & 0<x<l,\\ u(0)=u(l)=0.\end{cases} \tag{6.3.35}$$

解得特征值为 $\lambda_k = \left(\frac{k\pi}{l}\right)^2, k = 1, 2, \cdots$, 特征函数为 $\left\{C_k \sin\frac{k\pi}{l}x\right\}$, 其中 C_k 为任意非零常数, 化为标准的正交函数列为 $\left\{\sqrt{2/l}\sin\frac{k\pi}{l}x\right\}$. 这样, 在 (6.3.24) 中取 $M_k(x) = \sqrt{2/l}\sin\frac{k\pi}{l}x, k = 1, 2, \cdots$, 就可得到一维热传导方程在区间 $[0, l]$ 满足 Dirichlet 边界条件的初边值问题的格林函数表达式

$$G(x,t;\xi,\tau) = \frac{2H(\tau-t)}{l}\sum_{k=1}^{\infty} e^{-\frac{a^2k^2\pi^2(\tau-t)}{l^2}} \sin\frac{k\pi}{l}x \sin\frac{k\pi}{l}\xi. \tag{6.3.36}$$

解法二 利用镜像法来求得格林函数, 即先求解定解问题

$$\begin{cases} u_t - a^2u_{xx} = 0, & 0 < x,\ \xi < l,\ t > \tau, \\ u(0,t) = u(l,t) = 0, & t > \tau, \\ u(x,\tau) = \delta(x-\xi), & 0 \leqslant x \leqslant l. \end{cases} \tag{6.3.37}$$

将定义在区间 $[0, l]$ 上的问题 (6.3.37) 的解 u 以 $2l$ 为周期奇延拓到 $(-\infty, +\infty)$. 在点 $x = \xi + 2ml, m = \pm1, \pm2, \cdots$ 各放置一个正点源, 在点 $x = -\xi + 2ml, m = \pm1, \pm2, \cdots$ 各放置一个负点源, 这样延拓后的 u 满足

$$\begin{cases} u_t - a^2u_{xx} = 0, \\ u(x,\tau) = \displaystyle\sum_{m=-\infty}^{+\infty}[\delta(x-\xi-2ml) - \delta(x+\xi-2ml)]. \end{cases} \tag{6.3.38}$$

由于 u 是以 $2l$ 为周期的奇延拓, 显然在 $x = 0$ 和 $x = l$ 处有 $u = 0$. 根据热传导方程的初值问题基本解的表达式 (6.3.7)$(n = 1)$, 得到

$$\begin{aligned} u(x,t) &= \sum_{m=-\infty}^{+\infty}\frac{1}{2a\sqrt{\pi(t-\tau)}}\left[e^{-\frac{(x-\xi-2ml)^2}{4a^2(t-\tau)}} - e^{-\frac{(x+\xi-2ml)^2}{4a^2(t-\tau)}}\right] \\ &= \frac{1}{2l}\left[\theta\left(\frac{x-\xi}{2l}, \frac{t-\tau}{4l^2}\right) - \theta\left(\frac{x+\xi}{2l}, \frac{t-\tau}{4l^2}\right)\right], \quad t > \tau, \end{aligned} \tag{6.3.39}$$

其中 θ 函数定义为

$$\theta(x,t) = \frac{1}{2a\sqrt{\pi t}}\sum_{m=-\infty}^{+\infty} e^{-\frac{(x-m)^2}{4a^2t}}, \quad t > 0. \tag{6.3.40}$$

显然 $\theta(x,t)$ 关于 x 是周期为 1 的偶函数, 因此可展开为只含余弦项的傅里叶级数, 即

$$\theta(x,t)=\frac{1}{2}a_0(t)+\sum_{k=1}^{+\infty}a_k(t)\cos 2k\pi x,$$

其中

$$\begin{aligned}
a_k(t)&=2\int_0^1\theta(x,t)\cos 2k\pi xdx\\
&=2\int_0^1\cos 2k\pi x\Big[\frac{1}{2a\sqrt{\pi t}}\sum_{m=-\infty}^{+\infty}e^{-\frac{(x-m)^2}{4a^2t}}\Big]dx\\
&=\frac{1}{a\sqrt{\pi t}}\sum_{m=-\infty}^{+\infty}\int_0^1 e^{-\frac{(x-m)^2}{4a^2t}}\cos 2k\pi xdx\\
&=\frac{1}{a\sqrt{\pi t}}\sum_{m=-\infty}^{+\infty}\int_{-m}^{1-m}e^{-\frac{y^2}{4a^2t}}\cos 2k\pi(y+m)dy\\
&=\frac{1}{a\sqrt{\pi t}}\int_{-\infty}^{+\infty}e^{-\frac{y^2}{4a^2t}}\cos 2k\pi ydy\\
&=\frac{2}{\sqrt{\pi}}\int_{-\infty}^{+\infty}e^{-z^2}\cos 4ak\pi\sqrt{t}zdz\\
&=\frac{4}{\sqrt{\pi}}\int_0^{+\infty}e^{-z^2}\cos 4ak\pi\sqrt{t}zdz\\
&=2e^{-4a^2k^2\pi^2t},\quad k=0,1,2,\cdots.
\end{aligned}$$

上式的最后一等号利用了如下积分

$$\int_0^{+\infty}e^{-x^2}\cos 2bxdx=\frac{\sqrt{\pi}}{2}e^{-b^2}.$$

这样 (6.3.40) 也可以表示成

$$\theta(x,t)=1+2\sum_{k=1}^{\infty}e^{-4a^2k^2\pi^2t}\cos 2k\pi x. \tag{6.3.41}$$

利用上式可得

$$u(x,t)=S(x,t;\xi,\tau)$$

$$
\begin{aligned}
&= \frac{1}{l}\sum_{k=1}^{\infty} e^{-\frac{a^2k^2\pi^2(t-\tau)}{l^2}}\left[\cos\frac{k\pi}{l}(x-\xi) - \cos\frac{k\pi}{l}(x+\xi)\right] \\
&= \frac{2}{l}\sum_{k=1}^{\infty} e^{-\frac{a^2k^2\pi^2(t-\tau)}{l^2}} \sin\frac{k\pi}{l}x \sin\frac{k\pi}{l}\xi, \quad t > \tau.
\end{aligned} \tag{6.3.42}
$$

然后就得到一维热传导方程在区间 $[0,l]$ 上满足 Dirichlet 边界条件的初边值问题的格林函数

$$
\begin{aligned}
G(x,t;\xi,\tau) &= H(\tau - t)S(x,-t;\xi,-\tau) \\
&= \frac{2H(\tau-t)}{l}\sum_{k=1}^{\infty} e^{-\frac{a^2k^2\pi^2(\tau-t)}{l^2}} \sin\frac{k\pi}{l}x \sin\frac{k\pi}{l}\xi.
\end{aligned} \tag{6.3.43}
$$

例 6.3.2　利用格林函数求解下述初边值问题

$$
\begin{cases}
u_t - a^2u_{xx} = 0, & 0 < x < l,\ t > 0, \\
u(0,t) = 0, & t \geqslant 0, \\
u(l,t) = t, & t \geqslant 0, \\
u(x,0) = 0, & 0 \leqslant x \leqslant l.
\end{cases}
$$

解　直接利用 (6.3.17) 来求上述问题, 其中 $\Omega = (0,l)$, $f(x,t) = 0, \varphi(x) = 0$, $\alpha = 0, \beta = 1$. 结合 (6.3.43), 得

$$
\begin{aligned}
u(\xi,\tau) =& -a^2\int_0^{\tau} t\frac{\partial K(l,t;\xi,\tau)}{\partial x}dt \\
=& -\frac{2a^2\pi}{l^2}\sum_{k=1}^{\infty}\int_0^{\tau} kt\cos k\pi e^{-\frac{a^2k^2\pi^2(\tau-t)}{l^2}} \sin\frac{k\pi}{l}\xi dt \\
=& \frac{2\tau}{\pi}\sum_{k=1}^{\infty}\frac{(-1)^{k+1}}{k}\sin\frac{k\pi}{l}\xi + \frac{2l^2}{a^2\pi^3}\sum_{k=1}^{\infty}\frac{(-1)^k}{k^3}\sin\frac{k\pi}{l}\xi \\
&+ \frac{2l^2}{a^2\pi^3}\sum_{k=1}^{\infty}\frac{(-1)^{k+1}}{k^3}e^{-\frac{a^2k^2\pi^2\tau}{l^2}}\sin\frac{k\pi}{l}\xi \\
=& \frac{\xi\tau}{l} + \frac{\xi^3 - l^2\xi}{6a^2l} + \frac{2l^2}{a^2\pi^3}\sum_{k=1}^{\infty}\frac{(-1)^{k+1}}{k^3}e^{-\frac{a^2k^2\pi^2\tau}{l^2}}\sin\frac{k\pi}{l}\xi.
\end{aligned}
$$

用 (x,t) 代替 (ξ,τ), 则得

$$u(x,t)=\frac{xt}{l}+\frac{x^3-l^2x}{6a^2l}+\frac{2l^2}{a^2\pi^3}\sum_{k=1}^{\infty}\frac{(-1)^{k+1}}{k^3}e^{-\frac{a^2k^2\pi^2t}{l^2}}\sin\frac{k\pi}{l}x.$$

例 6.3.3 求倒向的热传导方程初边值问题

$$\begin{cases}-v_t-a^2v_{xx}=\delta(x-\xi)\delta(t-\tau), & 0<x<l,\ t<T,\\ v_x(0,t)=v(l,t)=0, & t<T,\\ v(x,T)=0, & 0\leqslant x\leqslant l\end{cases}\tag{6.3.44}$$

的广义解, 其中 $0<\xi<l,\tau<T,\tau>0$.

解 由 (6.3.24) 知只需求出 λ_k 和 $M_k(x)(0\leqslant x\leqslant l)$. 解特征值问题

$$\begin{cases}-u''=\lambda u, \quad 0<x<l,\\ u'(0)=u(l)=0\end{cases}\tag{6.3.45}$$

得特征值为 $\lambda_k=\dfrac{(2k-1)^2\pi^2}{4l^2}, k=1,2,\cdots$, 特征函数为 $\left\{C_k\cos\dfrac{(2k-1)\pi}{2l}x\right\}$, 其中 C_k 为任意非零常数, 化为标准的正交函数列为 $\left\{\sqrt{2/l}\cos\dfrac{(2k-1)\pi}{2l}x\right\}$. 这样, 在 (6.3.24) 中取 $M_k(x)=\sqrt{2/l}\cos\dfrac{(2k-1)\pi}{2l}x, k=1,2,\cdots$, 就可得到格林函数

$$v(x,t)=\sum_{k=1}^{\infty}e^{-\frac{a^2(2k-1)^2\pi^2(\tau-t)}{4l^2}}\cos\frac{(2k-1)\pi}{2l}x\cos\frac{(2k-1)\pi}{2l}\xi\times\frac{2H(\tau-t)}{l}.\tag{6.3.46}$$

例 6.3.4 利用格林函数求解下述初边值问题

$$\begin{cases}u_t-a^2u_{xx}=0, & 0<x<l,\ >0,\\ u_x(0,t)=u(l,t)=0, & t\geqslant 0,\\ u(x,0)=x, & 0\leqslant x\leqslant l.\end{cases}$$

解 利用 (6.3.15) 来求上述问题, 其中 $\Omega=(0,l), f(x,t)=0, \varphi(x)=x$, $g=0, \alpha_1=-1, \beta_1=0(x=0), \alpha_2=0, \beta_2=1(x=l)$, 结合 (6.3.46), 得

$$\begin{aligned}
u(\xi,\tau)&=\int_0^l \varphi(x)G(x,0;\xi,\tau)dx\\
&=\frac{2}{l}\sum_{k=1}^{\infty}\int_0^l xe^{-\frac{a^2(2k-1)^2\pi^2\tau}{4l^2}}\cos\frac{(2k-1)\pi}{2l}x\cos\frac{(2k-1)\pi}{2l}\xi dx\\
&=4l\sum_{k=1}^{\infty}\frac{(-1)^{k+1}(2k-1)\pi-2}{(2k-1)^2\pi^2}e^{-\frac{a^2(2k-1)^2\pi^2\tau}{4l^2}}\cos\frac{(2k-1)\pi}{2l}\xi.
\end{aligned}$$

习惯上, 在上述解中用 (x,t) 代替 (ξ,τ), 则有

$$u(x,t)=4l\sum_{k=1}^{\infty}\frac{(-1)^{k+1}(2k-1)\pi-2}{(2k-1)^2\pi^2}e^{-\frac{a^2(2k-1)^2\pi^2 t}{4l^2}}\cos\frac{(2k-1)\pi}{2l}x.$$

2. 半无界区域情形

下面主要讨论有部分边界的无界区域上的格林函数, 其区域上的格林函数的定义同样由定义 6.3.3 或定义 6.3.4 (另补充在无穷远处趋于零) 给出.

由 6.3.1 节知直线上一维热传导方程初值问题的基本解 (格林函数) 为

$$\Gamma(x,t;\xi,\tau)=\frac{1}{2a\sqrt{\pi(t-\tau)}}e^{-\frac{(x-\xi)^2}{4a^2(t-\tau)}}H(t-\tau). \tag{6.3.47}$$

利用静电源像法, 我们可构造出半无界区间 $x>0$ 上热传导方程在左端点 $x=0$ 处满足 Dirichlet 边界条件 $(G(0,t;\xi,\tau)=0)$ 的混合问题的格林函数, 具体表达式为

$$\begin{aligned}
G(x,t;\xi,\tau)&=\Gamma(x,-t;\xi,-\tau)-\Gamma(x,-t;-\xi,-\tau)\\
&=\frac{1}{2a\sqrt{\pi(\tau-t)}}\left[e^{-\frac{(x-\xi)^2}{4a^2(\tau-t)}}-e^{-\frac{(x+\xi)^2}{4a^2(\tau-t)}}\right]H(\tau-t).
\end{aligned}\tag{6.3.48}$$

在左端点 $x=0$ 处满足 Neumann 边界条件$\left(\dfrac{\partial G(0,t;\xi,\tau)}{\partial x}=0\right)$的格林函数

$$\begin{aligned}
G(x,t;\xi,\tau)&=\Gamma(x,-t;\xi,-\tau)+\Gamma(x,-t;-\xi,-\tau)\\
&=\frac{1}{2a\sqrt{\pi(\tau-t)}}\left[e^{-\frac{(x-\xi)^2}{4a^2(\tau-t)}}+e^{-\frac{(x+\xi)^2}{4a^2(\tau-t)}}\right]H(\tau-t).
\end{aligned}\tag{6.3.49}$$

在左端点 $x=0$ 处满足第三类边界条件$\left(\dfrac{\partial G(0,t;\xi,\tau)}{\partial x}-hG(0,t;\xi,\tau)=0,\ h>0\right)$的格林函数

$$\begin{aligned}G(x,t;\xi,\tau)&=\Gamma(x,-t;\xi,-\tau)+\Gamma(x,-t;-\xi,-\tau)+v(x,-t)\\&=\frac{H(\tau-t)}{2a\sqrt{\pi(\tau-t)}}\left[e^{-\frac{(x-\xi)^2}{4a^2(\tau-t)}}+e^{-\frac{(x+\xi)^2}{4a^2(\tau-t)}}\right.\\&\quad\left.-2h\int_0^{+\infty}e^{-h\eta-(x+\xi+\eta)^2/[4a^2(\tau-t)]}d\eta\right].\end{aligned}\tag{6.3.50}$$

例 6.3.5 求半无限长带形区域 $\Omega=\{(x,y)|0\leqslant x\leqslant l,y\geqslant 0\}$ 上热传导方程带有 Dirichlet 边界条件的初边值问题的格林函数.

解 原问题转化为求解定解问题

$$\begin{cases}u_t-a^2(u_{xx}+u_{yy})=0, & 0<x<l,\ y>0,\ t>\tau,\\ u(0,y,t)=u(l,y,t)=0, & y\geqslant 0,\ t\geqslant\tau,\\ u(x,0,t)=0, & 0\leqslant x\leqslant l,\ t\geqslant\tau,\\ u(x,y,\tau)=\delta(x-\xi,y-\eta), & 0\leqslant x,\ \xi\leqslant l,\ y,\ \eta\geqslant 0.\end{cases}\tag{6.3.51}$$

具体地, 将定义在 Ω 上的函数 u 先关于直线 $y=0$ 做奇延拓到无限长的带形区域 $\Omega'=\{(x,y)\mid 0\leqslant x\leqslant l,-\infty<y<+\infty\}$, 再关于变量 x 将函数以 $2l$ 为周期奇延拓到全平面. 在点 $(\xi+2ml,\eta)$ 及点 $(-\xi+2ml,-\eta)$, $m=0,\pm1,\pm2,\cdots$ 处各放置一个正电源, 在点 $(-\xi+2ml,\eta)$ 及点 $(\xi+2ml,-\eta),m=0,\pm1,\pm2,\cdots$ 处各放置一个负电源, 这样延拓后的 u 满足

$$\begin{cases}u_t-a^2(u_{xx}+u_{yy})=0,\\ u(x,\tau)=\displaystyle\sum_{m=-\infty}^{+\infty}\Big[\delta(x-\xi-2ml,y-\eta)-\delta(x+\xi-2ml,y-\eta)\\ \qquad+\delta(x+\xi-2ml,y+\eta)-\delta(x-\xi-2ml,y+\eta)\Big].\end{cases}\tag{6.3.52}$$

由于 u 是奇延拓, 则 u 在直线 $x=0,x=l$ 和 $y=0$ 上仍有 $u=0(t>\tau\geqslant 0)$, 根据热传导方程初值问题基本解的表达式 (6.3.7)($n=2$), 得到

$$\begin{aligned}&u(x,y,t;\xi,\eta,\tau)\\&=\sum_{m-\infty}^{+\infty}\Big[S(x,y,t;\xi+2ml,\eta,\tau)-S(x,y,t;-\xi+2ml,\eta,\tau)\end{aligned}$$

$$
\begin{aligned}
&+ S(x,y,t;-\xi+2ml,-\eta,\tau) - S(x,y,t;\xi+2ml,-\eta,\tau)\Big] \\
=& \sum_{m=-\infty}^{+\infty} \frac{1}{4\pi a^2(t-\tau)}\Big[e^{-\frac{(x-\xi-2ml)^2+(y-\eta)^2}{4a^2(t-\tau)}} - e^{-\frac{(x+\xi-2ml)^2+(y-\eta)^2}{4a^2(t-\tau)}} \\
&+ e^{-\frac{(x+\xi-2ml)^2+(y+\eta)^2}{4a^2(t-\tau)}} - e^{-\frac{(x-\xi-2ml)^2+(y+\eta)^2}{4a^2(t-\tau)}}\Big] \\
=& \frac{1}{4la\sqrt{\pi(t-\tau)}} e^{-\frac{(y-\eta)^2}{4a^2(t-\tau)}} \left[\theta\left(\frac{x-\xi}{2l}, \frac{t-\tau}{4l^2}\right) - \theta\left(\frac{x+\xi}{2l}, \frac{t-\tau}{4l^2}\right)\right] \\
&- \frac{1}{4la\sqrt{\pi(t-\tau)}} e^{-\frac{(y+\eta)^2}{4a^2(t-\tau)}} \left[\theta\left(\frac{x-\xi}{2l}, \frac{t-\tau}{4l^2}\right) - \theta\left(\frac{x+\xi}{2l}, \frac{t-\tau}{4l^2}\right)\right]. \quad (6.3.53)
\end{aligned}
$$

再利用 (6.3.41) 可得

$$
\begin{aligned}
&u(x,y,t;\xi,\eta,\tau) \\
=& \frac{1}{2la\sqrt{\pi(t-\tau)}} e^{-\frac{y^2+\eta^2}{4a^2(t-\tau)}} \sinh \frac{y\eta}{2a^2(t-\tau)} \left[\theta\left(\frac{x-\xi}{2l}, \frac{t-\tau}{4l^2}\right)\right. \\
&\left. - \theta\left(\frac{x+\xi}{2l}, \frac{t-\tau}{4l^2}\right)\right] \\
=& \frac{1}{la\sqrt{\pi(t-\tau)}} e^{-\frac{y^2+\eta^2}{4a^2(t-\tau)}} \sinh \frac{y\eta}{2a^2(t-\tau)} \\
&\times \sum_{k=1}^{\infty} e^{-\frac{a^2\pi^2k^2(t-\tau)}{l^2}} \left[\cos\frac{k\pi(x-\xi)}{l} - \cos\frac{k\pi(x+\xi)}{l}\right] \\
=& \frac{2}{la\sqrt{\pi(t-\tau)}} e^{-\frac{y^2+\eta^2}{4a^2(t-\tau)}} \sinh \frac{y\eta}{2a^2(t-\tau)} \\
&\times \sum_{k=1}^{\infty} e^{-\frac{a^2\pi^2k^2(t-\tau)}{l^2}} \sin\frac{k\pi}{l}\xi \sin\frac{k\pi}{l}x. \quad (6.3.54)
\end{aligned}
$$

因此原问题的格林函数为

$$
\begin{aligned}
G(x,y,t;\xi,\eta,\tau) &= H(\tau-t)u(x,y,-t;\xi,\eta,-\tau) \\
&= \frac{2H(\tau-t)}{la\sqrt{\pi(\tau-t)}} e^{-\frac{y^2+\eta^2}{4a^2(\tau-t)}} \sinh \frac{y\eta}{2a^2(\tau-t)} \\
&\quad \times \sum_{k=1}^{\infty} e^{-\frac{a^2\pi^2k^2(\tau-t)}{l^2}} \sin\frac{k\pi}{l}\xi \sin\frac{k\pi}{l}x. \quad (6.3.55)
\end{aligned}
$$

6.4 波动方程的格林函数

6.4.1 波动方程初值问题的基本解和格林函数

我们在第 4 章用行波法、球平均法和降维法分别求得一维、二维和三维齐次波动方程初值问题解的表达式. 在这里, 我们用格林函数法来求解.

定义 6.4.1 对于任意 $\xi \in \mathbb{R}^n (n \geqslant 1), \tau \geqslant 0$, 称满足下述初值问题

$$\begin{cases} u_{tt} - a^2 \Delta u = 0, & x \in \mathbb{R}^n,\ t > \tau, \\ u(x, \tau) = 0, & x \in \mathbb{R}^n, \\ u_t(x, \tau) = \delta(x - \xi), & x,\ \xi \in \mathbb{R}^n \end{cases} \tag{6.4.1}$$

的广义解为n **维波动方程初值问题的基本解** (**格林函数**), 记为 $S(x-\xi, t-\tau)$ 或 $S(x, t; \xi, \tau)$. 当 $\tau = 0$ 时, 基本解也可以写为 $S(x - \xi, t)$.

下面我们给出波动方程初值问题的基本解 (格林函数) 的另一种定义.

定义 6.4.2 对于任意的 $\xi \in \mathbb{R}^n, \tau \geqslant 0$, 称满足初值问题

$$\begin{cases} u_{tt} - a^2 \Delta u = \delta(x - \xi)\delta(t - \tau), & x \in \mathbb{R}^n,\ t > 0, \\ u(x, 0) = 0, & x \in \mathbb{R}^n, \\ u_t(x, 0) = 0, & x, \xi \in \mathbb{R}^n \end{cases} \tag{6.4.2}$$

的广义解为n **维波动方程初值问题的基本解** (**格林函数**), 记为 $\Gamma(x - \xi, t - \tau)$ 或 $\Gamma(x, t; \xi, \tau)$.

注 6.4.1 易证定义 6.4.1 与定义 6.4.2 是等价的, 而且满足

$$\Gamma(x, t; \xi, \tau) = S(x, t; \xi, \tau) H(t - \tau), \tag{6.4.3}$$

其中 H 为 Heaviside 函数.

我们可以利用傅里叶变换求得基本解 $S(x - \xi, t - \tau)$. 首先在 (6.4.1) 中作自变量变换 $x' = x - \xi, t' = t - \tau$, 记 $w(x', t') = u(x, t)$, 则初值问题可写为

$$\begin{cases} w_{t't'} - a^2 \Delta_{x'} w = 0, & x' \in \mathbb{R}^n,\ t' > 0, \\ w(x', 0) = 0, & x' \in \mathbb{R}^n, \\ w_{t'}(x', 0) = \delta(x'), & x' \in \mathbb{R}^n. \end{cases} \tag{6.4.4}$$

对问题 (6.4.4) 两边关于自变量 x' 作傅里叶变换, 得到

$$\begin{cases} \dfrac{d^2\hat{w}}{dt'^2}+a^2|\lambda|^2\hat{w}=0, \\ \hat{w}(\lambda,0)=0, \\ \dfrac{d\hat{w}(\lambda,0)}{dt'}=1. \end{cases} \tag{6.4.5}$$

解得

$$\hat{w}=\frac{\sin(a|\lambda|t')}{a|\lambda|}, \quad |\lambda|=\sqrt{\lambda_1^2+\lambda_2^2+\cdots+\lambda_n^2}. \tag{6.4.6}$$

再求其傅里叶逆变换, 可得

$$w(x',t')=\frac{1}{(2\pi)^n}\int_{\mathbb{R}^n}\frac{\sin\ a|\lambda|t'}{a|\lambda|}e^{i\lambda x'}d\lambda. \tag{6.4.7}$$

当 $n=1$ 时, 由 (6.4.7) 可知

$$\begin{aligned} w(x',t')=&\frac{1}{2\pi a}\int_{-\infty}^{+\infty}\frac{\sin\ a\lambda t'}{\lambda}e^{i\lambda x'}d\lambda \\ =&\frac{1}{2\pi a}\int_{-\infty}^{+\infty}\frac{\sin(at'+x')\lambda+\sin(at'-x')\lambda}{2\lambda}d\lambda \\ &+\frac{i}{2\pi a}\int_{-\infty}^{+\infty}\frac{\cos(at'-x')\lambda-\cos(at'+x')\lambda}{2\lambda}d\lambda \\ =&\frac{1}{2\pi a}\int_{0}^{+\infty}\frac{\sin(at'+x')\lambda}{\lambda}d\lambda \\ &+\frac{1}{2\pi a}\int_{0}^{+\infty}\frac{\sin(at'-x')\lambda}{\lambda}d\lambda \\ =&\frac{1}{2\pi a}\left[\frac{\pi}{2}\mathrm{sgn}(at'+x')+\frac{\pi}{2}\mathrm{sgn}(at'-x')\right] \\ =&\frac{1}{2a}H(a^2t'^2-x'^2), \end{aligned} \tag{6.4.8}$$

其中 $H(s)$ 为 Heaviside 函数. 上述第四个等式利用了如下等式:

$$\int_0^{+\infty}\frac{\sin\ b\lambda}{\lambda}d\lambda=\frac{\pi}{2}\mathrm{sgn}b.$$

在 (6.4.6) 中再代入原变量 $t'=t-\tau, x'=x-\xi$, 由此可得 $n=1$ 时的基本解

$$S(x-\xi,t-\tau)=\frac{1}{2a}H[a^2(t-\tau)^2-(x-\xi)^2],\quad t>\tau\geqslant 0. \tag{6.4.9}$$

当 $n=3$ 时, (6.4.7) 可写为

$$w(x',t')=\frac{1}{(2\pi)^3}\int_0^{+\infty}\int_{S^2}\frac{\sin a\rho t'}{a\rho}e^{i\lambda\cdot x'}\rho^2 d\omega d\rho, \tag{6.4.10}$$

其中 $\rho=|\lambda|$, S^2 表示单位球面, $d\omega$ 表示单位球面的面积微元. 不妨以 x' 方向为北极方向, 建立球面坐标 (θ,φ), 于是就有 $\lambda\cdot x'=\rho r\cos\theta$, $r=|x'|$, $d\omega=\sin\theta d\theta d\varphi$. 从而

$$\begin{aligned}
w(x',t')&=\frac{1}{(2\pi)^3}\int_0^{+\infty}\int_0^{\pi}\int_0^{2\pi}\frac{\rho\sin\ a\rho t'}{a}e^{i\rho r\cos\theta}\sin\theta d\theta d\varphi d\rho\\
&=\frac{1}{(2\pi)^2 a}\int_0^{+\infty}\sin\ a\rho t'\left(\int_0^{\pi}e^{i\rho r\cos\theta}\rho\sin\theta d\theta\right)d\rho\\
&=\frac{1}{4\pi^2 ar}\int_0^{+\infty}2\sin\ a\rho t'\sin\rho r d\rho\\
&=\frac{1}{4\pi^2 ar}\lim_{A\to+\infty}\int_0^{A}[\cos\rho(r-at')-\cos\rho(r+at')]d\rho\\
&=\frac{1}{4\pi^2 ar}\lim_{A\to+\infty}\left(\frac{\sin\ A(r-at')}{r-at'}-\frac{\sin\ A(r+at')}{r+at'}\right)\\
&=\frac{\delta(r-at')}{4\pi ar},
\end{aligned} \tag{6.4.11}$$

由于 $t'>0$, 故 $at'+r>0$, 这样在 (6.4.11) 中最后一个等式是由于在广义函数意义下, $\dfrac{\sin A(r-at')}{r-at'}$ 收敛于 $\pi\delta(r-at')$, 而 $\dfrac{\sin A(r+at')}{r+at'}$ 收敛于零. 然后再代回原变量, 由此可得三维波动方程初值问题的基本解为

$$S(x-\xi,t-\tau)=\frac{\delta(|x-\xi|-a(t-\tau))}{4\pi a|x-\xi|},\quad t>\tau\geqslant 0. \tag{6.4.12}$$

当 $n=2$ 时, 利用 (6.4.5) 和降维法可求得基本解为

$$S(x-\xi,t-\tau)=\frac{H[a(t-\tau)-|x-\xi|]}{2\pi a\sqrt{a^2(t-\tau)^2-|x-\xi|^2}},\quad t>\tau\geqslant 0. \tag{6.4.13}$$

对于一般维数 ($n \geqslant 1$), 由于计算的复杂性, 所以省略推导过程, 在这里只给出基本解的表达式

$$S(x-\xi,t-\tau)=\frac{1}{2a\pi^{\frac{n-1}{2}}}\chi_+^{-\frac{n-1}{2}}[a^2(t-\tau)^2-|x-\xi|^2],\quad t>\tau\geqslant 0, \tag{6.4.14}$$

其中 $\chi_+^{\alpha}(s)=\dfrac{|s|^{\alpha}}{\Gamma(\alpha+1)}H(s),\ s\in\mathbb{R},\alpha>0$; 对实数 α, 在广义函数的意义下由 $\dfrac{d}{ds}\chi_+^{\alpha+1}(s)=\chi_+^{\alpha}(s)$ 来定义. 特别, $\chi_+^{0}(s)=H(s),\chi_+^{-1}(s)=\delta(s)$, $\chi_+^{-\frac{1}{2}}(s)=\dfrac{1}{\sqrt{\pi|s|}}H(s)$.

利用上述定义的基本解 (或格林函数) 可求 n 维波动方程的初值问题

$$\begin{cases}u_{tt}-a^2\Delta u=f(x,t), & x\in\mathbb{R}^n,\ t>0,\\ u(x,0)=\varphi(x), & x\in\mathbb{R}^n,\\ u_t(x,0)=\psi(x), & x\in\mathbb{R}^n.\end{cases} \tag{6.4.15}$$

定理 6.4.1　设 $\varphi(x),\psi(x)$ 和 $f(x,t)$ 分别是 $\mathbb{R}^n$ 和 $\mathbb{R}^n\times[0,+\infty)$ 上的光滑函数, 则 n 维波动方程的初值问题解的表达式为

$$u(x,t)=\frac{\partial}{\partial t}(S(x,t)*\varphi)+S(x,t)*\psi(x)+\int_0^t S(x,t-\tau)*f d\tau, \tag{6.4.16}$$

其中 $S(x,t)(\xi=0,\tau=0)$ 和 $S(x,t-\tau)(\xi=0)$ 的定义见定义 6.4.1.

证明　事实上,

$$\left(\frac{\partial^2}{\partial t^2}-a^2\Delta\right)\frac{\partial}{\partial t}(S(x,t)*\varphi)=\frac{\partial}{\partial t}\left[\left(\left(\frac{\partial^2}{\partial t^2}-a^2\Delta\right)S(x,t)\right)*\varphi\right]=0,$$

$$\left(\frac{\partial^2}{\partial t^2}-a^2\Delta\right)(S(x,t)*\psi)=\left(\left(\frac{\partial^2}{\partial t^2}-a^2\Delta\right)S(x,t)\right)*\psi=0*\psi=0,$$

$$\begin{aligned}&\left(\frac{\partial^2}{\partial t^2}-a^2\Delta\right)\int_0^t S(x,t-\tau)*f(x,\tau)d\tau\\ =&\frac{\partial^2}{\partial t^2}\left(\int_0^t S(x,t-\tau)*f(x,\tau)d\tau\right)-\int_0^t(a^2\Delta S(x,t-\tau))*f d\tau\\ =&\frac{\partial}{\partial t}\left[S(x,0)*f(x,t)+\int_0^t\frac{\partial S(x,t-\tau)}{\partial t}*f d\tau\right]-\int_0^t a^2\Delta S*f d\tau\end{aligned}$$

$$
\begin{aligned}
&= \frac{\partial}{\partial t}\left[\int_0^t \frac{\partial S(x,t-\tau)}{\partial t} * f(x,\tau)d\tau\right] - \int_0^t a^2\Delta S(x,t-\tau) * fd\tau \\
&= \frac{\partial S(x,0)}{\partial t} * f(x,t) + \int_0^t \left(\frac{\partial^2 S(x,t-\tau)}{\partial t^2} - a^2\Delta S(x,t-\tau)\right) * fd\tau \\
&= \delta(x) * f(x,t) + \int_0^t 0 * f(x,\tau)d\tau = f(x,t).
\end{aligned}
$$

由此可知 (6.4.16) 右端所表示的函数满足问题 (6.4.15) 中的方程.

当 $t=0$ 时, 显然有

$$
\begin{aligned}
u(x,0) &= \frac{\partial S(x,0)}{\partial t} * \varphi + S(x,0) * \psi + 0 = \delta(x) * \varphi = \varphi(x). \\
u_t(x,0) &= \frac{\partial}{\partial t}\left[\frac{\partial}{\partial t}(S(x,t) * \varphi)\right]\bigg|_{t=0} + \frac{\partial S(x,0)}{\partial t} * \psi + S(x,0) * f(x,0) \\
&= \frac{\partial^2 S(x,0)}{\partial t^2} * \varphi + \delta(x) * \psi + 0 * f(x,0) \\
&= a^2\Delta S(x,0)) * \varphi + \psi(x) \\
&= 0 * \varphi + \psi(x) = \psi(x).
\end{aligned}
$$

这样就推出 (6.1.16) 右端所表示的函数满足问题 (6.4.15) 中的初始条件.

下面利用定理 6.4.1, 分别写出一维、二维和三维波动方程的初值问题的具体求解公式.

当 $n=1$ 时, 应用 (6.4.9)—(6.4.16), 则得

$$
\begin{aligned}
u(x,t) &= \frac{\partial}{\partial t}\int_{-\infty}^{+\infty} \frac{1}{2a} H(a^2t^2 - |x-\xi|^2)\varphi(\xi)d\xi \\
&\quad + \int_{-\infty}^{+\infty} \frac{1}{2a} H(a^2t^2 - |x-\xi|^2)\psi(\xi)d\xi \\
&\quad + \int_0^t \frac{1}{2a}\int_{-\infty}^{+\infty} H(a^2(t-\tau)^2 - |x-\xi|^2)f(\xi,\tau)d\xi d\tau \\
&= \frac{1}{2a}\frac{\partial}{\partial t}\int_{|x-\xi|\leqslant at} \varphi(\xi)d\xi + \frac{1}{2a}\int_{|x-\xi|\leqslant at} \psi(\xi)d\xi \\
&\quad + \frac{1}{2a}\int_0^t \int_{|x-\xi|\leqslant a(t-\tau)} f(\xi,\tau)d\xi d\tau \\
&= \frac{\varphi(x+at)+\varphi(x-at)}{2} + \frac{1}{2a}\int_{x-at}^{x+at} \psi(\xi)d\xi
\end{aligned}
$$

$$+\frac{1}{2a}\int_0^t\int_{x-a(t-\tau)}^{x+a(t-\tau)}f(\xi,\tau)d\xi d\tau. \tag{6.4.17}$$

此式与第 4 章给出的一维弦的强迫振动方程初值问题的求解公式一致.

当 $n=2$ 时, 由 (6.4.13) 知 (6.4.16) 可写为

$$\begin{aligned}
&u(x,y,t)\\
=&\frac{\partial}{\partial t}\iint_{\mathbb{R}^2}\frac{H\left(at-\sqrt{(x-\xi_1)^2+(y-\xi_2)^2}\right)}{2\pi a\sqrt{a^2t^2-(x-\xi_1)^2-(y-\xi_2)^2}}\varphi(\xi)d\xi\\
&+\iint_{\mathbb{R}^2}\frac{H\left(at-\sqrt{(x-\xi_1)^2+(y-\xi_2)^2}\right)}{2\pi a\sqrt{a^2t^2-(x-\xi_1)^2-(y-\xi_2)^2}}\psi(\xi)d\xi\\
&+\int_0^t\iint_{\mathbb{R}^2}\frac{H\left(a(t-\tau)-\sqrt{(x-\xi_1)^2+(y-\xi_2)^2}\right)}{2\pi a\sqrt{a^2(t-\tau)^2-(x-\xi_1)^2-(y-\xi_2)^2}}f(\xi,\tau)d\xi d\tau\\
=&\frac{1}{2\pi a}\left[\frac{\partial}{\partial t}\iint_{(x-\xi_1)^2+(y-\xi_2)^2\leqslant a^2t^2}\frac{\varphi(\xi)}{\sqrt{(at)^2-(x-\xi_1)^2-(y-\xi_2)^2}}d\xi\right.\\
&\left.+\iint_{(x-\xi_1)^2+(y-\xi_2)^2\leqslant a^2t^2}\frac{\psi(\xi)}{\sqrt{(at)^2-(x-\xi_1)^2-(y-\xi_2)^2}}d\xi\right]\\
&+\frac{1}{2\pi a^2}\int_0^{at}\iint_{(x-\xi_1)^2+(y-\xi_2)^2\leqslant r^2}\frac{f\left(\xi,t-\dfrac{r}{a}\right)}{\sqrt{r^2-(x-\xi_1)^2-(y-\xi_2)^2}}d\xi dr,
\end{aligned} \tag{6.4.18}$$

其中 $\xi=(\xi_1,\xi_2)$, $d\xi=d\xi_1d\xi_2$. 此式是二维波动方程初值问题的求解公式.

当 $n=3$ 时, 由于

$$\begin{aligned}
&\frac{\partial}{\partial t}\iiint_{\mathbb{R}^3}\frac{\delta\left(\sqrt{(x-\xi_1)^2+(y-\xi_2)^2+(z-\xi_3)^2}-at\right)\varphi(\xi)}{4\pi a\sqrt{(x-\xi_1)^2+(y-\xi_2)^2+(z-\xi_3)^2}}d\xi\\
=&\frac{\partial}{\partial t}\left(\frac{1}{4\pi a^2t}\iint_{S_{at}^M}\varphi dS\right),\\
&\iiint_{\mathbb{R}^3}\frac{\delta\left(\sqrt{(x-\xi_1)^2+(y-\xi_2)^2+(z-\xi_3)^2}-at\right)\psi(\xi)}{4\pi a\sqrt{(x-\xi_1)^2+(y-\xi_2)^2+(z-\xi_3)^2}}d\xi\\
=&\frac{1}{4\pi a^2t}\iint_{S_{at}^M}\psi dS,
\end{aligned}$$

$$\int_0^t \iiint_{\mathbb{R}^3} \frac{\delta\left(\sqrt{(x-\xi_1)^2+(y-\xi_2)^2+(z-\xi_3)^2}-a(t-\tau)\right)f(\xi,\tau)}{4\pi a\sqrt{(x-\xi_1)^2+(y-\xi_2)^2+(z-\xi_3)^2}}d\xi d\tau$$

$$=\frac{1}{4\pi a^2}\int_0^t \iint_{S^M_{a(t-\tau)}} \frac{f(\xi,\tau)}{t-\tau}dSd\tau$$

$$=\frac{1}{4\pi a^2}\int_0^{at} \iint_{S^M_r} \frac{f\left(\xi,t-\dfrac{r}{a}\right)}{r}dSdr$$

$$=\frac{1}{4\pi a^2}\iiint_{B^M_{at}} \frac{f\left(\xi,t-\dfrac{r}{a}\right)}{r}dV,$$

其中 S^M_r 和 B^M_{at} 表示以点 (x,y,z) 为球心、半径分别为 r,at 的球面和球, $\xi=(\xi_1,\xi_2,\xi_3)$, $d\xi=d\xi_1d\xi_2d\xi_3$, 故

$$u(x,y,z,t)=\frac{\partial}{\partial t}\left(\frac{1}{4\pi a^2 t}\iint_{S^M_{at}}\varphi dS\right)+\frac{1}{4\pi a^2 t}\iint_{S^M_{at}}\psi dS$$
$$+\frac{1}{4\pi a^2}\iiint_{B^M_{at}}\frac{f\left(\xi,t-\dfrac{r}{a}\right)}{r}dV. \tag{6.4.19}$$

此式与第 4 章给出的三维波动方程初值问题的求解公式相同.

6.4.2 波动方程初边值问题的格林函数

1. 有界区域情形

本节引进波动方程初边值问题的格林函数的目的是求解如下初边值问题

$$\begin{cases} u_{tt}-a^2\Delta u=f(x,t), & x\in\Omega,\ t>0, \\ \alpha(x,t)\dfrac{\partial u}{\partial \mathbf{n}}+\beta(x,t)u=g(x,t), & x\in\partial\Omega,\ t\geqslant 0, \\ u(x,0)=\varphi(x), & x\in\Omega, \\ u_t(x,0)=\psi(x), & x\in\Omega, \end{cases} \tag{6.4.20}$$

其中假设条件与问题 (6.3.12) 中的条件相同.

设 u,v 是 $\Omega\times[0,+\infty)$ 上的任意两个光滑函数, 对任意给定的正数 T, 由格林第二公式 (6.2.4) 得

$$\int_0^T\int_\Omega(v\Box u-u\Box v)dxdt=\int_0^T\int_\Omega(vu_{tt}-uv_{tt})dxdt$$

$$
\begin{aligned}
& - a^2 \int_0^T \int_\Omega (v\Delta u - u\Delta v) dx dt \\
= & \int_\Omega [v(T)u_t(T) - u(T)v_t(T)] dx \\
& + \int_\Omega [u(0)v_t(0) - v(0)u_t(0)] dx \\
& + a^2 \int_0^T \int_{\partial\Omega} \left(u\frac{\partial v}{\partial \mathbf{n}} - v\frac{\partial u}{\partial \mathbf{n}} \right) dS dt,
\end{aligned} \tag{6.4.21}
$$

在这里 $\Box = \dfrac{\partial^2}{\partial t^2} - a^2\Delta$ 为 n 维波动算子. 等式 (6.4.21) 称为 n **维波动方程初边值问题的格林公式**.

为了利用格林公式 (6.4.21) 和格林函数来求解波动方程初边值问题 (6.4.20), 因此需要定义问题 (6.4.20) 的格林函数.

定义 6.4.3 对任意给定的正常数 T 和 $(\xi, \tau) \in \Omega \times (0, T)$, 称满足下述初边值问题

$$
\begin{cases}
v_{tt} - a^2\Delta v = \delta(x-\xi)\delta(t-\tau), & x \in \Omega, t < T, \\
\alpha\dfrac{\partial v}{\partial \mathbf{n}} + \beta v = 0, & x \in \partial\Omega, t < T, \\
v(x, T) = 0, & x \in \Omega, \\
v_t(x, T) = 0, & x \in \Omega
\end{cases} \tag{6.4.22}
$$

的广义解 $v(x,t)$ 为n **维波动方程初边值问题 (6.4.20) 的格林函数**, 记为 $G(x,t;\xi,\tau)$.

在公式 (6.4.21) 中取 $u(x,t)$ 是问题 (6.4.20) 的解, $v(x,t) = G(x,t;\xi,\tau)$, 则问题 (6.4.20) 在任意点 (ξ,τ) 的解为

$$
\begin{aligned}
u(\xi,\tau) = & \int_0^T \int_\Omega G(x,t;\xi,\tau) f(x,t) dx dt \\
& + \int_\Omega G(x,0;\xi,\tau)\psi(x) dx \\
& - \int_\Omega \varphi(x) G_t(x,0;\xi,\tau) dx \\
& + \begin{cases}
a^2 \displaystyle\int_0^T \int_{\partial\Omega} \frac{gG}{\alpha} dS dt, & \alpha \neq 0, \\
-a^2 \displaystyle\int_0^T \int_{\partial\Omega} \frac{g}{\beta}\frac{\partial G}{\partial \mathbf{n}} dS dt, & \alpha = 0.
\end{cases}
\end{aligned} \tag{6.4.23}
$$

对初边值问题 (6.4.20) 的格林函数也可按如下方式定义.

定义 6.4.4 对任意给定的 $(\xi,\tau)\in\Omega\times(0,+\infty)$, 定义满足下述初边值问题

$$\begin{cases} w_{tt}-a^2\Delta w=0, & x\in\Omega, t<\tau,\\ \alpha\dfrac{\partial w}{\partial \mathbf{n}}+\beta w=0, & x\in\partial\Omega, t\leqslant\tau,\\ w(x,\tau)=0, & x\in\Omega,\\ w_t(x,\tau)=-\delta(x-\xi), & x\in\Omega \end{cases} \tag{6.4.24}$$

的广义解 w 也称为**n 维波动方程初边值问题 (6.4.20) 的格林函数**, 记为 $K(x,t;\xi,\tau)$.

注 6.4.2 定义 6.4.3 所定义的 $G(x,t;\xi,\tau)$ 与定义 6.4.4 所定义的 $K(x,t;\xi,\tau)$ 满足如下关系: $G(x,t;\xi,\tau)=K(x,t;\xi,\tau)H(\tau-t)$.

问题 (6.4.20) 在任意点 (ξ,τ) 的解也可写为

$$\begin{aligned} u(\xi,\tau)=&\int_0^\tau\int_\Omega K(x,t;\xi,\tau)f(x,t)dxdt+\int_\Omega K(x,0;\xi,\tau)\psi(x)dx\\ &-\int_\Omega\varphi(x)K_t(x,0;\xi,\tau)dx\\ &+\begin{cases} a^2\displaystyle\int_0^\tau\int_{\partial\Omega}\frac{gK}{\alpha}dSdt, & \alpha\neq 0,\\ -a^2\displaystyle\int_0^\tau\int_{\partial\Omega}\frac{g}{\beta}\frac{\partial K}{\partial\mathbf{n}}dSdt, & \alpha=0. \end{cases} \end{aligned} \tag{6.4.25}$$

当 $\Omega=(0,l)$ 时, 问题 (6.4.20) 的边界条件可写为

$$\beta_1u(0,t)-\alpha_1u_x(0,t)=g_1(t),\quad \beta_2u(l,t)+\alpha_2u_x(l,t)=g_2(t), \tag{6.4.26}$$

其中 $\alpha_1,\alpha_2,\beta_1$ 和 β_2 为 t 的非负函数且 $\alpha_1^2+\beta_1^2\neq 0$, $\alpha_2^2+\beta_2^2\neq 0$, $g_1(t)$ 和 $g_2(t)$ 为两个已知函数.

此时, 对任意的 $(\xi,\tau)\in(0,l)\times(0,T)$, (6.4.23) 可写为

$$\begin{aligned} u(\xi,\tau)=&\int_0^T\int_0^l G(x,t;\xi,\tau)fdxdt+\int_0^l G(x,0;\xi,\tau)\psi dx\\ &-\int_0^l\varphi(x)G_t(x,0;\xi,\tau)dx+v(\xi,\tau), \end{aligned} \tag{6.4.27}$$

其中

$$v(\xi,\tau)=a^2\int_0^T\left[\frac{g_1(t)}{\alpha_1}G(0,t;\xi,\tau)+\frac{g_2(t)}{\alpha_2}G(l,t;\xi,\tau)\right]dt,\quad \alpha_1\neq 0,\ \alpha_2\neq 0,$$

$$v(\xi,\tau)=a^2\int_0^T\left[\frac{g_1(t)}{\alpha_1}G(0,t;\xi,\tau)-\frac{g_2(t)}{\beta_2}G_x(l,t;\xi,\tau)\right]dt,\quad \alpha_1\neq 0,\ \alpha_2=0,$$

$$v(\xi,\tau)=a^2\int_0^T\left[\frac{g_1(t)}{\beta_1}G_x(0,t;\xi,\tau)+\frac{g_2(t)}{\alpha_2}G(l,t;\xi,\tau)\right]dt,\quad \alpha_1=0,\ \alpha_2\neq 0,$$

$$v(\xi,\tau)=a^2\int_0^T\left[\frac{g_1(t)}{\beta_1}G_x(0,t;\xi,\tau)-\frac{g_2(t)}{\beta_2}G_x(l,t;\xi,\tau)\right]dt,\quad \alpha_1=\alpha_2=0.$$

下面研究如何求出 n 维波动方程初边值问题 (6.4.20) 的格林函数, 即求问题 (6.4.22) 的广义解 $G(x,t;\xi,\tau)$.

在这里利用第 2 章讲述的特征函数展开法来求解 $G(x,t;\xi,\tau)$. 为此同样假定问题 (6.4.20) 中的 α,β 和 (6.4.26) 中的 $\alpha_1,\alpha_2,\beta_1,\beta_2$ 不依赖于 t. 首先假设特征值问题

$$\begin{cases}-\Delta u=\lambda u, & x\in\Omega,\\ \alpha\dfrac{\partial u}{\partial \mathbf{n}}+\beta u=0, & x\in\partial\Omega\end{cases}\tag{6.4.28}$$

有一列正的特征值列 $\{\lambda_k\}_{k=1}^{\infty}$, 其对应的标准特征函数列为 $\{M_k(x)\}_{k=1}^{\infty}$ 并且在 Ω 上正交. 令

$$G(x,t;\xi,\tau)=\sum_{k=1}^{\infty}N_k(t)M_k(x),\tag{6.4.29}$$

其中 $\{N_k(t)\}_{k=1}^{\infty}$ 是一列关于变量 t 的函数.

为了求出 $N_k(t)$, 首先用 $M_k(x)$ 乘以问题 (6.4.22) 中的方程, 然后在 Ω 上积分, 可得

$$N_k''(t)+a^2\lambda_k N_k(t)=M_k(\xi)\delta(t-\tau),\quad t,\tau<T,k=1,2,\cdots.\tag{6.4.30}$$

由问题 (6.4.22) 中的初始条件可导出

$$N_k(T)=N_k'(T)=0,\quad k=1,2,\cdots.\tag{6.4.31}$$

由 (6.4.30) 知对每一个 $N_k(t)$ 在 $t=\tau$ 处连续, 但 $N_k'(t)$ 在 $t=\tau$ 处有间断且 $N_k'(\tau+0)-N_k'(\tau-0)=M_k(\xi)$. 通过 (6.4.30) 和 (6.4.31) 还可得到

$$N_k(t)=0,\quad \tau<t\leqslant T.\tag{6.4.32}$$

另外, 在 $t=\tau$ 处由 $N_k(t)$ 的连续和 $N_k'(t)$ 的间断性知 $N_k(\tau)=0, N_k'(\tau-0)=-M_k(\xi)$, 以此为常微分方程 (6.4.30) 在区间 $t<\tau$ 上的初始条件. 因为当 $t<\tau$

时, $\delta(t-\tau)=0$, 则对每一个 $N_k(t)$ 满足

$$\begin{cases}N_k''(t)+a^2\lambda_k N_k(t)=M_k(\xi)\delta(t-\tau), \quad t<\tau,\\ N_k(\tau)=0,\\ N_k'(\tau-0)=-M_k(\xi).\end{cases} \tag{6.4.33}$$

解得

$$N_k(t)=\frac{1}{a\sqrt{\lambda_k}}\sin a\sqrt{\lambda_k}(\tau-t)M_k(\xi), \quad t<\tau. \tag{6.4.34}$$

再结合 (6.4.32) 知

$$N_k(t)=\frac{1}{a\sqrt{\lambda_k}}\sin a\sqrt{\lambda_k}(\tau-t)M_k(\xi)H(\tau-t), \quad t,\tau<T. \tag{6.4.35}$$

由此可知 n 维波动方程初边值问题 (6.4.20) 的格林函数为

$$G(x,t;\xi,\tau)=\frac{H(\tau-t)}{a}\sum_{k=1}^{\infty}\frac{1}{\sqrt{\lambda_k}}\sin a\sqrt{\lambda_k}(\tau-t)M_k(\xi)M_k(x), \tag{6.4.36}$$

其中 $H(\tau-t)$ 为 Heaviside 函数.

如果特征值问题 (6.4.28) 还有零特征值, 假设其相应的标准特征函数为 $M_0(x)$, 则格林函数为

$$\begin{aligned}G(x,t;\xi,\tau)=&(\tau-t)H(\tau-t)M_0(\xi)M_0(x)\\&+\frac{H(\tau-t)}{a}\sum_{k=1}^{\infty}\frac{\sin a\sqrt{\lambda_k}(\tau-t)}{\sqrt{\lambda_k}}M_k(\xi)M_k(x).\end{aligned} \tag{6.4.37}$$

令 $\Gamma(x,t;\xi,\tau)=G(x,-t;\xi,-\tau)$, 则易证其是正向波动方程初边值问题的广义解. 下面给出一维波动方程初边值问题的格林函数具体表达式.

例 6.4.1 求下述初边值问题

$$\begin{cases}G_{tt}-a^2G_{xx}=\delta(x-\xi)\delta(t-\tau), \quad 0<x<l,\ t<T,\\ G(0,t;\xi,\tau)=G(l,t;\xi,\tau)=0, \quad t<T,\\ G(x,T;\xi,\tau)=G_t(x,T;\xi,\tau)=0, \quad 0\leqslant x\leqslant l\end{cases} \tag{6.4.38}$$

的广义解 $G(x,t;\xi,\tau)$, 其中 $0<\xi<l,\tau<T,\tau>0$.

解 由 (6.4.36) 知需求出 λ_k 和 $M_k(x)(0 \leqslant x \leqslant l)$. 事实上, 求解特征值问题

$$\begin{cases} -u'' = \lambda u, \quad 0 < x < l, \\ u(0) = u(l) = 0, \end{cases} \tag{6.4.39}$$

得到特征值为 $\lambda_k = \left(\dfrac{k\pi}{l}\right)^2, k = 1, 2, \cdots$, 对应的特征函数为 $\left\{C_k \sin \dfrac{k\pi}{l} x\right\}$, 其中 C_k 为任意非零常数, 化为标准的正交函数列为 $\left\{\sqrt{2/l} \sin \dfrac{k\pi}{l} x\right\}$. 在 (6.4.36) 中取 $M_k(x) = \sqrt{2/l} \sin \dfrac{k\pi}{l} x, k = 1, 2, \cdots$, 得到一维波动方程在区间 $[0, l]$ 满足 Dirichlet 边界条件的初边值问题的格林函数为

$$G(x, t; \xi, \tau) = \frac{2H(\tau - t)}{a\pi} \sum_{k=1}^{\infty} \frac{1}{k} \sin \frac{ak\pi}{l} (\tau - t) \sin \frac{k\pi}{l} x \sin \frac{k\pi}{l} \xi. \tag{6.4.40}$$

例 6.4.2 求解下述初边值问题

$$\begin{cases} G_{tt} - a^2 G_{xx} = \delta(x - \xi)\delta(t - \tau), \quad 0 < x < l, \ t < T, \\ G_x(0, t; \xi, \tau) = G_x(l, t; \xi, \tau) = 0, \quad t < T, \\ G(x, T; \xi, \tau) = G_t(x, T; \xi, \tau) = 0, \quad 0 \leqslant x \leqslant l, \end{cases} \tag{6.4.41}$$

其中 $0 < \xi < l, \tau < T, \tau > 0$.

解 首先求解下面特征值问题

$$\begin{cases} -u'' = \lambda u, \quad 0 < x < l, \\ u'(0) = u'(l) = 0. \end{cases} \tag{6.4.42}$$

解得其特征值为 $\lambda_0 = 0$ 和 $\lambda_k = \left(\dfrac{k\pi}{l}\right)^2, k = 1, 2, \cdots$, 对应的特征函数为 C_0 和 $\left\{C_k \cos \dfrac{k\pi}{l} x\right\}$, 其中 C_0 和 C_k 为任意非零常数, 化为标准的正交函数列为 $\dfrac{1}{\sqrt{l}}$ 和 $\left\{\sqrt{2/l} \cos \dfrac{k\pi}{l} x\right\}$. 这样, 在 (6.4.37) 中取 $M_0(x) = \dfrac{1}{\sqrt{l}}, M_k(x) = \sqrt{2/l} \cos \dfrac{k\pi}{l} x, k = 1, 2, \cdots$, 就可得到一维波动方程在区间 $[0, l]$ 满足 Neumann

边界条件的初边值问题的格林函数为

$$G(x,t;\xi,\tau)=\frac{2H(\tau-t)}{a\pi}\sum_{k=1}^{\infty}\frac{\sin\frac{ak\pi}{l}(\tau-t)}{k}\cos\frac{k\pi}{l}x\cos\frac{k\pi}{l}\xi$$
$$+\frac{(\tau-t)}{l}H(\tau-t). \tag{6.4.43}$$

例 6.4.3 求解下面问题

$$\begin{cases}G_{tt}-a^2G_{xx}=\delta(x-\xi)\delta(t-\tau), & 0<x<l,t<T,\\ G(0,t;\xi,\tau)=G_x(l,t;\xi,\tau)=0, & t<T,\\ G(x,T;\xi,\tau)=G_t(x,T;\xi,\tau)=0, & 0\leqslant x\leqslant l\end{cases} \tag{6.4.44}$$

的广义解 $G(x,t;\xi,\tau)$, 其中 $0<\xi<l,\tau<T,\tau>0$.

解 解下面特征值问题

$$\begin{cases}-u''=\lambda u, & 0<x<l,\\ u(0)=u'(l)=0.\end{cases} \tag{6.4.45}$$

得特征值 $\lambda_k=\dfrac{(2k-1)^2\pi^2}{4l},k=1,2,\cdots$, 对应特征函数 $\left\{C_k\sin\dfrac{(2k-1)\pi}{2l}x\right\}$, 其中 C_k 为任意非零常数, 化为标准的正交函数列为 $\left\{\sqrt{2/l}\sin\dfrac{(2k-1)\pi}{2l}x\right\}$. 将其代入 (6.4.36) 中得到

$$G(x,t;\xi,\tau)$$
$$=\sum_{k=1}^{\infty}\frac{\sin\frac{a(2k-1)\pi}{2l}(\tau-t)}{2k-1}\sin\frac{(2k-1)\pi}{2l}x\sin\frac{(2k-1)\pi}{2l}\xi$$
$$\times\frac{4H(\tau-t)}{a\pi}. \tag{6.4.46}$$

例 6.4.4 利用格林函数法求解下述混合问题

$$\begin{cases}u_{tt}-u_{xx}=\frac{1}{2}xt, & 0<x<\pi,\ t>0,\\ u(0,t)=u(\pi,t)=0, & t\geqslant 0,\\ u(x,0)=\sin x, & 0\leqslant x\leqslant\pi,\\ u_t(x,0)=0, & 0\leqslant x\leqslant\pi.\end{cases}$$

解 在这里可直接利用 (6.4.27) 来求解, 其中此时 $a=1, l=\pi, f(x,t)=\dfrac{1}{2}xt$, $\alpha_1=\alpha_2=0$, $\beta_1=\beta_2=1$, $g_1(t)=g_2(t)=0$, $\varphi(x)=\sin x, \psi(x)=0$. 由 (6.4.40) 给出的 $G(x,t;\xi,\tau)$ 可写为

$$G(x,t;\xi,\tau)=\frac{2H(\tau-t)}{\pi}\sum_{k=1}^{\infty}\frac{1}{k}\sin k(\tau-t)\sin kx\sin k\xi.$$

另外计算得

$$G_t(x,0;\xi,\tau)=-\frac{2}{\pi}\sum_{k=1}^{\infty}\cos k\tau\sin kx\sin k\xi.$$

这样由 (6.4.27) 知

$$\begin{aligned}
u(\xi,\tau)&=\int_0^T\int_0^\pi G(x,t;\xi,\tau)\frac{xt}{2}dxdt-\int_0^\pi G_t(x,0;\xi,\tau)\sin xdx\\
&=\sum_{k=1}^{\infty}\frac{\sin k\xi}{\pi k}\int_0^\tau\int_0^\pi xt\sin k(\tau-t)\sin kxdxdt\\
&\quad-\sum_{k=1}^{\infty}\frac{2\sin k\xi\cos k\tau}{\pi}\int_0^\pi\sin kx\sin xdx\\
&=\sum_{k=1}^{\infty}\frac{(-1)^{k+1}\sin k\xi}{k^3}\left(\tau-\frac{\sin k\tau}{k}\right)-\frac{2\sin\xi\cos\tau}{\pi}\int_0^\pi\sin^2 xdx\\
&\quad-\sum_{k=2}^{\infty}\frac{2\sin k\xi\cos k\tau}{\pi}\int_0^\pi\sin kx\sin xdx\\
&=\sum_{k=1}^{\infty}\frac{(-1)^{k+1}\sin k\xi}{k^3}\left(\tau-\frac{\sin k\tau}{k}\right)+\sin\xi\cos\tau.
\end{aligned}$$

对任意给定的 $(x,t)\in[0,\pi]\times[0,+\infty)$, 在上式中用 (x,t) 代替 (ξ,τ), 则得

$$u(x,t)=\sum_{k=1}^{\infty}\frac{(-1)^{k+1}\sin kx}{k^3}\left(t-\frac{\sin kt}{k}\right)+\sin x\cos t.$$

2. 半无界区域情形

下面主要讨论半无界区间上的格林函数. 由 6.4.1 节知直线上的波动方程初值问题的格林函数为

$$\Gamma(x,t;\xi,\tau)=\frac{1}{2a}H(\tau-t)H[a^2(\tau-t)^2-(x-\xi)^2]. \tag{6.4.47}$$

利用静电源像法, 我们可构造出半无界区间上的波动方程在左端点 $x=0$ 处满足 Dirichlet 边界条件 $(G(0,t;\xi,\tau)=0)$ 混合问题的格林函数为

$$G(x,t;\xi,\tau)=\Gamma(x,t;\xi,\tau)-\Gamma(x,t;-\xi,\tau). \tag{6.4.48}$$

在左端点 $x=0$ 处满足 Neumann 边界条件 $\left(\dfrac{\partial G(0,t;\xi,\tau)}{\partial x}=0\right)$ 的格林函数

$$G(x,t;\xi,\tau)=\Gamma(x,t;\xi,\tau)+\Gamma(x,t;-\xi,\tau). \tag{6.4.49}$$

在左端点 $x=0$ 处满足第三类边界条件 $\left(\dfrac{\partial G(0,t;\xi,\tau)}{\partial x}-hG(0,t;\xi,\tau)=0,\ h>0\right)$ 的格林函数

$$G(x,t;\xi,\tau)=\Gamma(x,t;\xi,\tau)+\Gamma(x,t;-\xi,\tau)-2h\int_{-\infty}^{-\xi}e^{h(s+\xi)}\Gamma(x,t;s,\tau)ds. \tag{6.4.50}$$

习 题 6

6.1 设

$$f(x)=\begin{cases}\cos x, & x>0,\\ 1, & x\leqslant 0.\end{cases}$$

试求广义函数 $\dfrac{df}{dx},\dfrac{d^2f}{dx^2},\dfrac{d^3f}{dx^3}$.

6.2 若 $a(x)\in C^{\infty}(\mathbb{R}^n)$, 试验证 $a(x)\delta(x)=a(0)\delta(x)$.

6.3 设 $\Delta=\dfrac{\partial^2}{\partial x^2}+\dfrac{\partial^2}{\partial y^2}+\dfrac{\partial^2}{\partial z^2}$ 和 $r=(x^2+y^2+z^2)^{\frac{1}{2}}$, 将 $\dfrac{1}{r}$ 看作广义函数, 求 $\Delta\left(\dfrac{1}{r}\right)$.

6.4 已知 $P(x)$ 为多项式, 试求 $P(x),P(x)e^{iax}$ 的傅里叶变换 (a 为实数).

6.5 计算 $x_j\delta(x-a)$ 的傅里叶变换, 其中 $x,a\in\mathbb{R}^n,x_j$ 是变量 x 的第 j 个分量.

6.6 求 $\sin ax$ 的傅里叶变换 (a 为实数).

6.7 求下列边值问题的格林函数:

(1) $\begin{cases}u''=0, \quad 0<x<1,\\ u(0)=u'(1)=0.\end{cases}$

(2) $\begin{cases}xu''+u'=0, \quad 0<x<1,\\ \lim_{x\to 0^+}|u(x)|<+\infty,\\ u(1)=0.\end{cases}$

6.8 利用格林函数法求解下面两点边值问题:

(1) $\begin{cases}u''(x)=f(x), \quad 0<x<1,\\ u(0)=u'(1)=0.\end{cases}$

(2) $\begin{cases} y''(x) + y = f(x), & 0 < x < \pi, \\ y'(0) = y(\pi) = 0. \end{cases}$

6.9 设在均匀的半空间的边界上保持定常温度, 在圆 $K: x^2 + y^2 < 1$ 之内等于 1, 而在其外等于零, 求在半空间内温度的稳定分布及特别是在 z 轴正半轴的温度分布.

6.10 在上半平面内求解拉普拉斯方程 $u_{xx} + u_{yy} = 0$, 其边界条件为 $u(x, 0) = f(x)$.

6.11 求无限圆柱域 $r = \sqrt{x^2 + y^2} < R$ 内的无源稳定温度场, 已知柱面温度分布:

$$u|_{r=R} = A\cos^2\theta + B\sin^2\theta,$$

其中 A, B 为常数.

6.12 求解

$$\begin{cases} \Delta u(x, y, z) = 0, & x^2 + y^2 + z^2 < R^2, \\ \dfrac{\partial u}{\partial n} = A, & x^2 + y^2 + z^2 = R^2, \end{cases}$$

其中 A 为常数.

6.13 利用球内 Dirichlet 边值问题的泊松公式求积分

$$\iint_{\partial B_R(0)} \frac{dS}{(R^2 + r_0^2 - 2Rr_0\cos\gamma)^{3/2}},$$

其中, (r_0, θ_0, ϕ_0) 是球 $B_R(0)$ 内的点 x 的坐标, (R, θ, ϕ) 是球面 $\partial B_R(0)$ 上的动点 y 的坐标, γ 是向量 y 与 x 的夹角, 并且满足

$$\cos\gamma = \cos\theta\cos\theta_0 + \sin\theta\sin\theta_0\cos(\phi - \phi_0).$$

6.14 设有一半径为 R 的均匀球, 上半球面的温度为零, 下面球面的温度为 1, 求球内稳定温度的分布及特别在球的铅垂直直径: $\theta = 0$ (直径的上半部分) 和 $\theta = \pi$ (下半部分) 上的温度分布.

6.15 求四分之一平面 $\Omega = \{x = (x_1, x_2) \in \mathbb{R}^2 : x_1 > 0, x_2 > 0\}$ 上拉普拉斯方程的 Dirichlet 边值问题的格林函数.

6.16 求上半圆 $\Omega = \{x = (x_1, x_2) \in \mathbb{R}^2 : x_1^2 + x_2^2 < R^2, x_2 > 0\}$ 上拉普拉斯方程的 Dirichlet 边值问题的格林函数.

6.17 求四分之一圆 $\Omega = \{x = (x_1, x_2) \in \mathbb{R}^2 : x_1^2 + x_2^2 < R^2, x_1 > 0, x_2 > 0\}$ 内拉普拉斯方程的 Dirichlet 边值问题的格林函数.

6.18 求四分之一圆 $\Omega = \{x = (x_1, x_2) \in \mathbb{R}^2 : x_1^2 + x_2^2 < R^2, x_1 > 0, x_2 > 0\}$ 内拉普拉斯方程满足边界条件 $\left.\dfrac{\partial u}{\partial x_1}\right|_{x_1=0} = 0, u|_{x_2=0} = 0, u|_{r=R} = 0$ 的边值问题的格林函数.

6.19 求四分之一平面 $\Omega = \{x = (x_1, x_2) \in \mathbb{R}^2 : x_1 > 0, x_2 > 0\}$ 上拉普拉斯方程满足边界条件

$$u\,|_{x_1=0} = f(x_2), \quad \frac{\partial u}{\partial x_2}\,|_{x_2=0} = g(x_1)$$

的边值问题的格林函数, 并写出解的表达式.

第 7 章　非线性数学物理方程

前面几章主要讲述弦振动方程和热传导方程及拉普拉斯方程等线性方程的经典解法, 但在实际问题中, 经常出现一些非线性数学物理方程, 如 Burgers 方程、KdV 方程、Boussinesq 方程、Schrödinger 方程、Sine-Gordon 方程、Vakhenko 方程、Camassa-Holm 方程等等. 与线性方程的定解问题一样, 非线性方程同样存在定解问题的适定性, 但后者要复杂的多, 因此本章重点放在几类典型的非线性数学物理方程的行波解的求解方法上.

7.1　非线性数学物理方程的行波解

考虑 1+1 维非线性数学物理方程

$$F(x,t,u,u_x,u_t,u_{xx},u_{xt},u_{tt})=0, \tag{7.1.1}$$

其中 x 和 t 是自变量, u 是 (x,t) 的函数, F 是关于自变量 x,t 和未知函数 u 及其直到二阶偏导的函数.

若方程 (7.1.1) 解 $\varphi(x,t)=\varphi(\xi)$, 其中 $\xi=x-ct$, 在这里 c 是常数 (通常表示波速), 则称其为**行波 (traveling wave) 解**. 当 $c>0$ 时, $\varphi(\xi)$ 是**右行波**; 当 $c<0$ 时, $\varphi(\xi)$ 是**左行波**. 行波解在非线性科学中起着非常重要的作用, 它可以很好地描述各种自然现象, 例如振动、传播波以及孤立子等.

若方程 (7.1.1) 的行波解 $\varphi(\xi)$ 是局部化的, 则 $\varphi(\xi)$ 称为**孤立波 (solitary wave) 解**, 这里的 "局部化" 是指 $\varphi(\xi)$ 由 $\xi\to-\infty$ 时的一个渐近态到 $\xi\to+\infty$ 时的另一渐近态之间的过渡, 本质上是在 ξ 变化的某个局部范围内完成的. 如果一个数学物理方程的孤立波, 与其他孤立波相互磁撞或作用后, 仍保持其形状和速度不变, 仅有相位发生变换, 则称这种孤立波为**孤立子 (soliton)**. 孤立波的形状有各种各样, 除钟状孤立子、环状孤立子和扭状孤立子外, 还有包络孤立子、反孤立子、哨孤立子、呼吸孤立子等等, 但并非所有的孤立波都是孤立子, 如果经相互作用后孤立波的波形受到破坏或速度发生了变换, 这种孤立波就不是孤立子.

孤立子是非线性数学物理方程中色散与非线性两种作用相互平衡的结果, 它的主要特点是具有超强的稳定性, 即两个不同速度的孤立波相互碰撞后, 其波形保持不变. 孤立子理论目前已成为非线性科学的一个重要组成部分, 随着孤立子问题及其理论研究的深入, 一大批具有孤立解的非线性演化方程为人们所发现, 如

Burgers 方程、KdV 方程、非线性 Klein-Gordon 方程、非线性 Schrödinger 方程等等.

7.2 直接积分法

求非线性数学物理方程的行波解, 一般先将偏微分方程化为常微方程来求解, 这种方法已广泛应用, 有些方程的行波解, 特别是孤立波解都可以通过直接积分方法来求解. 下面以几个具体例子来说明此方法的求解过程.

例 7.2.1 Burgers 方程

Burgers 方程是非线性的耗散方程, 它可以描述许多物理现象, 如黏性介质中的声波, 具有有限电导的磁流波, 充满流体的黏弹性管中的波等. 其一般形式为

$$u_t + uu_x - \alpha u_{xx} = 0, \tag{7.2.1}$$

其中 $\alpha > 0$ 为耗散系数.

设 Burgers 方程 (7.2.1) 的行波解有如下形式

$$u = \varphi(\xi), \quad \xi = x - ct, \tag{7.2.2}$$

其中 c 为常数且表示波速.

将 (7.2.2) 代入 (7.2.1), 两边关于 ξ 积分, 得

$$-c\varphi - \alpha\varphi' + \frac{1}{2}\varphi^2 = a, \tag{7.2.3}$$

其中 a 为积分常数. 虽然 (7.2.3) 是 φ 关于 ξ 的 Riccati 方程, 但它可以化为可直接积分的形式, 由 (7.2.3) 可得

$$\varphi' = \frac{1}{2\alpha}(\varphi^2 - 2c\varphi - 2a). \tag{7.2.4}$$

设上式右端

$$\varphi^2 - 2c\varphi - 2a = 0 \tag{7.2.5}$$

有两个实根 φ_1 和 φ_2, 其中

$$\varphi_1 = c + \sqrt{c^2 + 2a}, \quad \varphi_2 = c - \sqrt{c^2 + 2a}.$$

为了保证 (7.2.5) 有两个实根, 需要求 $c^2 + 2a > 0$, 注意到

$$\varphi_1 + \varphi_2 = 2c, \quad \varphi_1 - \varphi_2 = 2\sqrt{c^2 + 2a}.$$

这样, 方程 (7.2.4) 可以改写为

$$\varphi' = \frac{1}{2\alpha}(\varphi - \varphi_1)(\varphi - \varphi_2). \tag{7.2.6}$$

对方程 (7.2.6) 积分, 可得

$$\begin{aligned}\varphi &= \frac{\varphi_1 + \varphi_2}{2} - \frac{\varphi_1 - \varphi_2}{2}\tanh\left[\frac{\varphi_1 - \varphi_2}{4\alpha}(\xi - \xi_0)\right] \\ &= c - \sqrt{c^2 + 2a}\tanh\left[\frac{\sqrt{c^2 + 2a}}{2\alpha}(\xi - \xi_0)\right],\end{aligned}$$

其中 ξ_0 为积分常数.

代回原来的变量, 可得原方程 (7.2.1) 的一个精确解

$$u(x,t) = c - \sqrt{c^2 + 2a}\tanh\left[\frac{\sqrt{c^2 + 2a}}{2\alpha}(x - ct - \xi_0)\right], \tag{7.2.7}$$

其中 $\sqrt{c^2 + 2a}$ 为上述波的振幅, $\dfrac{\sqrt{c^2 + 2a}}{2\alpha}$ 为波数.

特别地, 如果取 $a = 0$, 则解 (7.2.7) 化为

$$u(x,t) = c - c\tanh\left[\frac{c}{2\alpha}(x - ct - \xi_0)\right]. \tag{7.2.8}$$

此外注意到行波解 (7.2.7) 满足下列关系:

$$\left.\frac{du}{d\xi}\right|_{u=\varphi_1} = \varphi'|_{\varphi=\varphi_1} = \left.\frac{du}{d\xi}\right|_{u=\varphi_2} = 0,$$

$$u\big|_{\xi=\xi_0} = c, \quad u\big|_{\xi\to-\infty} = c + \sqrt{c^2 + 2a}, \quad u\big|_{\xi\to+\infty} = c - \sqrt{c^2 + 2a}.$$

由此可见, Burgers 方程的行波解是用一个连续变化的曲线把两个渐近状态 $c + \sqrt{c^2 + 2a}$ 和 $c - \sqrt{c^2 + 2a}$ 光滑地联结起来, 于是解 (7.2.7) 为孤立波, 这样的孤立波称为**冲击波 (shock wave)**.

下面考虑线性化的 Burgers 方程

$$u_t - \alpha u_{xx} = 0, \tag{7.2.9}$$

其行波解为

$$u(x,t) = A + B\exp\left[-\frac{c}{\alpha}(x - ct - \xi_0)\right], \tag{7.2.10}$$

其中 $c > 0$, A, B 是任意两个常数.

由上述 (7.2.10) 知, 当 $\xi \to -\infty$ 时, $u(x,t) \to \infty$; 当 $\xi \to +\infty$ 时, $u(x,t) \to A$. 因此, 热方程 (7.2.9) 不可能是用一连续曲线把两个常数态光滑地联结起来的行波解.

由上述分析可知, 在 Burgers 方程中, 非线性项使波形变陡, 而二阶偏导数项 (耗散项) 使波扩宽, 两者的平衡便形成了 Burgers 方程的冲击波解.

例 7.2.2 KdV 方程

Korteweg 和 de Vries 在 1895 年研究浅水波的传播时首先推导出了 KdV 方程

$$u_t + uu_x + \alpha u_{xxx} = 0, \tag{7.2.11}$$

其中 α 为色散系数, 并且还求出了 KdV 方程 (7.2.11) 的孤立波解, 成功地解释了 Russel 早年观察到的一种奇特的水波现象, 从理论上证实了孤立子的存在.

自 20 世纪 60 年代以来, 随着非线性现象研究的深入, 人们发现有一大类描述非线性作用下的波动问题, 在长波近似和小振幅假定下, 都可归结为 KdV 方程来描述. 例如在等离子体物理学中等离子体的磁流波、离子声波以及非谐晶格的振动等问题.

方程 (7.2.11) 中的色散系数 α 可正可负. 若 α 是负的, 可作变换 $u \to -u$, $x \to -x$, $t \to t$, 则方程 (7.2.11) 可变为

$$u_t + uu_x - \alpha u_{xxx} = 0.$$

因此, 不失一般性, 可设方程 (7.2.11) 中的 α 为正的. 方程 (7.2.11) 相应的线性方程为

$$u_t + \alpha u_{xxx} = 0. \tag{7.2.12}$$

若以平面波解

$$u(x,t) = Ae^{i(kx-\omega t)} \tag{7.2.13}$$

代入方程 (7.2.12) 求得色散关系为

$$\omega = -\alpha k^3. \tag{7.2.14}$$

因而相速度 c 和群速度 c_g 分别为

$$c = \frac{\omega}{k} = -\alpha k^2, \quad c_g = \frac{d\omega}{dk} = -3\alpha k^2. \tag{7.2.15}$$

由此可见, $c_g \neq c$, 它表明在 KdV 方程中色散项 (三阶偏导数项) 的作用使得波分散, 形式上也起着使波扩散的作用, 这就是所谓的**色散波 (dispersive waves)**.

将 $u(x,t) = \varphi(\xi) = \varphi(x-ct)$ 代入 (7.2.11) 得

$$-c\varphi' + \varphi\varphi' + \alpha\varphi''' = 0. \tag{7.2.16}$$

上式两边对 ξ 积分一次得

$$-c\varphi + \frac{\varphi^2}{2} + \alpha\varphi'' = A, \tag{7.2.17}$$

其中 A 为积分常数. 在 (7.2.17) 的两边同乘以 φ', 再积分一次得到

$$(\varphi')^2 = -\frac{1}{3\alpha}(\varphi^3 - 3c\varphi^2 - 6A\varphi - 6B), \tag{7.2.18}$$

其中 B 也为积分常数.

设

$$\varphi^3 - 3c\varphi^2 - 6A\varphi - 6B = 0 \tag{7.2.19}$$

有三个实根 $\varphi_1, \varphi_2, \varphi_3$, 不妨设 $\varphi_3 \leqslant \varphi_2 \leqslant \varphi_1$, 则方程 (7.2.18) 可改写为

$$(\varphi')^2 = -\frac{1}{3\alpha}(\varphi-\varphi_1)(\varphi-\varphi_2)(\varphi-\varphi_3). \tag{7.2.20}$$

此外, 显然有

$$c = \frac{1}{3}(\varphi_1+\varphi_2+\varphi_3), \quad A = -\frac{1}{6}(\varphi_1\varphi_2+\varphi_2\varphi_3+\varphi_3\varphi_1), \quad B = \frac{1}{6}\varphi_1\varphi_2\varphi_3. \tag{7.2.21}$$

由椭圆积分理论 (刘式适, 刘式达, 2012) 知方程 (7.2.21) 的解可表示为

$$\varphi = \varphi_2 + (\varphi_1 - \varphi_2)\,\mathrm{cn}^2\left[\sqrt{\frac{\varphi_1-\varphi_3}{12\alpha}}(\xi-\xi_0), r\right], \tag{7.2.22}$$

其中 ξ_0 为积分常数.

$$\mathrm{cn}^2\left[\sqrt{\frac{\varphi_1-\varphi_3}{12\alpha}}(\xi-\xi_0), r\right] \tag{7.2.23}$$

为 Jacobi 椭圆余弦函数,

$$r=\sqrt{\frac{\varphi_1-\varphi_2}{\varphi_1-\varphi_3}} \tag{7.2.24}$$

是模数.

这样 KdV 方程 (7.2.11) 的行波解可表示为

$$u(x,t)=\varphi_2+(\varphi_1-\varphi_2)\,\mathrm{cn}^2\left[\sqrt{\frac{\varphi_1-\varphi_3}{12\alpha}}(x-ct-\xi_0),r\right], \tag{7.2.25}$$

其振幅为 $\varphi_1-\varphi_2$, 波数为 $\sqrt{\dfrac{\varphi_1-\varphi_3}{12\alpha}}$.

(7.2.25) 通常称为 KdV 方程 (7.2.11) 的椭圆余弦波, 它的周期为

$$T=2\int_0^{\frac{\pi}{2}}\frac{1}{\sqrt{1-r^2\sin^2\theta}}d\theta, \tag{7.2.26}$$

其中 r 的定义见 (7.2.24).

选取适当的积分常数 A 和 B, 使得 $\varphi_2=\varphi_3$, 这样解 (7.2.25) 化为

$$u(x,t)=\varphi_2+(\varphi_1-\varphi_2)\,\mathrm{sech}^2\left[\sqrt{\frac{\varphi_1-\varphi_2}{12\alpha}}(x-ct-\xi_0)\right]. \tag{7.2.27}$$

此时显然有

$$u\big|_{\xi=\xi_0}=\varphi_1,\quad u\big|_{\xi\to\pm\infty}=\varphi_2. \tag{7.2.28}$$

这样就可称 (7.2.27) 是 KdV 方程 (7.2.11) 的钟状孤立波解.

特别地, 若取 $\varphi_2=\varphi_3=0$, 则 $\varphi_1=3c$, 由此可得

$$u(x,t)=3c\,\mathrm{sech}^2\left[\sqrt{\frac{c}{4\alpha}}(x-ct-\xi_0)\right], \tag{7.2.29}$$

由 (7.2.29) 可知, 此孤立波的振幅为 $3c$, 宽度为 $\dfrac{4\alpha}{c}$, 它在向右 $(c>0)$ 传播时速度与形状保持不变, 不难看出, 此孤立波的振幅与波速成正比, 波速越快, 波峰就越高, 波形就越窄, 或者说, 大波总是比小波的速度快. 另外孤立波 (7.2.29) 是孤立子.

注 7.2.1 若方程 (7.2.19) 有一实根 φ_1 和二共轭复根 $\varphi_2=a+ib, \varphi_3=a-ib$, 其中 a, b 为实数且 $b\neq 0$, 则 KdV 方程 (7.2.11) 的行波解为

$$u(x,t)=\varphi_1-\frac{1-\operatorname{cn}\left[\sqrt{\frac{\gamma}{3\alpha}}(x-ct-\xi_0),r\right]}{1+\operatorname{cn}\left[\sqrt{\frac{\gamma}{3\alpha}}(x-ct-\xi_0),r\right]}, \tag{7.2.30}$$

其中 γ 和 r 满足

$$\gamma^2=(\varphi_1-a)^2+b^2, \quad r^2=\frac{1}{2}\left(1+\frac{\varphi_1-a}{\gamma}\right). \tag{7.2.31}$$

例 7.2.3 非线性 Schrödinger 方程

非线性 Schrödinger 方程, 简称 NLS 方程, 又称为立方 Schrödinger 方程, 它是描写非线性波的调制 (即非线性波包) 方程, 也是描写非线性波的聚散 (或引斥) 方程, 其一般形式为

$$iu_t+\alpha u_{xx}+\beta|u|^2u=0, \quad \alpha\neq 0, \beta\neq 0, \tag{7.2.32}$$

其中 α 和 β 称为色散系数和 Landau 系数. 当 $\beta>0$ 时, 方程 (7.2.32) 称为**聚焦 (focusing) 或吸引的 (attractive)** 非线性 Schrödinger 方程; 当 $\beta<0$ 时, 方程 (7.2.32) 称为**散焦 (defocusing) 或排斥的 (repulsive)** 非线性 Schrödinger 方程.

非线性 Schrödinger 方程 (7.2.32) 也有如下形式

$$u(x,t)=Ae^{i(kx-\omega t)} \tag{7.2.33}$$

的平面波解.

将 (7.2.33) 代入方程 (7.2.32) 可得到非线性的色散关系为

$$\omega=\alpha k^2-\beta a^2, \quad a^2=|A|^2. \tag{7.2.34}$$

这说明非线性波的色散关系既与波数 k 有关, 又与振幅 A 有关. 由 (7.2.34) 求得相速度和群速度分别为

$$c=\frac{\omega}{k}=\alpha k-\frac{\beta a^2}{k}, \quad c_g=\frac{d\omega}{dk}=2\alpha k, \tag{7.2.35}$$

因此, 非线性 Schrödinger 方程表征的也是一类色散波. 由于非线性 Schrödinger 方程通常也表征非线性的调制作用, 所以, 经常求它的如下包络波 (即波包 wave packet) 解,

$$u(x,t)=\varphi(\xi)e^{i(kx-\omega t)}, \quad \xi=x-c_gt, \tag{7.2.36}$$

其中 $\varphi(\xi)$ 是待定的实函数, 此式表明波相位以相速度传播, 但波振幅以群速度传播.

将 (7.2.36) 代入 (7.2.32), 得到

$$\alpha\varphi'' + i(2\alpha k - c_g)\varphi' + (\omega - \alpha k^2)\varphi + \beta\varphi^3 = 0. \tag{7.2.37}$$

因为 $\varphi(\xi)$ 是实函数, 故要求 φ' 前的系数为零, 而这恰好是 (7.2.35) 中的第二式. 又考虑到 (7.2.34), 可设方程 (7.2.37) 中 φ 前的系数

$$\omega - \alpha k^2 = -\gamma, \quad \gamma > 0. \tag{7.2.38}$$

这样, 方程 (7.2.37) 就简化为

$$\varphi'' = \frac{\gamma}{\alpha}\varphi - \frac{\beta}{\alpha}\varphi^3. \tag{7.2.39}$$

它的解分为四种情况来讨论:

(1) 当 $\alpha > 0$, $\beta > 0$ 时, 此时, 可求得 (7.2.39) 的解为

$$\varphi = \pm a\,\mathrm{dn}(p(\xi - \xi_0), m), \quad \xi = x - c_g t, \tag{7.2.40}$$

其中包络波的波数 p 与振幅 a 分别为

$$p = \sqrt{\frac{\gamma}{\alpha(2 - m^2)}}, \quad a = \sqrt{\frac{2\alpha}{\beta}}p = \sqrt{\frac{2\gamma}{\beta(2 - m^2)}}, \tag{7.2.41}$$

在这里 $\mathrm{dn}(p(\xi - \xi_0), m)$ 称为第三类 Jacobi 椭圆函数.

此时 $\gamma = \dfrac{2 - m^2}{2}\beta a^2$, 这样 (7.2.38) 就可化为

$$\omega = \alpha k^2 - \frac{2 - m^2}{2}\beta a^2, \tag{7.2.42}$$

这是对色散关系 (7.2.34) 的修正.

特别当 $m = 1$ 时, (7.2.40) 化为

$$\varphi = \pm a\,\mathrm{sech}\,p(\xi - \xi_0), \quad a = \sqrt{\frac{2\gamma}{\beta}}, \quad p = \sqrt{\frac{\gamma}{\alpha}}. \tag{7.2.43}$$

而此时色散关系为

$$\omega = \alpha k^2 - \frac{1}{2}\beta a^2. \tag{7.2.44}$$

将 (7.2.40) 代入 (7.2.36) 得到

$$u(x,t)=\pm a\,\mathrm{dn}(p(\xi-\xi_0),m)e^{i(kx-\omega t)}, \tag{7.2.45}$$

其中 p, a 的定义由 (7.2.41) 给出.

将 (7.2.43) 代入 (7.2.36) 得

$$u(x,t)=\pm a\,\mathrm{sech}\,p(\xi-\xi_0)e^{i(kx-\omega t)}. \tag{7.2.46}$$

(7.2.45) 和 (7.2.46) 分别称为非线性 Schrödinger 方程 (7.2.32) 的包络椭圆余弦波解和包络孤立波解 (或包络孤立子).

(2) 当 $\alpha<0$, $\beta>0$ 时, 此时, 可求得 (7.2.39) 的解为

$$\varphi=\pm a\,\mathrm{sn}(p(\xi-\xi_0),m),\quad \xi=x-c_gt, \tag{7.2.47}$$

其中波数 p 与振幅 a 分别满足

$$p=\sqrt{-\frac{\gamma}{\alpha(1+m^2)}},\quad a=\sqrt{-\frac{2\alpha}{\beta}}mp=\sqrt{\frac{2\gamma m^2}{\beta(1+m^2)}}, \tag{7.2.48}$$

在这里 $\mathrm{sn}(p(\xi-\xi_0),m)$ 称为 Jacobi 椭圆正弦函数, 此时 $\gamma=\dfrac{1+m^2}{2m^2}\beta a^2$, 这样对应的色散关系为

$$\omega=\alpha k^2-\frac{1+m^2}{2m^2}\beta a^2. \tag{7.2.49}$$

当 $m=1$ 时, (7.2.47) 化为

$$\varphi=\pm a\tanh p(\xi-\xi_0),\quad p=\sqrt{-\frac{\gamma}{2\alpha}},\quad a=\sqrt{\frac{\gamma}{\beta}}, \tag{7.2.50}$$

而色散关系化为

$$\omega=\alpha k^2-\beta a^2. \tag{7.2.51}$$

这样就分别得到

$$u(x,t)=\pm a\,\mathrm{sn}(p(\xi-\xi_0),m)e^{i(kx-\omega t)}, \tag{7.2.52}$$

$$u(x,t)=\pm a\tanh p(\xi-\xi_0)e^{i(kx-\omega t)}, \tag{7.2.53}$$

其中 p, a 的定义见 (7.2.48) 和 (7.2.50). 它们分别是非线性 Schrödinger 方程 (7.2.32) 的另一类包络椭圆余弦波解和包络孤立波解 (或包络孤立子).

(3) 当 $\alpha > 0$, $\beta < 0$ 时, 此时, 可求得 (7.2.39) 的解为

$$\varphi = \pm a \operatorname{cs}(p(\xi - \xi_0), m), \quad \xi = x - c_g t, \tag{7.2.54}$$

在这里 $\operatorname{cs}(p(\xi - \xi_0), m)$ 为 Jacobi 椭圆余弦函数, 波数 p 与振幅 a 分别为

$$p = \sqrt{\frac{\gamma}{\alpha(2 - m^2)}}, \quad a = \sqrt{-\frac{2\alpha}{\beta}}p = \sqrt{-\frac{2\gamma}{\beta(2 - m^2)}}, \tag{7.2.55}$$

此时 $\gamma = \dfrac{m^2 - 2}{2}\beta a^2$, 同时色散关系写为

$$\omega = \alpha k^2 - \frac{m^2 - 2}{2}\beta a^2. \tag{7.2.56}$$

特别当 $m = 1$ 时, (7.2.47) 化为

$$\varphi = \pm a \operatorname{csch} p(\xi - \xi_0), \quad p = \sqrt{\frac{\gamma}{\alpha}}, \quad a = \sqrt{-\frac{2\gamma}{\beta}}, \tag{7.2.57}$$

而色散关系化为

$$\omega = \alpha k^2 + \frac{1}{2}\beta a^2. \tag{7.2.58}$$

将 (7.2.54) 和 (7.2.57) 分别代入 (7.2.36) 就可得到

$$u(x, t) = \pm a \operatorname{cs}(p(\xi - \xi_0), m) e^{i(kx - \omega t)}, \tag{7.2.59}$$

$$u(x, t) = \pm a \operatorname{csch} p(\xi - \xi_0) e^{i(kx - \omega t)}, \tag{7.2.60}$$

在这里 p, a 分别由 (7.2.55) 和 (7.2.57) 给出. (7.2.59) 中的两个函数分别是非线性 Schrödinger 方程 (7.2.32) 在 $\xi = \xi_0$ 时具有奇性的包络椭圆余弦波解和包络孤立波解.

(4) 当 $\alpha < 0$, $\beta < 0$ 时, 此时, 可求得 (7.2.39) 的解为

$$\varphi = \pm a \operatorname{cn}(p(\xi - \xi_0), m), \quad \xi = x - c_g t, \quad 0 < m < \frac{\sqrt{2}}{2}, \tag{7.2.61}$$

其中包络波的波数 p 与振幅 a 分别满足

$$p = \sqrt{-\frac{\gamma}{\alpha(1 - 2m^2)}}, \quad a = \sqrt{\frac{2\alpha}{\beta}}mp = \sqrt{-\frac{2\gamma m^2}{\beta(1 - 2m^2)}}, \quad 0 < m < \frac{\sqrt{2}}{2}. \tag{7.2.62}$$

此时 $\gamma = \dfrac{2m^2-1}{2m^2}\beta a^2$, 而色散关系就为

$$\omega = \alpha k^2 - \frac{2m^2-1}{2m^2}\beta a^2. \tag{7.2.63}$$

将 (7.2.61) 代入 (7.2.36) 得到

$$u(x,t) = \pm a\mathrm{cn}(p(\xi-\xi_0), m)e^{i(kx-\omega t)}, \tag{7.2.64}$$

此式也是非线性 Schrödinger 方程 (7.2.32) 的包络椭圆余弦波.

7.3 Adomian 分解法

Adomian 分解法最早由 Adomian 提出的, 后来由 Wazwaz 改进的, 其主要思想是将解 u 写为如下级数形式:

$$u = \sum_{n=0}^{\infty} u_n. \tag{7.3.1}$$

然后将它代入微分方程, 通过积分依次求得 $u_0, u_1, u_2, \cdots$, 从而求得 u. 问题的关键在于对微分方程中非线性项的处理, 如果 $F(u)$ 是方程中的非线性项, 对其也可以写为如下级数形式:

$$F(u) = \sum_{n=0}^{\infty} A_n(u_0, u_1, u_2, \cdots), \tag{7.3.2}$$

其中 $A_n(n=0,1,2,\cdots)$ 称为 Adomian 多项式, 并表示为

$$A_n = \frac{1}{n!}\frac{d^n}{d\lambda^n}[F(u_0+\lambda u_1+\lambda^2 u_2+\cdots)]\Big|_{\lambda=0}, \quad n=0,1,2,\cdots. \tag{7.3.3}$$

将 (7.3.3) 代入 (7.3.2) 可得到

$$F(u) = F(u_0) + F'(u_0)(u-u_0) + \frac{1}{2!}F''(u_0)(u-u_0)^2 + \cdots. \tag{7.3.4}$$

上式表明, 由 Adomian 多项式 $A_n(n=0,1,2,\cdots)$ 构成的级数实质上是非线性项 $F(u)$ 关于 u_0 的 Taylor 级数.

Adomian 分解法特别适合于求非线性微分方程的初值或边值问题.

例 7.3.1 求解 Burgers 方程的初值问题

$$\begin{cases} u_t + uu_x - \nu u_{xx} = 0, & -\infty < x < +\infty, \quad 0 < t < 1, \\ u(x,0) = x, & -\infty < x < +\infty. \end{cases} \tag{7.3.5}$$

解 将 Burgers 方程两边相对于变量 t 从 0 到 t 积分, 并利用初值条件得到

$$u(x,t) = x + \nu \int_0^t u_{xx} ds - \int_0^t uu_x ds. \tag{7.3.6}$$

应用 Adomian 分解法, 令

$$u = u_0 + u_1 + u_2 + \cdots. \tag{7.3.7}$$

注意到

$$uu_x = \frac{1}{2}(u^2)_x = \frac{1}{2}\frac{\partial}{\partial x}(u_0 + u_1 + u_2 + \cdots)^2 = A_0 + A_1 + A_2 + \cdots = F(u), \tag{7.3.8}$$

其中

$$\begin{cases} A_0 = F(u_0) = u_0 u_{0x}, \\ A_1 = \dfrac{1}{2}(2u_0u_1)_x = u_1u_{0x} + u_0u_{1x}, \\ A_2 = \dfrac{1}{2}(2u_0u_2 + u_1^2)_x = u_2u_{0x} + u_1u_{1x} + u_0u_{2x}, \\ \cdots\cdots \end{cases} \tag{7.3.9}$$

将 (7.3.7) 和 (7.3.8) 代入 (7.3.6), 并注意 u_0 的确定通常不包括积分中的项, 则依次求得

$$\begin{cases} u_0 = x, \\ u_1 = \nu \displaystyle\int_0^t u_{0xx} ds - \int_0^t u_0 u_{0x} ds = -xt, \\ u_2 = \nu \displaystyle\int_0^t u_{1xx} ds - \int_0^t (u_0u_1)_x ds = \int_0^t 2xs ds = xt^2, \\ \cdots\cdots \end{cases} \tag{7.3.10}$$

所以

$$u(x,t) = x - xt + xt^2 + \cdots = x(1 - t + t^2 - \cdots) = \frac{x}{1+t}, \quad |t| < 1. \tag{7.3.11}$$

注意, 在 $u_k(k \geqslant 1)$ 是由包含 u_{k-1} 和 A_{k-1} 的积分项所确定的.

例 7.3.2 应用 Adomian 分解法求 Riccati 方程的初值问题

$$\begin{cases} y' + \dfrac{\sigma}{a_0} y^2 = \sigma a_0, \quad t > 0, \\ y(0) = 0, \end{cases} \tag{7.3.12}$$

其中 σ 和 a_0 为正常数.

解 首先将方程两边从 0 到 t 积分, 并利用初始条件得到

$$y(t) = \sigma a_0 t - \int_0^t \frac{\sigma}{a_0} y^2 ds. \tag{7.3.13}$$

其次, 令

$$y(t) = y_0(t) + y_1(t) + y_2(t) + \cdots . \tag{7.3.14}$$

注意

$$\frac{\sigma}{a_0} y^2 = \frac{\sigma}{a_0}(y_0 + y_1 + y_2 + \cdots)^2 = A_0 + A_1 + A_2 + \cdots = F(y). \tag{7.3.15}$$

利用 (7.3.3) 可知

$$A_0 = \frac{\sigma}{a_0} y_0^2, \quad A_1 = \frac{2\sigma}{a_0} y_0 y_1, \quad A_2 = \frac{\sigma}{a_0}(2y_0 y_2 + y_1^2), \quad \cdots . \tag{7.3.16}$$

将 (7.3.14) 和 (7.3.15) 代入 (7.3.13), 注意 y_0 通常不包括积分中的项, 则依次求得

$$\begin{cases} y_0 = a_0 \sigma t, \\ y_1 = -\displaystyle\int_0^t A_0 ds = -\int_0^t \frac{\sigma}{a_0} y_0^2 ds = -\frac{a_0}{3}\sigma^3 t^3, \\ y_2 = -\displaystyle\int_0^t A_1 ds = -\int_0^t \frac{\sigma}{a_0} y_0 y_1 ds = \frac{2}{15} a_0 \sigma^5 t^5, \\ \cdots\cdots \end{cases} \tag{7.3.17}$$

所以

$$y(t) = a_0 \left(\sigma t - \frac{\sigma^3 t^3}{3} + \frac{2}{15}\sigma^5 t^5 - \cdots \right) = a_0 \tanh \sigma t. \tag{7.3.18}$$

7.4 Cole-Hopf 变换

通过自变量变换或因变量变换以及自变量变换和因变量变换的混合变换, 把一些非线性方程或方程组化成线性方程来求解, 这也是求解偏微分方程的一种基本方法. 本节介绍的 Cole-Hopf 变换就是一种特殊的因变量变换.

7.4.1 Burgers 方程的 Cole-Hopf 变换

我们首先研究 Burgers 方程

$$u_t + uu_x - \alpha u_{xx} = 0 \tag{7.4.1}$$

的 Cole-Hopf 变换. 显然 Burgers 方程是在热方程的基础上增加了一项非线性项 uu_x, 因此希望通过非线性变换与热方程

$$v_t - \alpha v_{xx} = 0 \tag{7.4.2}$$

建立联系. 为此, 令

$$u = w_x, \tag{7.4.3}$$

并代入 Burgers 方程 (7.4.1) 且积分一次 (积分常数为零), 得到

$$w_t + \frac{1}{2}w_x^2 - \alpha w_{xx} = 0, \tag{7.4.4}$$

它是另一种形式的 Burgers 方程, 并且也是非线性方程. 进一步假设非线性变换

$$v = F(w). \tag{7.4.5}$$

方程 (7.4.2) 通过变换 (7.4.5) 化为

$$w_t - \frac{\alpha F''}{F'}w_x^2 - \alpha w_{xx} = 0. \tag{7.4.6}$$

方程 (7.4.4) 与 (7.4.6) 比较得

$$\frac{\alpha F''}{F'} = -\frac{1}{2} \quad 或 \quad F'' + \frac{1}{2\alpha}F' = 0. \tag{7.4.7}$$

因而

$$v = F(w) = A + Be^{-\frac{w}{2\alpha}}, \tag{7.4.8}$$

其中 A 和 B 为积分常数. 如果取 $A = 0, B = 1$, 则

$$v = F(w) = e^{-\frac{w}{2\alpha}}. \tag{7.4.9}$$

这样

$$w = -2\alpha \ln v. \tag{7.4.10}$$

因此在此非线性变换

$$u = -2\alpha \frac{\partial \ln v}{\partial x} \tag{7.4.11}$$

下, Burgers 方程 (7.4.1) 变成热方程 (7.4.2), 称上述变换 (7.4.11) 为 **Cole-Hopf 变换**. 上述分析可知道 Burgers 方程 (7.4.1) 通过 Cole-Hopf 变换转化为线性热方程 (7.4.2) 来求解.

例 7.4.1 已知热方程 (7.4.2) 的行波解

$$v(x,t)=1+e^{-2(kx-\omega t)}=1+e^{-\frac{c}{\alpha}(x-ct)},\quad \omega=2\alpha k^2,\quad c=\frac{\omega}{k}=2\alpha k.$$

将其代入 (7.4.11) 得到 Burgers 方程的一个解

$$u(x,t)=-2\alpha\frac{\partial}{\partial x}\ln[1+e^{-\frac{c}{\alpha}(x-ct)}]=c\left(1-\tanh\frac{c}{2\alpha}\xi\right),\quad \xi=x-ct.$$

这就是 Burgers 方程 (7.4.1) 的冲击波解.

例 7.4.2 已知方程 (7.4.2) 的一个解

$$v(x,t)=1+\frac{1}{2\sqrt{\pi\alpha t}}e^{-\frac{x^2}{4\alpha t}}.$$

将其代入 (7.4.11) 得到 (7.4.1) 的另一个解

$$u(x,t)=-2\alpha\frac{\partial}{\partial x}\ln\left(1+\frac{1}{2\sqrt{\pi\alpha t}}e^{-\frac{x^2}{4\alpha t}}\right)=\frac{x}{t}\left(1+2\sqrt{\pi\alpha t}e^{\frac{x^2}{4\alpha t}}\right)^{-1}.$$

例 7.4.3 考虑 Burgers 方程的初值问题

$$\begin{cases} u_t+uu_x-\alpha u_{xx}=0, & -\infty<x<+\infty,\ t>0,\\ u(x,0)=u_0(x), & -\infty<x<+\infty.\end{cases}$$

解 由 Cole-Hopf 变换 (7.4.11), 上述初值问题化为如下热传导问题

$$\begin{cases} v_t-\alpha v_{xx}=0, & -\infty<x<+\infty,\ t>0,\\ v(x,0)=v_0(x), & -\infty<x<+\infty,\end{cases}$$

其中 $v_0(x)=e^{-\frac{1}{2\alpha}\int_0^x u_0(\xi)d\xi}$. 而上述热传导初值问题的解为

$$v(x,t)=\frac{1}{2\sqrt{\pi\alpha t}}\int_{-\infty}^{+\infty}v_0(\xi)e^{-\frac{(x-\xi)^2}{4\alpha t}}d\xi.$$

故原 Burgers 方程的初值问题的解

$$u(x,t)=\int_{-\infty}^{+\infty}\frac{x-\xi}{t}e^{-\frac{(x-\xi)^2}{4\alpha t}}v_0(\xi)d\xi\left[\int_{-\infty}^{+\infty}e^{-\frac{(x-\xi)^2}{4\alpha t}}v_0(\xi)d\xi\right]^{-1}$$

$$= \int_{-\infty}^{+\infty} \frac{x-\xi}{t} e^{-\frac{G(\xi;x,t)}{2\alpha}} d\xi \left[\int_{-\infty}^{+\infty} e^{-\frac{G(\xi;x,t)}{2\alpha}} d\xi \right]^{-1},$$

其中 $G(\xi;x,t) = \int_0^{\xi} u_0(\zeta)d\zeta + \frac{(x-\xi)^2}{2t}$.

7.4.2 推广的 Cole-Hopf 变换

考虑 KdV 方程

$$u_t + uu_x + \beta u_{xxx} = 0. \tag{7.4.12}$$

比较 KdV 方程 (7.4.12) 与 Burgers 方程 (7.4.1), 前者仅比后者的最高阶导数多了一阶, 人们自然会想到, 对 KdV 方程也可以做类似的 Cole-Hopf 变换使得 KdV 方程化为线性化方程. 首先把 (7.4.12) 写为如下守恒律的形式:

$$u_t + \left(\frac{1}{2}u^2 + \beta u_{xx} \right)_x = 0. \tag{7.4.13}$$

这样可引入 w 使得

$$u = w_x. \tag{7.4.14}$$

从而 (7.4.13) 化为

$$\frac{1}{2}u^2 + \beta u_{xx} = -w_t. \tag{7.4.15}$$

即

$$w_t + \frac{1}{2}w_x^2 + \beta w_{xxx} = 0. \tag{7.4.16}$$

(7.4.16) 也是 KdV 方程. 其次, 令

$$w = 12\beta \frac{\partial \ln v}{\partial x}, \tag{7.4.17}$$

将其代入方程 (7.4.16) 得到

$$\frac{\partial^2 \ln v}{\partial x \partial t} + 6\beta \left(\frac{\partial^2 \ln v}{\partial x^2} \right)^2 + \beta \frac{\partial^4 \ln v}{\partial x^4} = 0. \tag{7.4.18}$$

通过计算可得

$$v\frac{\partial^2 v}{\partial x \partial t} - \frac{\partial v}{\partial x}\frac{\partial v}{\partial t} + 3\beta \left(\frac{\partial^2 v}{\partial x^2} \right)^2 - 4\beta \frac{\partial v}{\partial x}\frac{\partial^3 v}{\partial x^3} + \beta v \frac{\partial^4 v}{\partial x^4} = 0. \tag{7.4.19}$$

它还可以改写为

$$v\frac{\partial}{\partial x}\left(\frac{\partial v}{\partial t}+\beta\frac{\partial^3 v}{\partial x^3}\right)-\frac{\partial v}{\partial x}\left(\frac{\partial v}{\partial t}+\beta\frac{\partial^3 v}{\partial x^3}\right)+3\beta\left[\left(\frac{\partial^2 v}{\partial x^2}\right)^2-\frac{\partial v}{\partial x}\frac{\partial^3 v}{\partial x^3}\right]=0. \tag{7.4.20}$$

尽管上述方程为非线性方程, 但是可以取

$$\frac{\partial v}{\partial t}+\beta\frac{\partial^3 v}{\partial x^3}=0, \quad \left(\frac{\partial^2 v}{\partial x^2}\right)^2-\frac{\partial v}{\partial x}\frac{\partial^3 v}{\partial x^3}=0. \tag{7.4.21}$$

则在 (7.4.21) 下, (7.4.20) 显然成立. 注意到 (7.4.21) 的第二式可以改写为

$$\frac{\partial}{\partial x}\left(\frac{\dfrac{\partial^2 v}{\partial x^2}}{\dfrac{\partial v}{\partial x}}\right)=0. \tag{7.4.22}$$

这样, 方程 (7.4.21) 可以改写为

$$v_t+\beta v_{xxx}=0, \quad v_{xx}=\alpha v_x, \tag{7.4.23}$$

其中 α 为常数. (7.4.23) 中的两个方程都是线性方程, 称为双线性方程. 要满足 (7.4.23) 的解很多, 比如

$$v=1+e^{2(kx-\omega t)}, \quad \omega=4\beta k^3, \quad \alpha=2k. \tag{7.4.24}$$

将上式代入 (7.4.17) 得

$$w=12\beta k e^{kx-\omega t}\operatorname{sech}(kx-\omega t). \tag{7.4.25}$$

再将 (7.4.25) 代入 (7.4.14) 可求得

$$u=12\beta k^2\operatorname{sech}^2(kx-\omega t), \quad \omega=4\beta k^3, \quad c=\frac{\omega}{k}=4\beta k^2, \tag{7.4.26}$$

这就是 KdV 方程 (7.4.12) 的孤立子解. 由上述分析可知, 对于 KdV 方程 (7.4.12), 可以通过推广的 Cole-Hopf 变换

$$u=12\beta\frac{\partial^2 \ln v}{\partial x^2}, \tag{7.4.27}$$

使它化为线性方程.

7.5 反散射方法

本节主要介绍利用量子力学中的反散射方法求解 KdV 方程的初值问题.

7.5.1 GGKM 变换

在这里考虑下列形式的 KdV 方程

$$u_t - 6uu_x + u_{xxx} = 0 \tag{7.5.1}$$

和 mKdV 方程

$$v_t - 6v^2 v_x + v_{xxx} = 0. \tag{7.5.2}$$

对 KdV 方程 (7.5.1) 而言, 首先它具有对称性, 即

$$u(-x, -t) = u(x, t).$$

其次, 在下列 Galileo 变换

$$x' = x - ct, \quad t' = t, \quad u' = u + \frac{c}{6} \tag{7.5.3}$$

下方程的形式也不变.

若作 Miura 变换

$$u = v_x + v^2, \tag{7.5.4}$$

则 KdV 方程 (7.5.1) 化为

$$(v_t - 6v^2 v_x + v_{xxx})_x + 2v(v_t - 6v^2 v_x + v_{xxx}) = 0. \tag{7.5.5}$$

故 (7.5.4) 中的 v 可取 mKdV 方程 (7.5.2) 的解. 受 Galileo 变换和 Miura 变换的启发, Gardner, Greene, Kruskal 和 Miura 对 KdV 方程 (7.5.1) 作变换

$$u = v_x + v^2 + \lambda(t), \quad v = \frac{\partial \ln \psi}{\partial x}. \tag{7.5.6}$$

此变换也称为 **GGKM 变换**. 另外它也可以写成

$$u = \frac{1}{\psi}\psi_{xx} + \lambda(t). \tag{7.5.7}$$

由此可知, GGKM 变换实际上把 KdV 方程化成了量子力学中定态波函数 ψ 所满足的 Schrödinger 方程

$$\psi_{xx} + (\lambda - u)\psi = 0. \tag{7.5.8}$$

而 KdV 方程中的未知函数 u 是 Schrödinger 方程中的势场, λ 是特征值. 这样就可以通过 GGKM 变换建立一个非线性发展方程和 Schrödinger 方程之间的联系, 而且通过反散射方法求出势场, 此势场就是非线性发展方程的解. 不过求解一般的 Schrödinger 方程的特征值问题, 特别是把 u 作为 KdV 方程的孤立子解, 要求 u 在无穷处趋于零. 因此通常由反散射方法求得的是某个非线性发展方程的孤立子解.

7.5.2 Schrödinger 方程势场的孤立子解

在 Schrödinger 方程 (7.5.8) 中令 $\lambda = k^2$, 则有

$$\psi_{xx} + (k^2 - u)\psi = 0. \tag{7.5.9}$$

为了求得 u, Bargmann 假设方程 (7.5.9) 的解为

$$\psi = e^{ikx}F(k, x), \tag{7.5.10}$$

其中 $F(k, x)$ 是 k 的多项式, 与 x 有关的量是系数. 由此可求得 u 的孤立子解, 这种方法称为 **Bargmann 势场方法**. 将 (7.5.10) 代入方程 (7.5.9) 得到

$$F_{xx} + 2ikF_x - uF = 0. \tag{7.5.11}$$

假设 $F(k, x)$ 为 k 的一次多项式, 即令

$$F(k, x) = ia(x) + 2k, \tag{7.5.12}$$

其中 $a(x)$ 为待定的实函数. 将 (7.5.12) 代入 (7.5.11) 可得

$$i(a_{xx} - au) - 2k(a_x + u) = 0. \tag{7.5.13}$$

因而

$$a_{xx} = au, \quad a_x = -u. \tag{7.5.14}$$

将方程组 (7.5.14) 的两个方程消去 u 得到

$$a_{xx} + aa_x = 0. \tag{7.5.15}$$

上式对 x 积分一次得到

$$a_x + \frac{a^2}{2} = 2\kappa^2, \tag{7.5.16}$$

其中 $2\kappa^2$ 为积分常数. 由于方程 (7.5.16) 是 Riccati 方程, 因而方程 (7.5.16) 的解为

$$a(x) = 2\kappa\tanh(\kappa x - c_0), \tag{7.5.17}$$

其中 c_0 为积分常数.

将 (7.5.17) 代入 (7.5.14) 的第二个方程求得

$$u = -a_x = -2\kappa^2 \operatorname{sech}^2(\kappa x - c_0). \tag{7.5.18}$$

这就是 Schrödinger 方程势场的单孤立子解.

若在 (7.5.18) 中取 $\kappa = 1, c_0 = 0$, 则有

$$u = -2\operatorname{sech}^2 x. \tag{7.5.19}$$

这个解常视为用反散射方法求 KdV 方程 (7.5.1) 单孤立子解的初始条件.

7.5.3 KdV 方程的初值问题

下面就以 KdV 方程为例, 具体说明用反散射方法求解 KdV 方程的初值问题.

$$\begin{cases} u_t - 6uu_x + u_{xxx} = 0, & -\infty < x < +\infty,\ t > 0, \\ u(x,0) = u_0(x), & -\infty < x < +\infty, \end{cases} \tag{7.5.20}$$

其中 $u_0(x)$ 为已知函数, 且对任何时刻 u 都满足

$$\lim_{|x|\to+\infty} u(x,t) = 0. \tag{7.5.21}$$

具体求解初值问题 (7.5.20) 分如下三步:

(1) 以 $u_0(x)$ 为势场, 解下列 Schrödinger 方程的特征值问题, 求出与 $u_0(x)$ 相应的 λ(记为 λ_0) 和 ψ(记为 ψ_0), 即求解

$$\begin{cases} \psi_{0xx} + (\lambda_0 - u_0)\psi_0 = 0, & -\infty < x < +\infty, \\ \lim_{|x|\to+\infty} < +\infty. \end{cases} \tag{7.5.22}$$

上述问题的特征值 λ_0 称为谱参数, 它包含离散谱 (束缚态) 和连续谱 (非束缚态).

(i) **离散谱**

$$\lambda_0 = -k_n^2 < 0, \quad k_n > 0, \quad n = 1, 2, \cdots, N. \tag{7.5.23}$$

由条件 (7.5.21) 知, 当 $|x| \to +\infty$ 时, 方程 (7.5.22) 可以近似为 $\psi_{0xx} + \lambda_0\psi_0 = 0$. 这样对应 (7.5.23) 的特征函数就有下列渐近式:

$$\psi_0 \sim c_n(k_n,0)e^{k_n x}, \quad x \to -\infty; \quad \psi_0 \sim c_n(k_n,0)e^{-k_n x}, \quad x \to +\infty, \tag{7.5.24}$$

其中 $c_n(k_n,0)$ 为常数. 由此知

$$\psi_0\Big|_{x\to\pm\infty}=0,\quad \psi_{0x}\Big|_{x\to\pm\infty}=0. \tag{7.5.25}$$

此外还可以选取 ψ_0 为标准化的特征函数, 即满足

$$\int_{-\infty}^{+\infty}\psi_0^2dx=1. \tag{7.5.26}$$

(ii) **连续谱**

$$\lambda_0=k^2,\quad k>0. \tag{7.5.27}$$

此时的特征函数与波的传播方式有关. 通常设 t 时刻有一振幅为 1 的定长平面波 e^{-ikx} (称为 λ **射波**) 从 $x=+\infty$ 进入, 遇到势场后, 一部分以 $a(k,t)e^{-ikx}$ (称为**透射波**, $a(k,t)$ 称为**透射系数**) 进入 $x=-\infty$, 另一部分以 $b(k,t)e^{ikx}$ (称为**反射波**, $b(k,t)$ 称为**反射系数**) 被反射回 $x=+\infty$, 且满足

$$|a|^2+|b|^2=1. \tag{7.5.28}$$

对初始时刻, 此时的特征函数的渐近式为

$$\psi_0\sim a(k,0)e^{-ikx},\quad x=-\infty;\quad \psi_0\sim e^{-ikx}+b(k,0)e^{ikx},\quad x=+\infty. \tag{7.5.29}$$

在上面的各式中, $\lambda_0, c_n(k_n,0), a(k,0)$ 和 $b(k,0)$ 统称为**初始时刻的散射量**. 实际上, 对任意时刻 t, 上述特征值问题的结论都成立, 只是波函数 ψ_0 改为 ψ, 相应的散射量由 $\lambda_0, c_n(k_n,0)$, $a(k,0)$ 和 $b(k,0)$ 改为 $\lambda(t), c_n(k_n,t)$, $a(k,t)$ 和 $b(k,t)$.

(2) 以 GGKM 变换 (7.5.7) 代入 KdV 方程, 确定散射量和波函数满足

$$\frac{d\lambda}{dt}=0, \tag{7.5.30}$$

$$c_n(k_n,t)=c_n(k_n,0)e^{4k_n^3t},\quad k_n>0,\quad n=1,2,\cdots,N, \tag{7.5.31}$$

$$a(k,t)=a(k,0),\quad k\neq 0, \tag{7.5.32}$$

$$b(k,t)=b(k,0)e^{8ik^3t},\quad k\neq 0, \tag{7.5.33}$$

$$Q\equiv\psi_t+\psi_{xxx}-3(\lambda+u)\psi_x=0\quad (\text{离散谱}) \tag{7.5.34}$$

$$Q\equiv\psi_t+\psi_{xxx}-3(\lambda+u)\psi_x=4ik^3\psi\quad (\text{连续谱}) \tag{7.5.35}$$

(7.5.30)—(7.5.35) 的详细推导可参考文献 (刘式适, 刘式达, 2012) 的第 285 页至 287 页.

(3) 已知 λ 和 ψ, 通过求解 Schrödinger 方程的下列反散射问题

$$\begin{cases} \psi_{xx} + (\lambda - u)\psi = 0, \quad -\infty < x < +\infty, \\ \lim_{|x|\to+\infty} |\psi| < +\infty \end{cases} \tag{7.5.36}$$

来确定 KdV 方程初值问题 (7.5.20) 的解 u. 具体地,

先求解 **GLM (Gel′fand-Levitan-Marchenko) 积分方程**

$$K(x,y,t) + B(x+y,t) + \int_x^{+\infty} B(y+z,t)K(x,z,t)dz = 0, \quad y \geqslant x, \tag{7.5.37}$$

得到解 $K(x,y,t)$, 而积分方程中的核定义为

$$B(x,t) = \sum_{n=1}^{N} c_n^2(k_n,t)e^{-k_n x} + \frac{1}{2\pi}\int_{-\infty}^{+\infty} b(k,t)e^{ikx}dx. \tag{7.5.38}$$

然后令

$$u(x,t) = -2\frac{\partial}{\partial x}K(x,x,t). \tag{7.5.39}$$

关于 (7.5.37)—(7.5.39) 的证明也可参考文献 (刘式适, 刘式达, 2012).

例 7.5.1 用反散射方法求解下列 KdV 方程初值问题

$$\begin{cases} u_t - 6uu_x + u_{xxx} = 0, \quad -\infty < x < +\infty, \ t > 0, \\ u(x,0) = -2\,\mathrm{sech}^2\, x, \quad -\infty < x < +\infty. \end{cases} \tag{7.5.40}$$

解　第一步　解下列 Schrödinger 方程的特征值问题

$$\begin{cases} \psi_{0xx} + (\lambda + 2sech^2 x)\psi_0 = 0, \quad -\infty < x < +\infty, \\ \lim_{|x|\to+\infty} |\psi_0| < +\infty. \end{cases} \tag{7.5.41}$$

对于离散谱 $\lambda = -k_n^2 < 0$ 情形, 经过自变量变换

$$y = \tanh x. \tag{7.5.42}$$

问题 (7.5.41) 化为

$$\begin{cases} \dfrac{\partial}{\partial y}\left[(1-y^2)\dfrac{\partial \psi_0}{\partial y}\right] + \left(2 - \dfrac{k_n^2}{1-y^2}\right)\psi_0 = 0, \quad -1 < y < 1, \\ \psi_0|_{y=\pm 1} \text{有界}. \end{cases} \tag{7.5.43}$$

此为连带 Legendre 方程的特征值问题, 其特征值及对应的特征函数分别为

$$l(l+1)=2, \quad \psi_0=AP_l^{k_n}(y), \quad k_n\leqslant l. \tag{7.5.44}$$

注意 $k_n\neq 0$, 则由 (7.5.44) 求得

$$l=1,\ \ k_n=k_1=1,\ \ n=1,\ \ \psi_0=AP_1^1(y)=A\sqrt{1-y^2}=A\operatorname{sech}x, \tag{7.5.45}$$

其中 A 为任意常数. 另外由 (7.5.45) 中的最后一式还得到

$$\psi_0\sim 2Ae^{-x}, \quad x\to+\infty. \tag{7.5.46}$$

比较 (7.5.45) 和 (7.5.24) 中的第二式得

$$c_1(k_1,0)=2A. \tag{7.5.47}$$

A 可由条件 (7.5.26) 得到. 事实上, 由于

$$1=\int_{-\infty}^{+\infty}\psi_0^2dx=\int_{-\infty}^{+\infty}A^2\operatorname{sech}^2 xdx=2A^2,$$

所以

$$A=\frac{\sqrt{2}}{2}. \tag{7.5.48}$$

由此求得

$$c_1(k_1,0)=\sqrt{2},\ \ \psi_0=\frac{\sqrt{2}}{2}\operatorname{sech}x,\ \ \psi_0\sim\sqrt{2}e^{-x}\ \ x\to+\infty. \tag{7.5.49}$$

对于连续谱情形, 因平面波无反射, 则

$$a(k,0)=1, \quad b(k,0)=0. \tag{7.5.50}$$

第二步 确定散射量和波函数的变化规律.

由 (7.5.31)—(7.5.33) 和 (7.5.29) 下面的说明知

$$c_1(k_1,t)=\sqrt{2}e^{4t}, \quad a(k,t)=1, \quad b(k,t)=0 \tag{7.5.51}$$

和

$$\psi_1\sim\begin{cases}\sqrt{2}e^{x+4t}, & x\to-\infty,\\ \sqrt{2}e^{-(x-4t)}, & x\to+\infty,\end{cases} \quad \psi\sim e^{-ikx}, x\to\pm\infty. \tag{7.5.52}$$

第三步　求 u.

由 (7.5.38) 知

$$B(x,t) = c_1^2(k_1,t)e^{-x} = 2e^{-x+8t}. \tag{7.5.53}$$

而 GLM 积分方程 (7.5.37) 变为

$$k(x,y,t) + 2e^{-x-y+8t} + 2\int_x^{+\infty} e^{-y-z+8t}k(x,z,t)dz = 0, \quad y \geqslant x. \tag{7.5.54}$$

令 $k(x,y,t) = I(x,t)e^{-y}$, 将其代入 (7.5.54) 可求得

$$I(x,t) = -e^{4t}\operatorname{sech}(x-4t). \tag{7.5.55}$$

因而

$$k(x,y,t) = -e^{-(y-4t)}\operatorname{sech}(x-4t). \tag{7.5.56}$$

最后由 (7.5.39) 求得 KdV 方程初值问题 (7.5.40) 的解为

$$u(x,t) = -2\operatorname{sech}^2(x-4t). \tag{7.5.57}$$

这就是 KdV 方程的单孤立子解.

习　题　7

7.1　利用直接积分方法求解下面 **BDO (Benjamin-Davis-Ono)** 方程的行波解.

$$\frac{\partial u}{\partial t} + c_0\frac{\partial u}{\partial x} + u\frac{\partial u}{\partial x} + \beta\frac{\partial^2}{\partial x^2}\mathcal{H}[u] = 0,$$

其中 c_0, β 为实常数且

$$\mathcal{H}[u] = \frac{1}{\pi}\int_{-\infty}^{+\infty}\frac{u(t,\xi)}{\xi - x}d\xi.$$

7.2　利用直接积分方法求解下面 **Ginzburg-Landau** 方程的行波解.

$$i\frac{\partial u}{\partial t} + \alpha\frac{\partial^2 u}{\partial x^2} + \beta|u|^2u - i\sigma u = 0,$$

其中 α, β 为复常数, σ 为实常数.

7.3　利用 Adomian 分解法求解下面 KdV 方程的初值问题.

$$\begin{cases} u_t - 6uu_x + u_{xxx} = 0, & -\infty < x < +\infty, \quad t > 0, \\ u(x,0) = -2\dfrac{k^2e^{kx}}{(1+e^{kx})^2}, & -\infty < x < +\infty. \end{cases}$$

7.4 利用 Adomian 分解法求解下面方程的边值问题.

$$\begin{cases} y'' = x^{-\frac{1}{2}} y^{\frac{3}{2}}, \quad 0 < x < +\infty, \\ y\big|_{x=0} = 1, \ y\big|_{x \to +\infty} = 0. \end{cases}$$

7.5 用反散射方法求解下列 KdV 方程初值问题的双孤立子解.

$$\begin{cases} u_t - 6uu_x + u_{xxx} = 0, \quad -\infty < x < +\infty, \ t > 0, \\ u(x,0) = -6\,\mathrm{sech}^2\, x, \quad -\infty < x < +\infty. \end{cases}$$

参 考 文 献

陈恕行, 秦铁虎, 周忆. 2003. 数学物理方程. 上海: 复旦大学出版社.

程建春. 2016. 数学物理方程及其近似方法. 2 版. 北京: 科学出版社.

谷超豪, 李大潜, 陈恕行, 郑宋穆, 谭永基. 2012. 数学物理方程. 3 版. 北京: 高等教育出版社.

姜礼尚, 陈亚浙, 刘西垣, 易法槐. 2007. 数学物理方程讲义. 3 版. 北京: 高等教育出版社.

姜礼尚, 孔德兴, 陈志浩. 2007. 应用偏微分方程讲义. 北京: 高等教育出版社.

刘式适, 刘式达. 2012. 物理学中的非线性方程. 2 版. 北京: 北京大学出版社.

孙金海. 2001. 数学物理方程与特殊函数. 北京: 高等教育出版社.

王明新, 王晓光. 2007. 数学物理方程学习指导与习题解答. 北京: 清华大学出版社.

王明新. 2009. 数学物理方程. 2 版. 北京: 清华大学出版社.

Courant R, Hilbert D. 1953. Methods of Mathematical Physics: Vol. I. New York-London: Interscience Publishers. (中译本: 钱敏, 郭敦仁, 译. 2011. 数学物理方法 I. 北京: 科学出版社.)

Courant R, Hilbert D. 1962. Methods of Mathematical Physics: Vol. II. New York-London: Interscience Publishers. (中译本: 熊振翔, 杨应辰, 译. 2012. 数学物理方法 II. 北京: 科学出版社.)

Levine H, 1997. Partial Differential Equations. American Mathematical Society, Providence, RI. Cambridge, MA: International Press. (中译本: 葛显良, 译, 叶其孝, 校. 2007. 偏微分方程. 北京: 高等教育出版社.)

Myint U Tyn. 1973. Partial Differential Equations of Mathematical Physics. New York-London-Amsterdam: American Elsevier Publishing Co. (中译本: 徐元钟, 译. 1983. 数学物理中的偏微分方程. 上海: 上海科学技术出版社.)

Zauderer E. 2006. Partial Differential Equations of Applied Mathematics. 3rd ed. Pure and Applied Mathematics, Hoboken, NJ: Wiley-Interscience.

附录 A　常微分方程和 Γ 函数及解析函数基础

A.1　线性常微分方程

A.1.1　一阶线性常微分方程

$$y' + p(x)y = q(x), \tag{A.1}$$

其通解为

$$y(x) = e^{-\int p(x)dx}\Big[C + \int q(x)e^{\int p(x)dx}dx\Big], \tag{A.2}$$

其中 C 为任意常数.

其一特解为

$$y(x) = y(x_0)e^{-\int_{x_0}^{x} p(t)dt} + \int_{x_0}^{x} q(t)e^{\int_{x}^{t} p(\xi)d\xi}dt, \tag{A.3}$$

其中 x_0 为方程 (A.1) 中自变量所在区域中的一固定点.

A.1.2　二阶线性常微分方程

$$y'' + p(x)y' + q(x)y = f(x), \tag{A.4}$$

其中 $p(x), q(x)$ 和 $f(x)$ 是已知函数. 如果 $f(x) \equiv 0$, 则称 (A.4) 对应的方程为二阶齐次线性常微分方程; 若 $f(x) \neq 0$, 则称 (A.4) 为二阶非齐次线性常微分方程.

如果 $y_1(x)$ 和 $y_2(x)$ 是 (A.4) 对应的齐次线性常微分方程的两个线性无关解, 则对应的齐次线性常微分方程的通解为

$$y(x) = C_1y_1(x) + C_2y_2(x), \tag{A.5}$$

其中 C_1, C_2 为任意常数.

非齐次线性常微分方程 (A.4) 的通解为

$$y(x) = C_1y_1(x) + C_2y_2(x) + \int_{x_0}^{x} \frac{y_1(\xi)y_2(x) - y_1(x)y_2(\xi)}{y_1(\xi)y_2'(\xi) - y_2(\xi)y_1'(\xi)} f(\xi)d\xi, \tag{A.6}$$

其中 C_1, C_2 为任意常数, x_0 为方程 (A.4) 中自变量所在区域中的一固定点.

A.1.3　二阶常系数齐次线性常微分方程

$$y'' + py' + qy = 0, \tag{A.7}$$

在这里 p, q 为常数.

常微分方程 (A.7) 的特征方程为

$$\lambda^2 + p\lambda + q = 0, \tag{A.8}$$

其相应的特征值为

$$\begin{cases} \lambda_1 \neq \lambda_2, & p^2 - 4q > 0, \\ \lambda_1 = \lambda_2, & p^2 - 4q = 0, \\ \lambda_{1,2} = \alpha \pm i\beta, \beta \neq 0, & p^2 - 4q < 0. \end{cases} \tag{A.9}$$

方程 (A.7) 的一个基本解组为

$$\begin{cases} e^{\lambda_1 x}, e^{\lambda_2 x}, & p^2 - 4q > 0, \\ e^{\lambda_1 x}, xe^{\lambda_1 x}, & p^2 - 4q = 0, \\ e^{\alpha x}\cos\beta x, e^{\alpha x}\sin\beta x, & p^2 - 4q < 0. \end{cases} \tag{A.10}$$

这样方程 (A.7) 的通解为

$$y(x) = \begin{cases} C_1 e^{\lambda_1 x} + C_2 e^{\lambda_2 x}, & p^2 - 4q > 0, \\ C_1 e^{\lambda_1 x} + C_2 x e^{\lambda_1 x}, & p^2 - 4q = 0, \\ C_1 e^{\alpha x}\cos\beta x + C_2 e^{\alpha x}\sin\beta x, & p^2 - 4q < 0, \end{cases} \tag{A.11}$$

其中 C_1, C_2 为任意常数.

A.1.4　欧拉方程

形如

$$x^2 y''(x) + a_1 x y'(x) + a_2 y(x) = 0 \tag{A.12}$$

的形式为二阶欧拉 (Euler) 方程, 其中 a_1, a_2 为常数.

作自变量变换

$$x = \begin{cases} e^t, & x > 0, \\ -e^t, & x < 0. \end{cases} \tag{A.13}$$

在 (A.13) 变换下, 方程 (A.12) 化为常系数线性方程

$$y''(t) + (a_1 - 1)y'(t) + a_2 y(t) = 0. \tag{A.14}$$

利用求解方程 (A.7) 的结论求出自变量为 t 的方程 (A.14) 的解 $y(t)$, 再用变换 (A.13) 代回原自变量 x, 从而求出欧拉方程 (A.12) 的解 $y(x)$.

A.2 Γ 函数

称含参变量 x 的积分

$$\Gamma(x) = \int_0^{+\infty} e^{-t} t^{x-1} dt, \quad x > 0 \tag{A.15}$$

为 Γ 函数.

Γ 函数的递推公式

$$\Gamma(x+1) = x\Gamma(x), \tag{A.16}$$

即

$$\Gamma(x) = \frac{\Gamma(x+1)}{x}. \tag{A.17}$$

特别当 x 为正整数 n 时, 则有

$$\Gamma(n+1) = n!\Gamma(1) = n!. \tag{A.18}$$

另外由递推公式 (A.17) 可以扩充 Γ 函数的定义域到全体实数上. 事实上, 首先对于 $x \in (-1,0)$, 由关系式 (A.17) 定义 $\Gamma(x)$, 这是因为 $\Gamma(x+1)$ 有确定的值, 再利用该式定义出 Γ 函数在 $(-2,-1)$ 内的值, 依次逐步进行下去, 就可以将 Γ 函数的定义扩充到 0 及负整数外的 $(-\infty,0)$ 内. 另外, 由于

$$\lim_{x\to 0}\Gamma(x) = \lim_{x\to 0}\frac{\Gamma(x+1)}{x} = \infty,$$

于是当 $x \to 0$ 时, $\Gamma(x) \to \infty$, 利用此结果, 可以推导出 $x \to -1,-2,\cdots,-n$ (n 为正整数) 时, $\Gamma(x) \to \infty$, 因此可定义 $\dfrac{1}{\Gamma(-n)} = 0$.

由此通过对 Γ 扩充定义域后, 对任意实数 $x \in (-\infty,+\infty)$, 递推公式 (A.16) (或 (A.17)) 仍成立, 并且有

$$\Gamma(x)\Gamma(1-x) = \frac{\pi}{\sin \pi x}, \tag{A.19}$$

$$\Gamma(x)\Gamma\left(x+\frac{1}{2}\right)=\frac{\sqrt{\pi}}{2^{2x-1}}\Gamma(2x). \tag{A.20}$$

特别地成立,

$$\Gamma\left(\frac{1}{2}\right)=\sqrt{\pi}, \tag{A.21}$$

$$\Gamma\left(n+\frac{1}{2}\right)=\frac{(2n)!\sqrt{\pi}}{4^n n!}, \tag{A.22}$$

$$\Gamma\left(-n+\frac{1}{2}\right)=(-1)^n\frac{4^n n!}{(2n)!}\sqrt{\pi}, \tag{A.23}$$

其中 n 为正整数.

A.3 解析函数

形如 $z=x+iy$ 的数称为复数, 其中实数 $x=\mathrm{Re}z, y=\mathrm{Im}z$ 分别称为 z 的实部和虚部, 称 $r=|z|=\sqrt{x^2+y^2}$ 为复数的模; 称满足 $\tan\theta=\frac{y}{x}$ 的 θ 为复数 z 的辐角, 记为 $\theta=\mathrm{Arg}z$; 称满足条件 $-\pi<\arg z\leqslant\pi$ 的一个 θ 为 $\mathrm{Arg}z$ 的主值或为 z 的主辐角, 这样 $\theta=\mathrm{Arg}z=\arg z+2k\pi, k=0,\pm1,\pm2,\cdots$. 同时, 当 $z=x+iy\neq0$ 时,

$$\arg z=\begin{cases}\arctan\dfrac{y}{x}, & x>0,\\ \dfrac{\pi}{2}, & x=0,y>0,\\ \arctan\dfrac{y}{x}+\pi, & x<0,y\geqslant0,\\ \arctan\dfrac{y}{x}-\pi, & x<0,y<0,\\ -\dfrac{\pi}{2}, & x=0,y<0,\end{cases} \tag{A.24}$$

其中 $-\dfrac{\pi}{2}<\arctan\dfrac{y}{x}<\dfrac{\pi}{2}$. 复数 z 也可表示成指数函数或三角函数形式: $z=re^{i\theta}=r(\cos\theta+i\sin\theta)$, 其中 θ 为 z 的主辐角.

设 E 为一复数集, 若对 E 内每一复数 z, 有一个或多个复数 w 与之对应, 则称在 E 上确定了一个复变函数 $w=f(z), z\in E$, E 称为 $f(z)$ 的定义域, w 的全体称为 $f(z)$ 的值域. 如果对 E 内每一复数 z, 都只有一个复数 w 与之对应, 则称 $f(z)$ 为单值复变函数, 否则称为多值复变函数.

如果复变函数 $f(z)$ 在复平面内的区域 D 内可微, 则称 $f(z)$ 为 D 内的解析函数, 简称在 D 内解析. 称 $f(z)$ 在某点解析是指它在该点的某个邻域内解析. 区域 D 内的解析函数也称为全纯函数或正则函数, 此时 D 内的每一点也称为 $f(z)$ 的正则点. 若 $f(z)$ 在点 z_0 处不解析, 但在 z_0 的任一邻域内总有 $f(z)$ 的解析点, 则称 z_0 为 $f(z)$ 的奇点.

如果复函数 $f(z)$ 在区域 D 内解析, 给定一固定点 $z_0 \in D$ 和圆 $K \subset D$: $|z-z_0|<R$, 则 $f(z)$ 在点 z_0 的泰勒级数为

$$f(z)=\sum_{n=0}^{+\infty} C_n(z-z_0)^n, \tag{A.25}$$

其中泰勒系数

$$C_n=\frac{1}{2\pi i}\int_\Gamma \frac{f(\xi)}{(\xi-z_0)^{n+1}}d\xi=\frac{f^{(n)}(z_0)}{n!}, \quad n=0,1,2,\cdots, \tag{A.26}$$

在这里 Γ 为圆周 $|\xi-z_0|=\rho, 0<\rho<R$. 而且展式是唯一的.

如果复函数 $f(z)$ 在圆环 $H:=\{z\in C|r<|z-z_0|<R\}(r\geqslant 0, R\leqslant +\infty)$ 内解析, 则 $f(z)$ 可在点 z_0 展成洛朗 (Laurent) 级数

$$f(z)=\sum_{n=-\infty}^{+\infty} C_n(z-z_0)^n, \tag{A.27}$$

其中洛朗系数

$$C_n=\frac{1}{2\pi i}\int_\Gamma \frac{f(\xi)}{(\xi-z_0)^{n+1}}d\xi, \quad n=0,1,2,\cdots, \tag{A.28}$$

Γ 为圆周 $|\xi-z_0|=\rho, r<\rho<R$. 另外上述展式也是唯一的.

如果函数 $f(z)$ 在点 z_0 的某一去心邻域 $0<|z-z_0|<R$ 内解析, 则称 z_0 为 $f(z)$ 的一个孤立奇点, 且在此邻域内洛朗展式 (A.27) 成立, 并称 $\sum_{n=0}^{+\infty} C_n(z-z_0)^n$ 为 $f(z)$ 在点 z_0 的正则部分, 而称 $\sum_{n=1}^{+\infty} C_{-n}(z-z_0)^{-n}$ 为 $f(z)$ 在点 z_0 的主要部分.

孤立奇点分为可去奇点、极点和本性奇点. 具体地, 设 z_0 为 $f(z)$ 的一个孤立奇点, 若 $f(z)$ 在点 z_0 的主要部分为零, 则称 z_0 为 $f(z)$ 的可去奇点; 若 $f(z)$ 在点 z_0 的主要部分为有限多项, 设为

$$\frac{C_{-m}}{(z-z_0)^m}+\frac{C_{-m+1}}{(z-z_0)^{m-1}}+\cdots+\frac{C_{-1}}{z-z_0}, \quad C_m\neq 0, \tag{A.29}$$

则称 z_0 为 $f(z)$ 的 m 级极点, 一级极点也称为简单极点; 若 $f(z)$ 在点 z_0 的主要部分为无限多项, 则称 z_0 为 $f(z)$ 的本性奇点.

设 $f(z)$ 以有限点 z_0 为孤立奇点, 即 $f(z)$ 在点 z_0 的某一去心邻域 $0 < |z - z_0| < R$ 内解析, 称积分

$$\frac{1}{2\pi i}\int_{\Gamma} f(z)dz \quad (\Gamma : |z - z_0| = \rho,\ 0 < \rho < R) \tag{A.30}$$

为 $f(z)$ 在点 z_0 的留数, 记为 $\mathrm{Res}_{z=z_0} f(z)$ 或 $\mathrm{Res}[f(z), z_0]$.

利用洛朗系数公式 (A.28) 知

$$\mathrm{Res}[f(z), z_0] = C_{-1}, \tag{A.31}$$

其中 C_{-1} 是 $f(z)$ 在点 z_0 的洛朗展式中 $\dfrac{1}{z - z_0}$ 这一项的系数.

利用留数定义和柯西定理可得到

留数基本定理　设 $f(z)$ 在围线或复围线 Γ 所围的区域 D 内, 除有限个奇点 $z_1, z_2, \cdots, z_n$ 外都是解析的, 在闭域 $\bar{D} = D + \Gamma$ 上除 $z_1, z_2, \cdots, z_n$ 外都是连续的, 则

$$\int_{\Gamma} f(z)dz = 2\pi i \sum_{k=1}^{n} \mathrm{Res}[f(z), z_k]. \tag{A.32}$$

当点 z_0 是 $f(z)$ 的简单极点时, 则有

$$C_{-1} = \lim_{z \to z_0} (z - z_0) f(z), \tag{A.33}$$

此式为计算简单极点处留数的公式.

作为特例, 若 $f(z) = \dfrac{\varphi(z)}{\psi(z)}$, 其中 $\varphi(z)$ 与 $\psi(z)$ 在点 z_0 处都是解析的, 而且 $\varphi(z_0) \neq 0$, $\psi(z_0) = 0, \psi'(z_0) \neq 0$, 这时点 z_0 是 $f(z)$ 的简单极点, 利用 (A.33) 可得

$$C_{-1} = \lim_{z \to z_0} (z - z_0) \frac{\varphi(z)}{\psi(z)} = \frac{\varphi(z_0)}{\psi'(z_0)}. \tag{A.34}$$

如果点 z_0 为 $f(z)$ 的 n 级极点, 则

$$C_{-1} = \lim_{z \to z_0} \frac{1}{(n-1)!} \frac{d^{n-1}}{dz^{n-1}} [(z - z_0)^n f(z)], \tag{A.35}$$

此式为计算 $f(z)$ 在 n 级极点 z_0 处留数的公式.

利用公式 (A.32) 可计算出一些实积分, 如

$$\int_0^{2\pi} \frac{d\theta}{1-2\rho\cos\theta+\rho^2} = \frac{2\pi}{1-\rho^2}, \quad 0 \leqslant |\rho| < 1;$$

$$\int_0^{2\pi} \frac{\sin^2\theta}{a+b\cos\theta} d\theta = \frac{2\pi}{b^2}[a-\sqrt{a^2-b^2}], \quad a > b > 0;$$

$$\int_0^{2\pi} \frac{d\theta}{1+\cos^2\theta} = \sqrt{2}\pi; \quad \int_0^{+\infty} \frac{\sin x}{x} dx = \frac{\pi}{2};$$

$$\int_0^{+\infty} e^{-x^2} dx = \frac{\sqrt{\pi}}{2}; \quad \int_0^{+\infty} \cos x^2 dx = \frac{1}{2}\sqrt{\frac{\pi}{2}};$$

$$\int_0^{+\infty} \sin x^2 dx = \frac{1}{2}\sqrt{\frac{\pi}{2}}; \quad \int_0^{+\infty} e^{-ax^2}\cos bx dx = \frac{1}{2}e^{-\frac{b^2}{4a}}\sqrt{\frac{\pi}{a}}, \quad a > 0.$$

下面的结论是关于拉普拉斯逆变换的计算方法.

命题 (拉普拉斯逆变换的计算) 设 $F(p)$ 是解析函数, 若 $p_1, \cdots, p_n, \cdots$ 为其一列奇点, 且分布在半平面 $\mathrm{Re}\, p \leqslant \beta_0$ 内, 又设存在一族以 R_n 为半径的圆周 Γ_n:

$$|p| = R_n, \quad R_1 < R_2 < \cdots < R_n < \cdots \to +\infty,$$

在这族圆周上 $F(p)$ 关于辐角 $\arg p$ 一致地趋于零, 并且对任意一个 $\beta > \beta_0$, 积分 $\displaystyle\int_{\beta-i\infty}^{\beta+i\infty} F(p)dp$ 绝对收敛, 则 $F(p)$ 的拉普拉斯逆变换

$$f(x) = \sum_{n=1}^{+\infty} \mathrm{Res}[F(p)e^{px}, p_n], \quad x > 0. \tag{A.36}$$

特别, 当 $F(p) = \dfrac{a(p)}{b(p)}$, 其中 $a(p), b(p)$ 为多项式, $p_n, n = 1, 2, \cdots$ 为 $b(p)$ 的一阶零点, 则

$$f(x) = \sum_{n=1}^{+\infty} \frac{a(p_n)}{b'(p_n)} e^{p_n x}, \quad x > 0. \tag{A.37}$$

附录 B 积分变换表

傅里叶变换简表 (一维)

$f(x)$	$\hat{f}(\lambda)$	$f(x)$	$\hat{f}(\lambda)$
$\begin{cases} 0, & x<0 \\ 1, & x>0 \end{cases}$	$\dfrac{1}{i\lambda}$	$\begin{cases} h, & a<x<b \\ 0, & x<a \text{ 或 } x>b \end{cases}$	$\dfrac{hi(e^{-ib\lambda}-e^{-ia\lambda})}{\lambda}$
$\begin{cases} 0, & x<0 \\ e^{-\mu x}, & x>0, \mu>0 \end{cases}$	$\dfrac{1}{\mu+i\lambda}$	$e^{-\mu\|x\|}, \mu>0$	$\dfrac{2\mu}{\mu^2+\lambda^2}$
$\begin{cases} 0, & x<0 \\ x, & x>0 \end{cases}$	$-\dfrac{1}{\lambda^2}$	$\begin{cases} e^{i\mu x}, & a<x<b \\ 0, & x<a \text{ 或 } x>b \end{cases}$	$\dfrac{i}{\mu-\lambda}\left(e^{ia(\mu-\lambda)}-e^{ib(\mu-\lambda)}\right)$
$\begin{cases} 0, & x<0 \\ \cos\mu x, & x>0 \end{cases}$	$\dfrac{\mu}{\mu^2-\lambda^2}$	$\begin{cases} 0, & x<0 \\ e^{-cx+i\mu x}, & x>0 \end{cases}$	$\dfrac{i}{\mu-\lambda+ic}$
$\begin{cases} 0, & x<0 \\ \sin\mu x, & x>0 \end{cases}$	$\dfrac{\mu}{\mu^2-\lambda^2}$	$\dfrac{\sin ax}{x}, \quad a>0$	$\begin{cases} \pi, & \|\lambda\|<a \\ \dfrac{\pi}{2}, & \lambda=\pm a \\ 0, & \|\lambda\|>a \end{cases}$
$e^{-\eta x^2}, \quad \eta>0$	$\left(\dfrac{\pi}{\eta}\right)^{\frac{1}{2}} e^{-\frac{\lambda^2}{4\eta}}$	$\cos\eta x^2, \quad \eta>0$	$\left(\dfrac{\pi}{\eta}\right)^{\frac{1}{2}}\cos\left(\dfrac{\lambda^2}{4\eta}-\dfrac{\pi}{4}\right)$
$\sin\eta x^2, \quad \eta>0$	$\left(\dfrac{\pi}{\eta}\right)^{\frac{1}{2}}\cos\left(\dfrac{\lambda^2}{4\eta}+\dfrac{\pi}{4}\right)$	$\|x\|^{-s}, \quad 0<s<1$	$\dfrac{2}{\|\lambda\|^{1-s}}\Gamma(1-s)\sin\dfrac{\pi s}{2}$
$\dfrac{1}{\|x\|}e^{-a\|x\|}$	$\left(\dfrac{2\pi}{a^2+\lambda^2}\left[(a^2+\lambda^2)^{\frac{1}{2}}+a\right]\right)^{\frac{1}{2}}$	$\dfrac{1}{\|x\|}$	$\dfrac{1}{\|\lambda\|}(2\pi)^{\frac{1}{2}}$
$\dfrac{\cosh ax}{\cosh \pi x}, \quad -\pi<a<\pi$	$\dfrac{2\cos\dfrac{a}{2}\cosh\dfrac{\lambda}{2}}{\cosh\lambda-\cos a}$	$\dfrac{\cosh ax}{\sinh \pi x}, \quad -\pi<a<\pi$	$\dfrac{\sin a}{\cosh\lambda+\cos a}$
多项式$p(x)$	$2\pi p\left(i\dfrac{d}{d\lambda}\right)\delta(\lambda)$	e^{bx}	$2\pi\delta(\lambda+ib)$
$\sin bx$	$i\pi[\delta(\lambda+b)-\delta(\lambda-b)]$	$\cos bx$	$\pi[\delta(\lambda+b)+\delta(\lambda-b)]$
$\sinh bx$	$\pi[\delta(\lambda+ib)-\delta(\lambda-ib)]$	$\cosh bx$	$\pi[\delta(\lambda+ib)+\delta(\lambda-ib)]$
$\dfrac{1}{x}$	$-i\pi\operatorname{sgn}\lambda$	$\dfrac{1}{x^2}$	$\pi\|\lambda\|$
$\dfrac{1}{x^m}$, m为正整数	$-i^m\dfrac{\pi}{(m-1)!}\lambda^{m-1}\operatorname{sgn}\lambda$	$\|x\|^{\mu}, \quad \mu\neq-1,-3,\cdots$	$-2\sin\dfrac{\mu\pi}{2}\Gamma(\mu+1)\|\lambda\|^{-\mu-1}$
$H(x)$	$\dfrac{1}{i\lambda}+\pi\delta(\lambda)$	$\delta(x)$	1

拉普拉斯变换简表 (一维)

$f(x)$	$\mathcal{L}[f](p)$	$f(x)$	$\mathcal{L}[f](p)$
1	$\frac{1}{p}$	$x^n,\quad n=1,2,\cdots$	$\frac{n!}{p^{n+1}}$
$x^\alpha,\quad \alpha>-1$	$\frac{\Gamma(\alpha+1)}{p^{\alpha+1}}$	$e^{\mu x}$	$\frac{1}{p-\mu}$
$\frac{1-e^{-ax}}{a}$	$\frac{1}{p(p+a)}$	$\sin\omega x$	$\frac{\omega}{p^2+\omega^2}$
$\cos\omega x$	$\frac{p}{p^2+\omega^2}$	$\sinh\omega x$	$\frac{\omega}{p^2-\omega^2}$
$\cosh\omega x$	$\frac{p}{p^2-\omega^2}$	$e^{-\mu x}\sin\omega x$	$\frac{\omega}{(p+\mu)^2+\omega^2}$
$e^{-\mu x}\cos\omega x$	$\frac{p+\mu}{(p+\mu)^2+\omega^2}$	$e^{-\mu x}x^\alpha,\quad \alpha>-1$	$\frac{\Gamma(\alpha+1)}{(p+\mu)^{\alpha+1}}$
$\frac{1}{\sqrt{\pi x}}$	$\frac{1}{\sqrt{p}}$	$\frac{1}{\sqrt{\pi x}}e^{-\frac{a^2}{4x}}$	$\frac{1}{\sqrt{p}}e^{-a\sqrt{p}}$
$\frac{1}{\sqrt{\pi x}}e^{-2a\sqrt{x}}$	$\frac{1}{\sqrt{p}}e^{\frac{a^2}{p}}\operatorname{erfc}\left(\frac{a}{\sqrt{p}}\right)$	$\frac{1}{\sqrt{\pi x}}\sin 2\sqrt{ax}$	$p^{-\frac{3}{2}}e^{-\frac{a}{p}}$
$\frac{1}{\sqrt{\pi x}}\cos 2\sqrt{ax}$	$\frac{1}{\sqrt{p}}e^{-\frac{a}{p}}$	$\operatorname{erf}\left(\sqrt{ax}\right)$	$\frac{\sqrt{a}}{p\sqrt{p+a}}$
$\operatorname{erfc}\left(\frac{a}{2\sqrt{x}}\right),\quad a>0$	$\frac{1}{p}e^{-\frac{a}{\sqrt{p}}}$	$e^x\operatorname{erfc}\left(\sqrt{x}\right)$	$\frac{1}{p+\sqrt{p}}$
$\frac{1}{\sqrt{\pi x}}e^{-x}\operatorname{erfc}\left(\sqrt{x}\right)$	$\frac{1}{1+\sqrt{p}}$	$\frac{1}{\sqrt{\pi x}}e^{-ax}+\sqrt{a}\operatorname{erf}\left(\sqrt{ax}\right)$	$\frac{\sqrt{p+a}}{p}$
$\frac{e^{bx}-e^{ax}}{x}$	$\ln\frac{p-a}{p-b}$	$\frac{1}{\sqrt{\pi x}}\sin\frac{1}{2x}$	$\frac{1}{\sqrt{p}}e^{-\sqrt{p}}\sin\sqrt{p}$
$\frac{1}{\sqrt{\pi x}}\cos\frac{1}{2x}$	$\frac{1}{\sqrt{p}}e^{-\sqrt{p}}\cos\sqrt{p}$	$s_i x$	$\frac{\pi}{2p}-\frac{\arctan p}{p}$
$c_i x$	$\frac{1}{p}\ln\frac{1}{\sqrt{p^2+1}}$	$S(x)$	$-\frac{i}{2\sqrt{2}p}\cdot\frac{\sqrt{p+i}-\sqrt{p-i}}{\sqrt{p^2+1}}$
$C(x)$	$\frac{1}{2\sqrt{2}p}\cdot\frac{\sqrt{p+i}-\sqrt{p-i}}{\sqrt{p^2+1}}$	$-e_i(-x)$	$\frac{\ln(1+p)}{p}$

(1) $\operatorname{erf}(x)=\dfrac{2}{\pi}\displaystyle\int_0^x e^{-t^2}dt$ 称为误差函数.

(2) $\operatorname{erfc}(x)=1-\operatorname{erf}(x)=\dfrac{2}{\pi}\displaystyle\int_x^{+\infty}e^{-t^2}dt$, 称为余误差函数.

(3) $s_i x=\displaystyle\int_0^x\frac{\sin t}{t}dt, c_i x=\int_{-\infty}^x\frac{\cos t}{t}dt, e_i x=\int_0^x\frac{e^t}{t}dt,$

$$S(x)=\int_0^x\frac{\sin t}{\sqrt{2\pi t}}dt, C(x)=\int_0^x\frac{\cos t}{\sqrt{2\pi t}}dt.$$

附录 C 参考答案

习 题 1

1.1 设 $u(x,t)$ 表示弦上各点在时刻 t 沿垂直于 x 方向的位移, 密度 ρ 和张力 T 为常数, 另外外力 $F(x,t)=-\gamma u_t$, 其中 $\gamma>0$ 为阻力系数, 负号表示阻力与速度方向相反, 这样弦的横振动方程为

$$u_{tt}=a^2Tu_{xx}-k^2u_t,$$

其中 $a^2=\dfrac{T}{\rho},k^2=\dfrac{\gamma}{\rho}$.

1.2 杆的纵振动方程为

$$\frac{\partial^2 u}{\partial t^2}=\frac{1}{\rho}\frac{\partial}{\partial x}\left(E\frac{\partial u}{\partial x}\right).$$

边界条件分别为 (1) $u(0,t)=u(l,t)=0$; (2) $u_x(0,t)=u_x(l,t)=0$; (3) $u_x(0,t)-\sigma u(0,t)=u_x(l,t)+\sigma u(l,t)=0$, 其中 σ 为正常数.

1.3 $\dfrac{\partial(cu)}{\partial t}=\mathrm{div}(D\nabla u)$.

1.4

$$\begin{cases}\dfrac{\partial u}{\partial t}=a^2\dfrac{\partial^2 u}{\partial x^2}, & 0<x<l,\quad t>0,\\ u(0,t)=0, & t>0,\\ u(l,t)=\dfrac{q}{k}, & t>0,\\ u(x,0)=\dfrac{x^2(l-x)}{3}, & 0\leqslant x\leqslant l,\end{cases}$$

其中 k 是杆的热传导系数.

1.5 (1) 线性, 非齐次, 二阶; (2) 非线性, 齐次, 一阶; (3) 非线性, 非齐次, 一阶; (4) 线性, 齐次, 四阶; (5) 非线性, 非齐次, 二阶.

1.6 令 $v=xy$, 然后利用复合求导即可.

1.9 (1) 椭圆型方程, $\xi=y-x,\eta=\sqrt{2}x,u_{\xi\xi}+u_{\eta\eta}=-\dfrac{1}{2}u_\xi-2\sqrt{2}u_\eta-\dfrac{1}{2}u+\dfrac{1}{2}e^{\frac{\sqrt{2}\eta}{2}}$.

(2) 抛物型方程, $\xi=y+x,\eta=y,u_{\eta\eta}=-\dfrac{3}{2}u$.

(3) 双曲型方程, $\xi=y+\dfrac{x}{6},\eta=y,u_{\xi\eta}=6u-6\eta^2$.

(4) 抛物型方程, $\xi=xy,\eta=y,u_{\eta\eta}=\dfrac{2\xi}{\eta^2}u_\xi+\dfrac{1}{\eta^2}e^{\frac{\xi}{\eta}}$.

(5) 椭圆型方程, $\xi=e^{-\frac{y}{2}},\eta=e^{-\frac{x}{2}},u_{\xi\xi}+u_{\eta\eta}=4u-\dfrac{1}{\xi}u_\xi-\dfrac{1}{\eta}u_\eta$.

(6) 双曲型方程, $\xi = x, \eta = x - \dfrac{y}{2}, u_{\xi\eta} = 18u_\xi + 17u_\eta - 4$.

习 题 2

2.1 $u(x,t) = \left(\cos\dfrac{\pi at}{l} + \dfrac{l}{\pi a}\sin\dfrac{\pi at}{l}\right)\sin\dfrac{\pi x}{l}$.

2.2 $u(x,t) = 3\cos\dfrac{3\pi at}{2l}\sin\dfrac{3\pi x}{2l} + 6\cos\dfrac{5\pi at}{2l}\sin\dfrac{5\pi x}{2l}$.

2.3 $u(x,t) = \dfrac{8h}{\pi^2}\sum_{n=1}^{\infty}\dfrac{1}{n^2}\sin\dfrac{n\pi}{2}\cos\dfrac{n\pi at}{2}\sin\dfrac{n\pi x}{2}$.

2.4 $u(x,t) = \dfrac{l^2}{6} + \sum_{n=1}^{\infty}\dfrac{-2l^2[1+(-1)^n]}{n^2\pi^2}e^{-\left(\frac{2n\pi}{l}\right)^2 t}\cos\dfrac{n\pi x}{l}$.

2.5 $u(r,\theta) = Ar^2\cos 2\theta + Br^4\cos 4\theta$.

2.6 $u(x,y) = \dfrac{1}{4}(a^2 - x^2 - y^2)$.

2.7 $u(x,y) = \sum_{n=1}^{\infty}\dfrac{2A}{n\pi}e^{-\frac{n\pi}{l}y}\sin\dfrac{n\pi x}{l}$.

2.8 $u(x,t) = \left(\dfrac{l}{\pi a}\right)^2\left(t - \dfrac{l}{\pi a}\sin\dfrac{\pi at}{l}\right)\sin\dfrac{\pi x}{l}$.

2.9 $u(x,t) = -\dfrac{A}{2a^2}(x^2 - lx) + \dfrac{2Al^2}{a^2\pi^3}\sum_{n=1}^{\infty}\dfrac{(-1)^n - 1}{n^3}e^{-\left(\frac{n\pi a}{l}\right)^2 t}\sin\dfrac{n\pi x}{l}$.

2.10
$$u(x,t) = \frac{B}{l}x + \frac{l^2}{8\pi^2 a^2}\left(1 - \cos\frac{4\pi at}{l}\right)\sin\frac{4\pi x}{l}$$
$$- \frac{4l^3}{a\pi^4}\sum_{n=1}^{\infty}\frac{(-1)^n - 1}{n^4}\sin\frac{n\pi at}{l}\sin\frac{n\pi x}{l}.$$

2.11 $u(x,t) = 1 - \dfrac{8}{\pi^2}\sum_{n=1}^{\infty}\dfrac{1}{(2n-1)^2}e^{-\frac{(2n-1)^2\pi^2 a^2 t}{4l^2}}\cos\dfrac{(2n-1)\pi x}{2l}$.

2.12 $u(x,y) = \dfrac{Ab}{2a}x + \dfrac{2Ab}{\pi^2}\sum_{n=1}^{\infty}\dfrac{[(-1)^n - 1]}{n^2\sinh\dfrac{n\pi a}{b}}\sinh\dfrac{n\pi x}{b}\cos\dfrac{n\pi y}{b}$.

习 题 3

3.1 (1) 特征值为 $\lambda_n = \left(\dfrac{2n-1}{2}\right)^2, n = 1, 2, \cdots$, 对应 λ_n 的特征函数为 $\sin\dfrac{(2n-1)}{2}x$, $n = 1, 2, \cdots$.

(2) 特征值为 $0, n^2$. 对应的特征函数为 $1, \cos nx, \sin nx$, 其中 n 是任意正整数.

(3) 特征值为 $-\dfrac{3}{4} - (n\pi)^2$. 对应的特征函数为 $e^{-\frac{x}{2}}\sin n\pi x$, 其中 n 是任意正整数.

3.2 特征值为 $(n\pi)^2 + 1$. 对应的特征函数为 $\dfrac{1}{x}\sin(n\pi\ln x)$, 其中 n 是任意正整数.

3.3

$$\begin{cases} X''+\lambda X=0, \quad 0<x<l, \\ X'(0)-hX(0)=0, \\ X'(l)=0. \end{cases}$$

(1) 当 $h=0$ 时的特征值为 $\left(\dfrac{n\pi}{l}\right)^2$. 对应的特征函数为 $\cos\dfrac{n\pi x}{l}$, 其中 n 是任意非负整数.

(2) 当 $h=\infty$ 时的特征值为 $\dfrac{(2n-1)^2\pi^2}{4l^2}$. 对应的特征函数为 $\sin\dfrac{(2n-1)\pi x}{2l}$, 其中 n 是任意正整数.

3.4 $x\sim\dfrac{2}{\pi}\sum_{n=1}^{\infty}\dfrac{(-1)^n-1}{n^2}\cos nx$.

3.5 $-aJ_1(ax), axJ_0(ax), 2\sqrt{x}J_1(\sqrt{x})+C$, 其中 C 是任意常数.

3.8 $x=-\sum_{n=1}^{\infty}\dfrac{2}{\mu_n^{(1)}J_0(\mu_n^{(1)})}J_1(\mu_n^{(1)}x)$.

3.9 $f(x)=\sum_{i=1}^{\infty}\dfrac{J_1(\omega_i)}{2\omega_i J_1^2(2\omega_i)}J_0(\omega_i x)$.

3.10 $u(r,t)=T_0-2T_0\sum_{n=1}^{\infty}\dfrac{1}{\mu_n^{(0)}J_1(\mu_n^{(0)})}\exp\left[-\left(\dfrac{\mu_n^{(0)}a}{R}\right)^2 t\right]J_0\left(\dfrac{\mu_n^{(0)}}{R}r\right)$.

习 题 4

4.1 (1) $u(x,t)=x^2t+\sin x\cos at+\dfrac{1}{3}a^2t^3$. (2) $u(x,t)=t\sin x$.

(3) $u(x,t)=x+\dfrac{1}{a}\sin x\sin at+\dfrac{1}{2}xt^2+\dfrac{1}{6}at^3$.

4.2 (1) 当 $x\geqslant at$ 时,

$$u(x,t)=\frac{\varphi(x+at)+\varphi(x-at)}{2}+\frac{1}{2a}\int_{x-at}^{x+at}\psi(y)dy.$$

当 $0\leqslant x<at$ 时,

$$u(x,t)=\frac{\varphi(x+at)+\varphi(at-x)}{2}+\frac{1}{2a}\left[\int_0^{x+at}\psi(y)dy+\int_0^{at-x}\psi(y)dy\right].$$

(2) $u(x,t)=\begin{cases} A\sin\omega\left(t-\dfrac{x}{a}\right), & 0\leqslant x<at, \\ 0, & x\geqslant at. \end{cases}$

(3) 当 $x\geqslant at$ 时,

$$u(x,t)=\frac{\varphi(x+at)+\varphi(x-at)}{2}+\frac{1}{2a}\int_{x-at}^{x+at}\psi(y)dy.$$

当 $0 \leqslant x < at$ 时,

$$u(x,t) = \frac{\varphi(x+at)+\varphi(at-x)}{2} + \frac{1}{2a}\left[\int_0^{x+at}\psi(y)dy + \int_0^{at-x}\psi(y)dy\right].$$

(4) 当 $x \geqslant at$ 时,

$$u(x,t) = \frac{\varphi(x+at)+\varphi(x-at)}{2}.$$

当 $0 \leqslant x < at$ 时,

$$u(x,t) = \frac{\varphi(x+at)}{2} + \frac{1-ak}{2(1+ak)}\varphi(at-x) + \frac{ak}{1+ak}\varphi(0).$$

4.3 (1) 当 $x \geqslant t$ 时,

$$u(x,t) = \frac{\varphi_0(x+t)+\varphi_0(x-t)}{2} + \frac{1}{2}\int_{x-t}^{x+t}\varphi_1(y)dy.$$

当 $0 \leqslant x < t < kx$ 时,

$$u(x,t) = \frac{1}{2}\left[\varphi_0(x+t) - \varphi_0\left(\frac{1+k}{1-k}(x-t)\right)\right] + \frac{1}{2}\int_{\frac{1+k}{1-k}(x-t)}^{x+t}\varphi_1(y)dy + \psi\left(\frac{x-t}{1-k}\right).$$

(2) $u(x,y) = \varphi(x) + 2\int_x^{\sqrt{y}}\xi\psi(\xi)d\xi$. (3) $u(x,y) = \cos 2x - e^x + e^y$.

4.4 $u(x,y) = 3x^2 + y^2$.

4.5 $\psi(x) = -a\varphi'(x)$.

4.6 点 M 的依赖区间 $[-7,9]$, 区间 $[0,1]$ 的影响区域

$$\{(x,t) \mid -4t \leqslant x \leqslant 1+4t, t \geqslant 0\}.$$

4.7 直接利用三维波动方程的泊松公式的球坐标形式来证明.

4.8 $u(x,y,t) = \dfrac{1}{2\pi a^2}\displaystyle\int_0^{at}\iint_{\Sigma_r}\frac{f\left(x_1,x_2,t-\dfrac{r}{a}\right)}{\sqrt{r^2-(x_1-x)^2-(x_2-y)^2}}d\sigma dr.$

4.9 (1) $u(x,y,t) = a^2t^2(3x+y) + x^2(x+y)$.

(2) $u(x,y,t) = \cos(bx+cy)\cos(at\sqrt{b^2+c^2}) + \dfrac{1}{a\sqrt{b^2+c^2}}\sin(bx+cy)\sin(at\sqrt{b^2+c^2})$.

(3) $u(x,y,z,t) = x^3 + y^2z + a^2t^2(3x+z)$.

(4) $u(x,y,z,t) = \left(\cos at + \dfrac{1}{a}\sin at\right)\cos r + \dfrac{1}{r}\sin r\left(r\cos at - at\sin at - \dfrac{1}{a}\sin at\right)$.

(5) $u(x,y,t) = xyt(1+t^2) + x^2 - y^2$.

(6) $u(x,y,t) = (x^2+y^2+4a^2)(e^t - t - 1) - 2a^2t^2\left(1+\dfrac{t}{3}\right)$.

(7) $u(x,y,z,t) = y^2 + tz^2 + 8t^2 + \dfrac{8}{3}t^3 + \dfrac{1}{12}t^4x$.

(8) $u(x,y,z,t)=x^2+y^2-2z^2+t+t^2xyz$.

(9) $u(x,y,z,t)=(r^2+6a^2)(e^t-t-1)-a^2t^2(3+t), r=\sqrt{x^2+y^2+z^2}$.

4.10 $u(x,y,t)=\frac{1}{2}[\varphi(x+at)+\varphi(x-at)+f(x+at)+f(x-at)]$

$$+\frac{1}{2a}\int_{x-at}^{x+at}\psi(y)dy+\frac{1}{2a}\int_{x-at}^{x+at}g(y)dy.$$

习 题 5

5.1 (1) $\frac{2a}{\lambda}\sin\lambda a+\frac{2}{\lambda^2}\cos\lambda a-\frac{2}{\lambda^2}$. (2) $-i\left(\frac{\sin(\lambda_0-\lambda)a}{\lambda_0-\lambda}-\frac{\sin(\lambda_0+\lambda)a}{\lambda_0+\lambda}\right)$.

(3) $-\frac{4a\lambda i}{(a^2+\lambda^2)^2}$. (4) $\frac{1}{a-\lambda i}(e^{a^2-i\lambda a}-e^{-a^2+i\lambda a})$.

(5) $ia\left(\frac{1}{a^2+(\lambda+\lambda_0)^2}-\frac{1}{a^2+(\lambda-\lambda_0)^2}\right)$.

5.2 $\frac{t}{\pi(t^2+x^2)}$.

5.3 $\frac{1}{2}e^{-x}(1+e^{\frac{\pi}{2}})$.

5.4 (1) $e^{-a^2t}\cos x$; (2) $e^{-a^2t}\sin x$; (3) $x+x^2+2a^2t$.

5.5 (1) $u(x,t)=\frac{1}{2a\sqrt{\pi t}}\int_0^{+\infty}\varphi(y)\left[e^{-\frac{(x-y)^2}{4a^2t}}-e^{-\frac{(x+y)^2}{4a^2t}}\right]dy$

$$+\frac{1}{2a\sqrt{\pi}}\int_0^t\int_0^{+\infty}\frac{f(y,\tau)}{\sqrt{t-\tau}}\left[e^{-\frac{(x-y)^2}{4a^2(t-s)}}-e^{-\frac{(x+y)^2}{4a^2(t-s)}}\right]dyd\tau.$$

(2) $u(x,t)=\frac{1}{2a\sqrt{\pi t}}\int_0^{+\infty}\varphi(y)\left[e^{-\frac{(x-y)^2}{4a^2t}}+e^{-\frac{(x+y)^2}{4a^2t}}\right]dy$

$$+\frac{1}{2a\sqrt{\pi}}\int_0^t\int_0^{+\infty}\frac{f(y,\tau)}{\sqrt{t-\tau}}\left[e^{-\frac{(x-y)^2}{4a^2(t-s)}}+e^{-\frac{(x+y)^2}{4a^2(t-s)}}\right]dyd\tau.$$

5.6 (1) 当 $x\geqslant at$ 时,

$$u(x,t)=\frac{1}{2}[\varphi(x+at)+\varphi(x-at)]+\frac{1}{2a}\int_{x-at}^{x+at}\psi(y)dy$$
$$+\frac{1}{2a}\int_0^t\int_{x-a(t-\tau)}^{x+a(t-\tau)}f(y,\tau)dyd\tau.$$

当 $0\leqslant x<at$ 时,

$$u(x,t)=\frac{1}{2}[\varphi(x+at)-\varphi(at-x)]+\frac{1}{2a}\int_{at-x}^{at+x}\psi(y)dy$$
$$+\frac{1}{2a}\int_0^{t-\frac{x}{a}}\int_{a(t-\tau)-x}^{a(t-\tau)+x}f(y,\tau)dyd\tau$$

$$+\frac{1}{2a}\int_{t-\frac{x}{a}}^{t}\int_{x-a(t-\tau)}^{x+a(t-\tau)}f(y,\tau)dyd\tau;$$

(2) 当 $x \geqslant at$ 时,

$$u(x,t)=\frac{1}{2}[\varphi(x+at)+\varphi(x-at)]+\frac{1}{2a}\int_{x-at}^{x+at}\psi(y)dy$$
$$+\frac{1}{2a}\int_{0}^{t}\int_{x-a(t-\tau)}^{x+a(t-\tau)}f(y,\tau)dyd\tau.$$

当 $0 \leqslant x < at$ 时,

$$\begin{aligned}u(x,t)=&\frac{1}{2}[\varphi(x+at)+\varphi(at-x)]\\&+\frac{1}{2a}\left(\int_{0}^{at+x}\psi(y)dy+\int_{0}^{at-x}\psi(y)dy\right)\\&+\frac{1}{2a}\int_{0}^{t-\frac{x}{a}}\left(\int_{0}^{a(t-\tau)+x}f(y,\tau)dy+\int_{0}^{a(t-\tau)-x}f(y,\tau)dy\right)d\tau\\&+\frac{1}{2a}\int_{t-\frac{x}{a}}^{t}\int_{x-a(t-\tau)}^{x+a(t-\tau)}f(y,\tau)dyd\tau.\end{aligned}$$

5.7 (1) $$u(x,t)=\frac{e^{ct}}{2a\sqrt{\pi t}}\int_{-\infty}^{+\infty}\varphi(y)e^{-\frac{(x-y+bt)^2}{4a^2t}}dy$$
$$+\frac{1}{2a\sqrt{\pi}}\int_{0}^{t}\int_{-\infty}^{+\infty}\frac{f(y,\tau)}{\sqrt{t-\tau}}e^{-\frac{(x-y+bt-b\tau)^2}{4a^2(t-\tau)}+c(t-\tau)}dyd\tau.$$

(2) $$u(x,y)=\frac{1}{2\sqrt{\pi x}}\int_{-\infty}^{+\infty}\left[e^{-\xi^2}\cos\left(\frac{(y-\xi)^2}{4x}-\frac{\pi}{4}\right)-e^{\xi}\cos\left(\frac{(y-\xi)^2}{4x}+\frac{\pi}{4}\right)\right]d\xi.$$

(3) 作变换 $u(x,t)=e^{t^2}v(x,t)$, 则 v 满足

$$\begin{cases}v_t-a^2v_{xx}=e^{-t^2}f(x,t), & x\in\mathbb{R},t>0,\\ v(x,0)=0, & x\in\mathbb{R}.\end{cases}$$

故有

$$u(x,t)=\frac{e^{-t^2}}{2a\sqrt{\pi}}\int_{0}^{t}\int_{-\infty}^{+\infty}\frac{f(y,\tau)}{\sqrt{t-\tau}}\exp\left(-\tau^2-\frac{(x-y)^2}{4a^2(t-\tau)}\right)dyd\tau.$$

5.8 (1) $\dfrac{p}{p^2+a^2}$, $\mathrm{Re}p>0$; (2) $\dfrac{\pi}{2}\mathrm{sgn}a-\arctan\dfrac{p}{a}$, $\mathrm{Re}p>0$;

(3) $\dfrac{4p+12}{(p^2+6p+13)^2}$, $\mathrm{Re}p>0$; (4) $\dfrac{p-a}{(p-a)^2+a^2}$, $\mathrm{Re}p>|a|$;

(5) $\dfrac{a}{p^2-a^2}$, $\mathrm{Re}p>|a|$; (6) $\ln\dfrac{p+b}{p+a}$, $\mathrm{Re}p>\{|a|,|b|\}$;

(7) $\dfrac{\Gamma(\alpha+1)}{p^{\alpha+1}}$, $\mathrm{Re}p>0$; (8) $\dfrac{1}{p^2}\tanh\dfrac{ap}{2}$; (9) $\dfrac{e^{-p}}{s(1-e^{-p})}$.

5.9 (1) $\dfrac{1}{3}(\cos t-\cos 2t)$; (2) $\dfrac{\sin t}{3}-\dfrac{\sin 2t}{6}$; (3) $e^{2t}-e^{t}$; (4) $1-e^{-t}-te^{-t}$;

(5) $\dfrac{2}{3}e^{3t}-\dfrac{1}{2}e^{-t}$; (6) $\dfrac{1}{6}t^3e^{-t}$; (7) $\dfrac{2}{t}(1-\cos\sqrt{3}t)$.

5.10 $u(x,t)=f_0+\dfrac{x}{2a\sqrt{\pi}}\displaystyle\int_0^t\dfrac{f(\tau)-f_0}{(t-\tau)^{\frac{3}{2}}}\exp\left(-\dfrac{x^2}{4a^2(t-\tau)}\right)d\tau$.

5.11 $u(x,t)=\begin{cases}f\left(t-\dfrac{x}{a}\right), & t\geqslant\dfrac{x}{a},\\ 0, & 0\leqslant t<\dfrac{x}{a}.\end{cases}$

5.12 $u(x,y)=x^2+\dfrac{1}{6}(x^3-1)y^2+\cos y-1$.

习 题 6

6.1

$$\frac{df}{dx}=\begin{cases}-\sin x, & x>0,\\ 0, & x\leqslant 0,\end{cases}$$

$$\frac{d^2f}{dx^2}=\begin{cases}-\cos x, & x>0,\\ 0, & x\leqslant 0,\end{cases}$$

$$\frac{d^3f}{dx^3}=-\delta(x)-\frac{df}{dx}.$$

6.2 $\langle a(x)\delta(x),\varphi(x)\rangle=a(0)\varphi(0)=\langle a(0)\delta(x),\varphi(x)\rangle$, $\forall\varphi(x)\in C_0^\infty(\mathbb{R}^n)$.

6.3 $\Delta\left(\dfrac{1}{r}\right)=-4\pi\delta(x)$.

6.4 $2\pi P(-i\partial)\delta(\xi), 2\pi P(-i\partial)\delta(\xi-a)$.

6.5 $a_je^{-ia\xi}$.

6.6 $i\pi[\delta(\xi+a)-\delta(\xi-a)]$.

6.7

(1) $G(x,y)=\begin{cases}x, & x\leqslant y,\\ y, & x>y.\end{cases}$

(2) $G(x,y)=\begin{cases}-\ln y, & 0<x\leqslant y<1,\\ -\ln x, & 1\geqslant x>y>0.\end{cases}$

6.8 (1) $u(x)=-\displaystyle\int_0^x yf(y)dy-\int_x^1 xf(y)dy$.

(2) $u(x)=\displaystyle\int_0^x\sin x\cos ydy+\int_x^\pi\cos x\sin ydy$.

6.9 $u(x_0,y_0,z_0)=\dfrac{z_0}{2\pi}\displaystyle\iint_K \dfrac{1}{[(x-x_0)^2+(y-y_0)^2+z_0^2]^{3/2}}dxdy.$

$$u(0,0,z_0)=1-\frac{z_0}{(1+z_0^2)^{1/2}}.$$

6.10 $u(x_0,y_0)=\dfrac{1}{\pi}\displaystyle\int_{-\infty}^{\infty}\dfrac{y_0f(x)}{(x-x_0)^2+y_0^2}dx.$

6.11 $u(r,\theta)=\dfrac{A+B}{2}+\dfrac{A-B}{2}\left(\dfrac{r}{R}\right)^2\cos 2\theta.$

6.12 当 $A\neq 0$ 时, 无解; 当 $A=0$ 时, $u\equiv C$ (C 为常数).

6.13 $\dfrac{4\pi R}{R^2-r_0^2}.$

6.14 $u(r_0,\theta_0,\phi_0)=\dfrac{R(R^2-r_0^2)}{4\pi}\displaystyle\int_0^{2\pi}\int_{\frac{\pi}{2}}^{\pi}\dfrac{\sin\theta}{(R^2+r_0^2-2Rr_0\cos\gamma)^{3/2}}d\theta d\phi,$

$$u(r_0,0,\phi_0)=\frac{R^2-r_0^2}{2r_0}\left(\frac{1}{\sqrt{R^2+r_0^2}}-\frac{1}{R+r_0}\right),$$

$$u(r_0,\pi,\phi_0)=\frac{R^2-r_0^2}{2r_0}\left(\frac{1}{R-r_0}-\frac{1}{\sqrt{R^2+r_0^2}}\right).$$

6.15 $G(x,y)=\dfrac{1}{4\pi}\ln\dfrac{[(x_1-y_1)^2+(x_2+y_2)^2][(x_1+y_1)^2+(x_2-y_2)^2]}{[(x_1-y_1)^2+(x_2-y_2)^2][(x_1+y_1)^2+(x_2+y_2)^2]},\quad x=(x_1,x_2),$
$y=(y_1,y_2)\in\Omega.$

6.16 对任意 $x=(x_1,x_2),y=(y_1,y_2)\in\Omega$,

$$G(x,y)=\frac{1}{4\pi}\ln\frac{[(y_1-x_1)^2+(y_2+x_2)^2]\left[\left(y_1-\dfrac{R^2}{|x|^2}x_1\right)^2+\left(y_2-\dfrac{R^2}{|x|^2}x_2\right)^2\right]}{[(y_1-x_1)^2+(y_2-x_2)^2]\left[\left(y_1-\dfrac{R^2}{|x|^2}x_1\right)^2+\left(y_2+\dfrac{R^2}{|x|^2}x_2\right)^2\right]}.$$

6.17 对任意 $x,y\in\Omega$,

$$G(x,y)=G_1(x,y)-G_1(x^1,y)-G_1(x^2,y)+G_1(x^0,y),$$

其中 $G_1(x,y)$ 是圆上拉普拉斯方程的 Dirichlet 边值问题的格林函数, x^1,x^2,x^0 分别是 x 关于 x_1 轴、x_2 轴和原点的对称点.

6.18 对任意 $x,y\in\Omega$,

$$G(x,y)=G_1(x,y)-G_1(x^1,y)+G_1(x^2,y)-G_1(x^0,y),$$

其中 $G_1(x,y)$ 是圆上拉普拉斯方程的 Dirichlet 边值问题的格林函数, x^1,x^2,x^0 分别是 x 关于 x_1 轴、x_2 轴和原点的对称点.

6.19 对任意 $x=(x_1,x_2),y=(y_1,y_2)\in\Omega$,

$$G(x,y)=\frac{1}{4\pi}\ln\frac{[(y_1+x_1)^2+(y_2-x_2)^2][(y_1+x_1)^2+(y_2+x_2)^2]}{[(y_1-x_1)^2+(y_2-x_2)^2][(y_1-x_1)^2+(y_2+x_2)^2]}.$$

$$u(x) = \frac{2x_1}{\pi}\int_0^{+\infty}\frac{f(y_2)(x_1^2+x_2^2+y_2^2)}{[(y_2-x_2)^2+x_1^2][(y_2+x_2)^2+x_1^2]}dy_2$$
$$+\frac{1}{2\pi}\int_0^{+\infty} g(y_1)\ln\frac{(y_1+x_1)^2+x_2^2}{(y_1-x_1)^2+x_2^2}dy_1.$$

习　题　7

7.1　$u(t,x) = \dfrac{4\beta^2(c-c_0)}{(c-c_0)^2(x-ct)^2+\beta^2}$.

7.2　$u(t,x) = \dfrac{\sqrt{p}e^{pt}}{\sqrt{1-qe^{2pt}}}e^{ikx}$，其中 $p = (k^2\alpha_2+\sigma) - ik^2\alpha_1, q = -\beta_2 + i\beta_1, \alpha = \alpha_1+\alpha_2$，$\beta = \beta_1+\beta_2$.

7.3　$u(t,x) = -\dfrac{c}{2}\operatorname{sech}^2\dfrac{\sqrt{c}}{2}(x-ct),\quad c = k^2$.

7.4　$y = 1+Bx+\dfrac{4}{3}x^{\frac{3}{2}}+\dfrac{2}{5}Bx^{\frac{5}{2}}+\dfrac{1}{3}x^3+\dfrac{3}{70}B^2x^{\frac{7}{2}}+\dfrac{2}{15}Bx^4+\dfrac{2}{27}x^{\frac{9}{2}}+\cdots$，其中 $B\equiv y'(0)$.

7.5　$u(t,x) = -\dfrac{24\operatorname{csch}^2 2(x-16t)+6\operatorname{sech}^2(x-4t)}{[2\coth^2(x-16t)-\tanh(x-4t)]^2}$.

“大学数学科学丛书”已出版书目

1. 代数导引　万哲先　著　2004 年 8 月
2. 代数几何初步　李克正　著　2004 年 5 月
3. 线性模型引论　王松桂等　编著　2004 年 5 月
4. 抽象代数　张勤海　著　2004 年 8 月
5. 变分迭代法　曹志浩　编著　2005 年 2 月
6. 现代偏微分方程导论　陈恕行　著　2005 年 3 月
7. 抽象空间引论　胡适耕　张显文　编著　2005 年 7 月
8. 近代分析基础　陈志华　编著　2005 年 7 月
9. 抽象代数——理论、问题与方法　张广祥　著　2005 年 8 月
10. 混合有限元法基础及其应用　罗振东　著　2006 年 3 月
11. 孤子引论　陈登远　编著　2006 年 4 月
12. 矩阵不等式　王松桂等　编著　2006 年 5 月
13. 算子半群与发展方程　王明新　编著　2006 年 8 月
14. Maple 教程　何　青　王丽芬　编著　2006 年 8 月
15. 有限群表示论　孟道骥　朱　萍　著　2006 年 8 月
16. 遗传学中的统计方法　李照海　覃　红　张　洪　编著　2006 年 9 月
17. 广义最小二乘问题的理论和计算　魏木生　著　2006 年 9 月
18. 多元统计分析　张润楚　2006 年 9 月
19. 几何与代数导引　胡国权　编著　2006 年 10 月
20. 特殊矩阵分析及应用　黄廷祝等　编著　2007 年 6 月
21. 泛函分析新讲　定光桂　著　2007 年 8 月
22. 随机微分方程　胡适耕　黄乘明　吴付科　著　2008 年 5 月
23. 有限维半单李代数简明教程　苏育才　卢才辉　崔一敏　著　2008 年 5 月
24. 积分方程　李　星　编著　2008 年 8 月
25. 代数学　游　宏　刘文德　编著　2009 年 6 月
26. 代数导引（第二版）　万哲先　著　2010 年 2 月
27. 常微分方程简明教程　王玉文　史峻平　侍述军　刘　萍　编著　2010 年 9 月
28. 有限元方法的数学理论　杜其奎　陈金如　编著　2012 年 1 月
29. 近代分析基础（第二版）　陈志华　编著　2012 年 4 月
30. 线性代数核心思想及应用　王卿文　编著　2012 年 4 月
31. 一般拓扑学基础　张德学　编著　2012 年 8 月

32. 公钥密码学的数学基础　王小云　王明强　孟宪萌　著　2013 年 1 月
33. 常微分方程　张　祥　编著　2015 年 5 月
34. 巴拿赫空间几何与最佳逼近　张子厚　刘春燕　周　宇　著　2016 年 2 月
35. 实变函数论教程　杨力华　编著　2017 年 5 月
36. 现代偏微分方程导论（第二版）　陈恕行　著　2018 年 5 月
37. 测度与概率教程　任佳刚　巫　静　著　2018 年 12 月
38. 基础实分析　徐胜芝　编著　2019 年 9 月
39. 广义最小二乘问题的理论和计算（第二版）　魏木生　李　莹　赵建立　著　2020 年 3 月
40. 一般拓扑学基础（第二版）　张德学　编著　2021 年 1 月
41. 数学物理方程　李风泉　编著　2022 年 10 月